Dr. Paul's Safe and Effective Approach
to Immunity and Health

健康的孩子
不是打针吃药
养大的

〔美〕保罗·汤姆森 ◎著
〔美〕珍妮弗·马古利斯
黎 娜 ◎译

U0339164

北京科学技术出版社

著作权合同登记号　图字：01-2017-5845

图书在版编目（CIP）数据

健康的孩子不是打针吃药养大的 /（美）保罗·汤姆森，（美）珍妮弗·马古利斯
著；黎娜译 . — 北京：北京科学技术出版社，2019.3
书名原文：The Vaccine-friendly Plan: Dr.Paul's Safe and Effective Approach to
Immunity and Health from Pregnancy Through Your Child's Teen Years
ISBN 978-7-5304-9641-1

Ⅰ.①健… Ⅱ.①保… ②珍… ③黎… Ⅲ.①婴幼儿—哺育 Ⅳ.① TS976.31

中国版本图书馆 CIP 数据核字（2018）第 076368 号

健康的孩子不是打针吃药养大的

作　　者：〔美〕保罗·汤姆森　〔美〕珍妮弗·马古利斯		译　者：黎　娜	
策划编辑：张子璇		责任编辑：仲小春　周　珊	
责任印制：吕　越		出版人：曾庆宇	
出版发行：北京科学技术出版社		社　　址：北京西直门南大街 16 号	
邮政编码：100035			
电话传真：010-66135495（总编室）		010-66113227（发行部）	
010-66161952（发行部传真）			
电子信箱：bjkj@bjkjpress.com		网　　址：www.bkydw.cn	
经　　销：新华书店		印　　刷：三河市华骏印务包装有限公司	
开　　本：710mm×1000mm　1/16		印　　张：22.75	
版　　次：2019 年 3 月第 1 版		印　　次：2019 年 3 月第 1 次印刷	
ISBN 978-7-5304-9641-1 / T·982			

定　价：69.00 元

致读者

本书中若无特殊说明是任何国家的数据及情况，则统指美国的相关数据及情况。中国相关的防疫接种、疾病控制、数据统计等信息及标准，以中华人民共和国国家卫生健康委员会、中国疾病预防控制中心公布的信息及相关规定为准。

本书提供的信息只作为对家长在家庭中养育孩子时的建议和补充。在对孩子进行任何医学治疗之前，一定要向儿科医生咨询，并与儿科医生讨论孩子的具体情况。遵照医嘱，选择合适的时间、恰当的方式给孩子进行疫苗接种和其他医学治疗。

本书中提及的所有产品仅供参考，不作为任何推荐。

前　言

preface

我虽然出生在美国，却长于津巴布韦，20世纪60年代的津巴布韦。我父母年轻时是美国联合卫理公会的传教士，我5岁的时候全家离开美国搬到了非洲。那时候我的妹妹4岁，我妈妈还怀有身孕。我弟弟布鲁斯和小妹妹琼都出生在津巴布韦。我们在津巴布韦的第一个家位于阿诺丁的一个村子里，房子是土坯房，没有自来水，没有电，没有玻璃窗。那是个拥挤、杂乱但充满爱的家，我爱那个家。

我的妈妈是一名护士，曾求学于范德堡大学。来到津巴布韦之后，我家很快就成为村子里实际意义上的医疗站，村民们抱着或牵着他们患病的孩子，来到我家门口，希望能得到我们的帮助。

我们全家在非洲生活了 15 年，到我 10 多岁的时候，我见过的死亡比大部分的美国人甚至大部分的医生一辈子见过的都多。对村里的人来说，孕妇分娩死亡和新生儿死亡都不罕见。如果母亲营养不良，新生儿就容易患上传染性疾病。还有很多人由于未得到及时治疗而丧命于车祸、疟疾和暴发性传染病。多年后我的一位刚果朋友奥德特和我聊到这些情况，她摇摇头，充满遗憾和惋惜地说："非洲人死得太早。"

而有一个人的去世对我的打击尤其沉重。他是我的玩伴陶莱，去世的时候他仅仅 3 岁。一天，他突然高烧不退，眼睛发红，整天昏睡，不吃不喝，身上长满红疹。陶莱的妈妈把他抱到首都哈拉雷的医院检查，医生的诊断是感染了囊尾蚴。听到这个诊断后，我妈妈没怎么在意。囊尾蚴在她们那个年代是比较常见的寄生虫，很多妈妈对孩子感染囊尾蚴毫不介意，她自己孩童时就感染过，当护士后也见过好多病例。

但是，陶莱，他第二天就去世了。

后来我回到美国，在达特茅斯学院盖泽尔医学院学习，了解了疫苗的历史，知道人类用疫苗成功地消灭了天花，在美国和世界其他大部分地区消灭了脊髓灰质炎。对于疫苗对人类的贡献，我掌握了第一手资料。而陶莱，如果能够接种囊尾蚴疫苗，他可能就不会死。

美国医学生的培养体系要求，四年医学院学习结束后学生必须在医院某一科室进行 3~5 年的住院医生实习。我就是在做住院医生的时候决定，我要成为一名儿科医生。每当给孩子们接种疫苗或者向父母们推荐疫苗的时候，我都很开心，因为我知道这些疫苗能保护这些家庭，护卫孩子们的健康与安全。

流感嗜血杆菌疫苗刚刚引入的时候我还处于住院实习阶段。流感嗜血杆菌是一种细菌，会导致脑膜炎甚至死亡，对幼儿病人尤其如此。脑膜炎很难正确诊断，因为其症状和流感症状很相似。而流感则是由各种流感病毒引起的。检验幼儿是否患有脑膜炎的唯一办法是进行腰椎穿刺，抽取脑脊液进行检查。方法是：将针头从幼儿腰部插入，穿过韧带与硬脑膜，即可见脑脊液流出。正常情况下，脑脊液如清水一样透明；如果脑脊液轻微浑浊，则幼儿可能患上了脑膜炎。脑脊液标本会被送去检验，检验结果几小时内就能出。

我在做住院医生期间，我所在的儿童医院任何时候都有几例脑膜炎病人。我所在的儿童医院也许可以代表当时的普遍情况。1987年，改良的流感嗜血杆菌疫苗投入使用的第一年，我们医院的小儿脑膜炎发病率下降了一半。疫苗使用之前，每年有大约20000名5岁以下儿童感染流感嗜血杆菌，其中约1000人死亡。而现在，每年的感染数量小于25例，无一例死亡。

疫苗能挽救儿童的生命，保护家庭的安全，也帮助我成为一名更好的医生。那个时候，我严格按照美国疾病控制中心（CDC）和美国儿科学会（AAP）的推荐，给我诊所里的每一位儿童接种这两个机构推荐的每一种疫苗。我想不出有什么理由不这样做。这两个机构的科研人员和医生都具有良好的教育背景和优秀的科研能力，他们勤奋努力，关爱病患。他们推出的儿童疫苗指南救助了儿童，挽救了生命。这一切我都耳闻目睹，亲身经历。

1988年秋天，我成了俄勒冈州波特兰市伊曼纽尔儿童医院正式的医生。那时候的我充满热情，满怀希望，带着我的知识，还有我一头浓密的棕发，开始了我的儿科医生生涯，热切地希望能够帮助我的病人健康生活。

随着岁月流逝，我逐渐有了一些困惑。

一些患儿，他们听从我们的建议进行治疗，却不如预期的那样健康，反而更容易生病。托尔西来到我的诊室告诉我，他儿子的皮疹很严重，而且逐渐恶化。霍尔根的妈妈在我面前潸然泪下，因为她儿子在学校无法集中注意力，学习非常吃力。伊丽莎白的儿子卢克尿糖水平超高。拿到检验结果后我立即打电话，让她即刻将儿子送往最近的急诊室。卢克患上了1型青少年糖尿病，有死于高血糖和脑病变的危险，而他才仅仅4岁。还有一个叫茱莉亚的小姑娘，她对花生严重过敏，仅仅是幼儿园一个架子上的一点儿已经风干了的花生酱，就致使她出现过敏性休克。

到20世纪90年代末、21世纪初，美国所有的儿科医生都开始注意我观察到的这些情况，美国儿童患慢性疾病及出现其他状况，如食物过敏、注意力缺陷障碍症、注意力缺陷多动障碍、儿童焦虑症、儿童哮喘、儿童抑郁症、儿童湿疹、胃食管反流、头痛、耳部感染、神经系统紊乱、鼻窦感染、肺部感染、尿道感染、脓毒性咽喉炎等的病例急剧增多。

这么多问题出现的原因在于孩子们的免疫系统变得越来越弱。现代美国家庭的早餐通常是油酥点心配甜饮料，午餐是薯条加保鲜膜包着的熟肉，晚餐是罐装意大利面或快餐。孩子的三餐不仅缺乏富含营养物质的蔬菜，还含有大量有毒的添加剂（如面包里有防霉剂；几乎所有的儿童食品，从加糖的酸奶到泡菜，都有从石油中提炼的染色剂）。

与不健康的饮食方式同时存在的问题是：美国儿童运动和户外活动太少，缺乏维生素 D，长期睡眠不足，经常压力过大。这些问题都是免疫系统削弱的根源，最终导致孩子体弱多病。另外，空气、土壤和水里面有有毒物质，我们日常坐卧的家具和使用的清洁剂中有有毒物质，还有塑料容器也在向食物释放有毒物质，这些因素相加，足以影响孩子的健康状况。好像觉得这些毒害还不够似的，我们的医生过度使用抗生素，过早施加剂量过猛的干预治疗，却未向病人和家属充分告知药品的副作用，所以情况变得更糟。

于是，自闭症患儿数量增长惊人。

杰克是个活泼的孩子，有一头金发和一双天蓝色的眼睛，脸上有几颗淡淡的雀斑。他来做 1 周岁体检的时候，浑身是劲儿，不停地想从妈妈腿上爬下来，尤其对体检台侧边的抽屉感兴趣，一直想去开抽屉。从他的行为以及杰克跟他妈妈的交流中可以看出，杰克是个健康活泼、发育正常的小伙子。

我下一次见到杰克的时候他 2 岁了。在此之前他 18 个月的例行体检和疫苗接种是我的护士接待的。在见杰克之前，我翻阅了他的健康记录卡，记录中他似乎发育正常，达到了所处年龄段要达到的所有指标。但这次，一走进诊室，我马上就发现不对头。这一次，杰克没有像上次那样好奇地探索诊室，他安静地坐在妈妈身边的推车里，头前后晃动，和谁都没有目光接触，也没有看任何东西。他完全沉浸于自己的世界当中。他妈妈告诉我，杰克甚至对食物都失去了兴趣，常常一坐几小时，将玩具火车排成一排。大概是在 18 个月和这一次体检之间的时间内，杰克开始不与别人目光接触。有时候他会用头去撞小床的侧边，似乎很痛苦。12 个月的时候杰克能说几个词，但之后，他妈妈就很难听懂他发出的那些莫名其妙的声音了。

我无法确定杰克的问题，需要把他转到我们的评估中心去。但是，我怀疑，眼前这个淡漠、不苟言笑的孩子可能患上了自闭症。

一个一岁的时候还完全正常的孩子，怎么两岁的时候发育迟缓、神经系统出现损伤了？

这种情况不仅仅发生在杰克身上。

自闭症病例数量的增长不容忽视。1981—1985 年我在达特茅斯医学院做住院实习医生期间，这种病例很少见。1985—1988 年做住院医生时，我只见过几名较为轻微的自闭症的患儿。但到我在韦斯特赛德小儿科做儿科医生后，也就是 20 世纪 90 年代末到 21 世纪初，我几乎每个月都要送一名疑似有神经系统问题的小病人去专家那里做检查。

这到底是怎么啦？

为什么这么多的孩子生了这么严重的病？

大部分像我这样由传统医学教育体系培养出来的医生都会告诉你，没有人知道引起自闭症的确切原因，也没有方法能治愈或可能治愈自闭症。

同时他们还会把责任推给父母，说也许是基因或者是隐性遗传的原因，他们还可能提到 2014 年美国医学协会杂志《精神病学杂志》(*Psychiatry Journal*) 公布的一项研究结果：若父亲年龄超过 45 岁的话，出生的孩子患自闭症数量是父亲年龄为 20 多岁的孩子的 3.5 倍；或者提到 2014 年《围产医学杂志》(*Journal of Perinatology*) 上公布的研究发现：母亲在怀孕期间体重超重，生下的孩子更易患自闭症。

我不断地和同事们进行辩论，虽然我知道他们和我一样，对自闭症病例的增加忧心忡忡。可惜，他们中的大部分人只是耸耸肩，整一整脖子上的听诊器，对摆在眼前的事实视而不见。我摆出杰克和其他病人的病历中的不正常情况，他们说这是因为现在对自闭症的识别率更高，这明显是自欺欺人。

我认为，很明显，环境因素以及其他一些因素综合起来对孩子的健康造成了影响，导致了一些可怕的症状，如偏头痛，重度焦虑，胃肠不适，早发性过敏等症状的增多。更为明显的是，有些孩子已经以某种方式中毒，或者已经产生了自体免疫反应，以致攻击了大脑，或者两者兼有。

铅是一种用途广泛的金属，以前从化妆用的粉饼到画画的颜料里都有它。我这个年龄段的人（我出生于 1957 年）应该都记得，曾经美国的汽油里都添加铅。尽管铅的使用可以追溯到很久以前，并且铅几乎无处不在，但是一直到 20 世纪 70~90 年代，人们才开始意识到铅对人体健康的危害。

历经几十年的研究，以及极具爆炸性却始终不断的争论，美国人终于接受了这个难以接受的发现：过度的铅暴露会损伤儿童大脑，影响智力，导致发育迟缓。现在我们把这种情况称为铅中毒。

少量的铅是无害的，但对儿童来说，铅暴露越多，越有可能损伤其神经系统。虽然并非每个暴露于铅环境的孩子都会铅中毒，但我们深入研究后发现，铅会在儿童正在发育的大脑中形成负面的累积效应。铅暴露的量和时间会影响症状的严重程度及其表现形式。

我做儿科住院实习医生时，通行的说法是，儿童每升血液中 200 微克及以下的铅含量是安全的。这些年以来，这个参考值下降了，到 20 世纪 90 年代中期，我告诉家长，孩子血液中的铅含量不能超过 100 微克 / 升，这个值是之前的一半。现在，关于铅的安全值我们有了新的标准：即血铅含量没有所谓的安全值。我们告诉家长，即使是 50 微克 / 升的血铅含量都需要谨慎对待。这意味着什么？这意味着这 20 多年来，我们告诉家长无须担心的环境中的那些有毒物质实际上会对孩子们正在发育的大脑造成损害。

还有抗生素的问题。虽然有些细菌感染症状能自行缓解，但抗生素仍不愧为现代医学上的一大奇迹。我妈妈带去非洲的物品里面，抗生素软膏和抗生素口服药是最好的物品之一。一些曾经带走成千上万条生命，尤其是儿童生命的疾病，因为抗生素的出现，如今基本上已经不复存在。

但近些年，抗生素的过量使用导致了"超级细菌"的出现。"超级细菌"是对各种抗生素有强劲耐药性的多种细菌的总称，它们对人类的健康构成了极大的威胁。近期的一则新闻报道称，英国政府预测，抗生素滥用这一全球性问题将导致 8000 人死亡。超级细菌的出现将让小型外科手术和常规手术变得高危。在医学界，对抗生素滥用问题的讨论已经持续了 20 多年。可是，虽然意识到了问题，但接近半数的时候，医生们仍然在不必要的情况下使用了抗生素。

多年之后我才明白，无论多么不愿意相信，我们都不得不承认一个事实：在美国，政府官员和一部分身居要职、为政府官员提供建议的医学博士们，忽略了一些经过医学界评议的重要学术研究，一些关于孕期和婴幼儿免疫与健康的研究成果和知识。只要关注一些业内的科学研究，你就会发现我们给予广大民众的建议是多么无意义，或者说多么不科学。我们给予家长们的建议有时候甚至弊大于利。

一个叫吉米·普罗皮斯的婴儿，出生时他的对耳轮（耳朵中部弧形的隆起，使耳朵沿头骨向后面伸展）未展开，耳朵扇面朝前，也就是人们俗称的"招风耳"，就像美国电视连续剧《天才小医生》(Doogie Howser)里哈里斯的耳朵那样。在这部喜剧里，哈里斯博士后来进行了手术，矫正了耳朵的形状。吉米的父母也想这样，免得以后吉米在学校被人嘲笑。吉米的儿科医生告诉他们，这种耳朵矫形手术小时候做比以后做效果更好，并向他们推荐了一位整形外科医生。这位整形外科医生和吉米的父母坐下来，仔细地讲解了这个手术的利弊。其间，他提到了儿童全麻的风险，如严重的过敏反应（每 10000 例儿童中有 1 例）或者死亡等，虽然较为罕见，但并非没有。并且，按照医生的职责要求，他告知吉米的父母，有可能，虽然可能性非常小，小吉米麻醉后再也无法醒来。

吉米的妈妈听完之后决定不做手术，相比承担手术的风险，她宁愿吉米的耳朵保持原样。没有什么值得拿孩子的生命去冒险。虽然之后好多年，她的公公婆婆一直催促她带吉米去治耳朵。

就像吉米的耳朵矫形手术一样，任何的医疗措施都存在一定程度的风险。每一次我们考虑医学干预的时候都必须在其风险与获益间权衡。

如果吉米得的是严重的疾病（如阑尾炎）而需要全麻，这时医生和父母会更愿意冒这个风险。而在我说的那种情况下，吉米妈妈的决定是最好、最安全也最理智的。而且，最近在灵长类动物和其他动物身上进行的进一步试验更加证明了吉米妈妈决定的明智。试验表明，麻醉会杀死脑细胞，损害记忆力和学习能力，引发行为问题。

在医疗是必需的且成功率很高的情况下，医疗的风险就值得去冒。

在是否决定手术、是否使用抗生素以及是否接种儿童疫苗的问题上，通常病人或家属听从医生的"指示"比自己做决定更容易，求诸权威更让人感到安心。其实医生也是一样的。对医生来说，听从美国疾病预防控制中心（CDC）的建议和州政府的安排比自己独立研究、权衡利弊更为简单轻松。

我怎么知道的？因为我曾经也是那样的医生。

在儿科 30 年的从医经历告诉我，是时候改变那种不区别实际情况、"一招治百病"的状态了，尤其是对于疫苗，更需要针对不同个体区别对待，采取更为谨慎的态度。我每天都在我的诊室中给人接种疫苗，但是我清楚地知道，我们需要"智慧的"防疫，也就是要明白，美国疾病预防控制中心推荐的疫苗接种方案并非对所有孩子、在任何时候都是合适的。而我的方法则是将父母放在驾驶员的位置，由父母来为自己的孩子做出最好和最安全的疫苗接种安排。同时，父母也需要对生活方式做出合适的调整，帮助孩子的免疫系统正常运行，减少日常有害物质的暴露，使孩子的身体达到最健康的状态。我们医生需要牢记，疫苗是预防性药物，不能治愈疾病，它们的功能是加强人体本身已处于健康状态的免疫系统，让人体将来不容易受到疾病的侵扰。基于此，我们更有理由要求，推荐给孩子的疫苗是必需的，同时也必须是安全的。

医生的职责是治病救人，我们绝大多数医生不会对病人做明知有害的事情。当我们的某位病人对疫苗出现了反应或任何形式的不良后果，要医生承认这些是一件很艰难的事情。

因为这感觉像是医生个人犯了错。

"当我意识到疫苗也可能存在潜在风险，我整整一年都感到很抑郁。"我的同行约翰·希克斯告诉我。他是医学博士，加利福尼亚州洛斯加托斯一家私人诊所的儿科医生，在儿童自闭症以及其他自体免疫性紊乱方面有深入研究。

我在 2003 年有相似的经历，当时我的观念几乎被颠覆了。我参加了一个关于自闭症的学术会议，在听了诸多发言之后，我意识到有一种防腐剂为汞（水银）衍生物，而这种防腐剂存在于大部分的儿童疫苗里。疫苗的检测是针对单支疫苗的，因此美国疾病预防控制中心没有意识到这种成分在全部疫苗（CDC 推荐疫苗）中的累加效应。医学博士彼得·帕特里亚卡，时任美国食品药品管理局（FDA）生物制品评估中心病毒性产品部主任，在 1999 年 6 月 29 日给同行的电子邮件中写道："换算硫汞撒（水杨乙汞）中汞的实际含量只需要九年级的数学水平，为什么食品药品管理局花了这么长的时间来计算？为什么美国疾病预防控制中心及其顾问团不去做这样的计算，而是急着推广他们的推荐疫苗方案？"这些邮件，根据美国的《信息自由法案》，呈递给了美国国会，并进入了公众视野。

在美国，硫汞撒现在已经基本上被淘汰了，但仍然使用在多种流感疫苗和某种品牌的脑膜炎疫苗中作为防腐剂，而破伤风、白喉和无细胞百白破疫苗因为生产工艺的问题也有硫汞撒残留。而且我后来发现，我们仍然在继续重复同样的错误，比如现在很多儿童疫苗中铝的含量有问题。在本书后面的章节中你会发现，现在美国疾病预防控制中心儿童疫苗推荐方案所推荐的疫苗的铝含量超过了安全值。

本书意在关注儿童健康，同时也是一本全面的指南书，为父母们提供全面的信息，保护孩子们的平安与健康。本书主要按照时间顺序来编排内容，提供了常规体检、干预治疗，以及孩子从在妈妈肚子里开始一直到十多岁期间的疫苗接种建议。本书基于一些可靠的、经验丰富的知名医生以及我自己的经验，给父母们提供全面的信息，相信这本书能够帮助父母在孩子的健康问题上做出最为明智的决定。

曾经在抗生素上犯过的错，我们也许在疫苗上还会再犯。我们可能在进行过度医学干预，有些时候，医学干预甚至比疾病本身更危险。1983 年美国疾病预防控制中心总共推了 11 种儿童疫苗，接种年龄段为 2 个月到 16 岁，用以预防 7 种疾病。2015 年美国疾病预防控制中心推荐了至少 50 种疫苗，接种年龄段为出生后 1 小时到 16 岁，用以预防 16 种疾病。这意味着现在的孩子接种的疫苗是 30 年前的孩子的 4 倍多，其中大部分的疫苗接种时间是在孩子出生后的 18 个月内。同时，现在有将近 300 种疫苗正在研发之中，其中 170 种用于预防感染性疾病，102 种用于预防各种癌症，8 种用于预防神经系统紊乱。

在美国，疫苗滥用在多大程度上造成了儿童慢性病及其他健康问题？疫苗滥用多大程度上诱发了自闭症？一个原本很好的医疗方法（儿童疫苗接种）是不是被我们变得有害了？

上面的这些问题，仅仅是提出来，对我这样的亲疫苗派医生、亲疫苗派父母以及本书合著者珍妮弗·马古利斯这样的研究者来说，都让我们内心充满矛盾。但是，现在我们迫切需要找到这些问题的答案，迫切需要设计出一个更安全和更正确的疫苗接种推荐方案，这样才能保护我们的孩子既不受感染性疾病的侵扰，也远离慢性病的折磨。

我们不能因噎废食，也不认为所有疫苗都有问题。如果你想找一本"反疫苗"的书，那就把这本书放回书架吧。我们认为，疫苗曾经挽救过成千上万的生命，在现代医学上有着重要的地位。但是，对某些问题我们存在疑虑，如某些疫苗对某些孩子是否安全，如目前美国疾病预防控制中心推荐的疫苗给孩子们带来的伤害也许比医学专家和公共健康机构所认识到的严重得多。

本书的前提非常大胆，那就是：我们认为，为孩子的健康做出决策的最佳人选不是公共健康机构的官员们，不是政府，甚至也不是医生，而是孩子的父母。同时我们认为，父母在做出明智决策前需要掌握所有的必需知识。

2008 年我开设了自己的儿童全科诊所。一年之后我开设了儿科急诊诊所，以方便周末和工作时间外的就医和咨询。过去的 7 年中，我研究出了一个疫苗接种方案，效果很不错，既可以预防感染性疾病，又可以防止儿童的免疫系统遭到破坏，同时防止脑损伤。要知道，现在美国有太多的孩子遭此不幸。现在在波特兰我的诊所就诊的孩子有 11000 多名，有 2000 多名孩子在我的诊所出生，这些遵循我的疫苗接种方案接种的孩子是全世界最健康的孩子中的一群。我称我的疫苗接种方案为"疫苗友好方案"。这个方案是一个全面而健康的方案，包括一些疫苗接种建议，还向父母们提供得到科学证明的常见方法，帮助维护孩子们的免疫系统。医学博士罗伯特·希尔斯创造了一个新词——"疫苗友好医生"，我就是一名"疫苗友好医生"。现在不少的父母也知道这个词，倾向于选择"疫苗友好医生"做自己孩子的保健医生。"疫苗友好医生"以病人为中心，能够理解有些父母放弃一些（甚至所有）疫苗接种的选择，明白筛选疫苗的重要性。

本书的内容以我多年的行医经验为基础，既有常规的儿童疾病病例，也有儿童急诊病例，同时也包括了我的合作者珍妮弗收集的许多"疫苗友好医生"的经验和建议。这些医生同我一样，多年来默默地尽力为每一个病人提供个性化方案，并取得了巨大的成功。

本书能够提供大量的信息，使你有能力对健康和疾病治疗做出关于风险与收益的分析。我们尽可能地提供关于疫苗风险和收益的当前最新信息，以保证你为家庭做出的决定不是盲目冲动的，而是理智和明智的。我们的目标是确保孩子们安全地接种疫苗，同时又能让我们的社区对感染性疾病保持高度免疫。我们希望能保护到社区的每一个人。

一大早我家的电话铃响了。我睡眼惺忪地起来接电话，猜想也许是有急诊。可是电话那头告诉我一个无法接受的消息：齐齐，我在非洲时的玩伴，去世了，死于心脏病发作。齐齐是陶莱的姐姐，陶莱去世后齐齐和我在津巴布韦一起长大。齐齐受过高等教育，而津巴布韦没有多少就业机会，她就和丈夫韦斯顿搬到了美国新罕布什尔州。韦斯顿年仅38岁时便因结肠癌去世，留下齐齐独自抚养4个年幼的孩子。而现在，齐齐也去世了。

挂上电话后我对妻子迈娅说："我觉得我们得站出来。"

她说："我支持你。"没有丝毫犹豫。

晚上我们和孩子们谈了这件事。我们有5个孩子：2个女儿，娜塔莉和阿雅；3个儿子，诺亚、塔克和卢克。迈娅和我抚养这5个孩子已经觉得有点儿吃力，但是，我们觉得我们不能让齐齐的孩子们被送到新罕布什尔的孤儿院。我们收养了齐齐的孩子，从此视若己出，抚养至今。

不过她最大的孩子鲁法诺，因为年龄的原因，在法律上无法被我们收养。从很小的时候起，鲁法诺就希望成为一名医生，妈妈去世的那一周鲁法诺原本要去参加医学院的入学考试。鲁法诺在美国和我们生活了一段时间，签证到期后她去往加拿大，在加拿大她可以以津巴布韦公民的身份申请避难。

妈妈去世后鲁法诺曾两次收到医学院的录取通知，可是我们要抚养 8 个孩子，经济上捉襟见肘，没有能力供她读医学。直到今年，31 岁的鲁法诺终于可以梦想成真了，她得到了加拿大政府的奖学金。去上学前的夏天，鲁法诺住在我们家里，和我们一起生活，并在我办公室做医疗研究助理。早晨我们一同开车上班，谈论医生的职责和医生的业务问题，我们谈到了每位医生都接受过的教导，也是从医的首要原则：不造成伤害（primum non nocere）。鲁法诺打算致力于世界妇女健康事业，计划加入"无国界医生"组织，希望能帮助妇女和儿童过上更好和更健康的生活。她希望自己的行为会让世界有所改变，值得父母们——她现在一起生活的父母和已经去世的父母——引以为傲。

虽然本书的首要目标读者是父母们，但我们也希望每一位像鲁法诺这样有抱负的医学专业人士，无论是资深的医生还是初出茅庐的医生，都能读一读。这本书既是一本关于疫苗筛选决策的指南书，同时也对影响儿童身心健康的各种因素进行了综合而全面的讲解。

孩子的健康正受到威胁，我们比任何时候都更需要这本书。

目 录

我跟父母们说，对有毒物质来说，它不是一加一等于二，而是等于十，甚至等于一百。我们把多种小剂量的有毒物质混合使用，其毒性作用远大于单一有毒物质的毒性作用。

☆孩子们的大脑最令我担心
☆不为我们所知的伤害
☆保罗医生的建议：躲避毒素
☆父母最常问的六个问题：毒素

保护婴儿的健康应远远在其出生之前开始。胎儿的发育特别重要，九个月的孕期是宝贝成长的关键期。孕妇和胎儿是一个整体，他们是一同成长的。妈妈摄入的营养和毒素被妈妈和宝贝两人共享，而妈妈有生以来累积的营养和毒素同样由两人共享。

☆宝贝的健康始于其出生之前

☆为两个人吃

☆为两个人喝

☆谈谈营养

☆孕期的疫苗问题

☆自然阴道分娩

☆保罗医生的建议：孕期

☆父母最常问的五个问题：孕期

第3章 **宝贝，欢迎来到这个世界：生命的最初几个小时** / *055*

　　健康的孩子出生后不需要什么特殊的，只需要平静关爱的怀抱，以及母乳。其实一个健康的婴儿最不需要的就是精力旺盛的专业医疗团队在他刚出生时"粗暴"的照料。

☆出生时刻

☆维生素 K 的重要功用

☆小心陷阱

☆对于黄疸，别太惊慌

☆妈妈感染了 B 族链球菌怎么办？

☆仅仅只是咔嚓一下吗？

☆请勿吸烟

☆新生儿重症监护室

☆保罗医生的建议：新生儿

☆父母最常问的九个问题：新生儿

第 4 章 **生命的最初 2 周** /085

孩子出生后 3~5 天内，我会让父母带着孩子来我办公室进行常规身体检查，下一次则是孩子满 2 周的时候。这两次就诊非常重要：新生儿很脆弱，出生时的健康问题通常这时就能够发现，并且在这个时候，父母们也正经历一系列转变。

☆ 3~5 天时的常规体检

☆ 2 周龄的常规体检

☆脐带护理

☆新生儿呼吸杂音

☆宝宝第一次洗澡

☆回到睡眠这个话题

☆吵闹的孩子

☆家庭事务

☆新生儿托管

☆心情压抑

☆兄弟姐妹需要时间适应

☆向前看：关于疫苗

☆保罗医生的建议：2 周龄婴儿

☆父母最常问的八个问题：2 周龄婴儿

第 5 章 **2 月龄常规体检** /113

父母们总喜欢把自己孩子的这些数据和所谓的"标准值"进行比较。对别人是标准的，对你的孩子未必标准。生长发育图重要的是生长的趋势，而不是特定的数字。

第6章 前9个月的健康保护 /149

对于孩子的生长曲线图，我们最应关注的是孩子生长的趋势，而不是每个数值。两次常规体检期间曲线陡然下降，就是亮起红灯，意味着可能有什么问题。

第7章 宝宝1岁了 /183

当你看着孩子成长为一个能走、能说、能和人交流的小大人，你会意识到，真正的任务是放手让他们自己长大。

☆ 1 岁儿童该吃什么?

☆ 1 岁儿童该喝什么?

☆睡吧,睡吧,我的好宝宝

☆如果你不喜欢带孩子怎么办?

☆ 1 岁儿童的血液检验

☆ 1 岁常规体检时的疫苗接种

☆保罗医生的建议:1 岁儿童

☆父母最常问的六个问题:1 岁儿童

学步期的儿童,如果大量时间用在看电视或玩电子游戏上,语言发展可能会推迟。我不建议 3 岁以下儿童进行像看电视或玩电子游戏这样的被动行为。

☆孩子 3 岁了

☆牙齿,牙齿,还是牙齿

☆兜风去咯

☆游泳安全

☆狗狗是孩子最好的朋友,不过……

☆请注意,表扬也伤人

☆达尔文从来不用抽认卡:游戏的重要性

☆学习用儿童便盆

☆日间小睡

☆阿嚏! 关于普通感冒你需要知道的

☆为什么孩子的眼睛发红?

☆孩子为什么会耳朵痛?

☆小瘙痒提供大信息（疥疮）

☆手足口病

☆第五病（传染性红斑）

☆玫瑰疹

☆孩子得了自闭症怎么办？

☆3 岁儿童的麻疹 – 腮腺炎 – 风疹疫苗接种

☆保罗医生的建议：学步期和学龄前儿童

☆父母最常问的七个问题：学步期和学龄前儿童

四五岁的孩子开始能辨别现实与虚幻，喜欢玩假想的角色游戏。玩游戏帮助孩子懂得如何与别人交往，了解不同个性和需求，处理矛盾冲突。

☆害怕上学

☆"哎哟，哎哟，我 ＿＿＿ 疼"

☆"妈妈，我头痛"

☆"爸爸，我肚子痛"

☆"奶奶，我喉咙痛"

☆"爷爷，我到处都痛"

☆体癣

☆过敏

☆"我担心孩子太胖了"

☆如果孩子被诊断为自闭症，该怎么办？

☆疫苗和学龄儿童

☆健康的免疫系统是避免感染的关键

☆保罗医生的建议：4~6 岁儿童

第 10 章 **少年的健康，你的理智** / *269*

电影、电视以及各种当代小说作品里都把十多岁的少年刻画成没有责任心、追逐异性、懒惰、自私的形象。如果跳出这些刻板印象，仔细观察孩子这段蓬勃生长、剧烈变化的时期，你会发现他们很多的正面特征，你会发现自己比想象中更喜欢家里的这个小小少年。

第 11 章 保护孩子免疫系统的最好方法：保罗医生的简明
备忘录 / *307*

> 他是最好的医生，他明白大部分药物之无用。
> ——本杰明·富兰克林，《穷人理查德年鉴》，1733

☆真正保证孩子健康的是健康的免疫系统
☆怎样保护孩子和你自己的免疫系统：保罗医生的备忘录

第 12 章 前路如何？ / *321*

> 如果你希望挖掘孩子健康的最大可能性，就需要采
> 取一个积极主动的态度。
> 作为父母，你的能量超乎自己的想象！

Chapter 1

第 *1* 章

出毒而不染：在有毒环境中养育健康的孩子

我跟父母们说，对有毒物质来说，它不是一加一等于二，而是等于十，甚至等于一百。我们把多种小剂量的有毒物质混合使用，其毒性作用远大于单一有毒物质的毒性作用。

那是布雷恩·佩雷斯九岁时候的事情。布雷恩·佩雷斯回到家，一头冲进厨房，抓起桌上一瓶绿色的"饮料"就咕咚咕咚喝了下去。"饮料"刚入喉，布雷恩的嘴巴和喉咙就像火烧刀割一样剧痛，他大声尖叫、痛苦不堪。布雷恩以为的"饮料"其实是他爸爸从邻居家借来的通水槽管道的"通乐"，爸爸随手找了个饮料瓶子装着。后来，布雷恩在重症监护病房整整待了 32 天，不能说话，不能吞咽，只能依赖饲管进食。现在布莱恩已经好多了，但是他的爸爸仍然无法原谅自己的粗心大意。

生活中还有好多这样的例子。有的孩子误饮了汽车玻璃水中毒，有的孩子误饮了户外照明燃料中毒。有的孩子能够恢复，而有的孩子则没那么幸运。比如俄克拉荷马州的霍内森·邦珀斯，刚刚蹒跚学步的他也误饮了这类液体，虽然即刻就被送往医院，可仍然在三小时后不幸离世。

像"通乐"这类化学物质具有很强的毒性，需要放置在儿童接触不到的地方。对于这一点父母们不难理解。而我们生活中还有一些物质，它们虽然毒性较弱，不会立即致命，但会使人慢性中毒，尤其会损害孩子的大脑发育。

我跟父母们说，对有毒物质来说，它不是一加一等于二，而是等于十，甚至等于一百。我们把多种小剂量的有毒物质混合使用，其毒性作用远大于单一有毒物质的毒性作用。短期来看，也许你的孩子表面上能够承受多次暴露于某种有毒物质（如香烟或 X 线）之下的后果，但毒素会在孩子体内累积，最终造成长期的伤害。剂量、进入体内的途径、时间长短、个体对化学物质的敏感程度以及身体中其他有毒物质的存量等都是影响致毒性的重要因素。胎儿和婴幼儿最容易受到有毒物质的伤害。在母体中的几个月是胎儿大脑最易受伤的时期，因此，孕期注射化学药物带来的损害特别大。

孩子们的大脑最令我担心

据美国疾病预防控制中心估计，美国大约每45个孩子中就有一个孩子患有自闭症系列障碍。

除了自闭症，与儿童大脑相关的其他问题，如注意力障碍、焦虑症、抑郁症等也呈几何级数翻倍增多。

追根溯源，遗传基因可能是一方面，另一方面，我认为，是孩子们在最为娇弱和发育最快的时期暴露于有毒物质之中，摄入了未经检测的未知神经毒素。是我们毒害了孩子们的大脑。自闭症是一种环境性疾病，是我们采用不当的医疗手段导致的。换句话来说，就是在某些医疗手段还缺乏充分的证据来证实其安全性的时候，我们就仓促地将其用在了孩子们的身上。请不要被这个说法吓到，相反，我们要通过了解相关知识，了解环境中的会损害神经发育的有毒物质，防止它们造成自闭症以及影响孩子的发育和精神健康，这样才能帮助我们的孩子避开这些危险，成为一个健康的宝宝。

我较为擅长使用整体医学的方法进行治疗，这种方法能够提高病人自身的自然生化体系，帮助他们自主康复。在这方面我的方法小有名气，很多自闭症孩子的家长以及有其他神经系统障碍的孩子的家长带着孩子来找我治疗。对于自闭症虽然我也没有什么灵丹妙药——很遗憾，谁也没有，但是我能保持开放的头脑，不断学习有效的治疗方法，运用个性化治疗方案，关注孩子的整体状况。而且，我还能够耐心地听取家长的陈述。我的这种方法被很多像我这样采用整体医学方法治疗的医生使用着，也受到很多功能医学学派医生以及物理治疗师（对西医和替代疗法都擅长的医生）的欢迎。我们探寻疾病的根源，我们检测基因易损性，我们通过恢复人体生化系统来帮助病人提升排出毒素的能力，我们通过增加日常营养食物摄入来辅助药物治疗，从而恢复受损的机体。

可能与多动症、注意力缺陷障碍、儿童焦虑症、儿童自闭症以及其他发育迟缓问题相关的有毒物质

对乙酰氨基酚，一种镇痛药，600 多种处方药和非处方药中都有此成分，包括 DayQuil，诺比舒咳，速达菲，泰诺以及维克斯等。

铝，一种金属，作为辅助剂添加在疫苗或其他医药制品中。研究发现它会造成静脉滴注的营养产品受污染。

阿斯巴甜（也称 E951），一种人造甜味剂，在食品和饮料加工中代替糖。

内分泌干扰物，所有干扰人体分泌（激素）系统的化学物质的总称，包括杀虫剂、除草剂、塑料中的化学软化剂、阻燃剂，以及用于农业、疾病控制、制造业、加工业中的化学物质。已知的内分泌干扰物包括双酚基丙烷（BPA）、杀虫剂滴滴涕 (DDT)、塑化剂 (DEHP)、己烯雌酚 (DES)、二噁英 (dioxin)、多氯联苯 (PCBs) 等。

氟化物，添加在饮用水、牙膏、杀虫剂、特氟龙涂层、加工食品和饮料中的化学物质。

甲醇，一种化学物质，添加在香烟、罐装食品、烟熏的鱼和肉，以及所有含阿斯巴甜的加工食品之中。

汞（水银），硫汞撒中就有汞。硫汞撒是一种以汞为基础的防腐剂，在美国，2001 年之前一直用于儿童疫苗之中，直到现在仍然用于某些流感疫苗、无细胞百白破三联疫苗、白喉破伤风二联疫苗以及脑膜炎疫苗之中。牙科用汞齐合金（填充料）、鱼、贝以及以鱼为食的动物体内也有汞的存在。工厂烧煤排放的烟尘中也有汞。

不为我们所知的伤害

我认识一位医生，他的一个儿子可以花几小时把玩具汽车排成一排，每天如此，而他目睹这一切，却不肯承认儿子的大脑可能有问题，总是说："小孩子都是这样的。"他妻子的态度也和他的一样。可是这个孩子在幼儿园连最简单的1、2、3都学不会，记不住任何东西，上小学后学习就更困难了。一直到小学三年级，他从学校回家后对爸爸说："爸爸，我是班上最笨的孩子。"直到这个时候，他的父母才承认他有问题。

医学检查发现这个孩子的身体里重金属含量超标，伴随亚甲基四氢叶酸还原酶缺乏。这是一种基因密码突变，导致新陈代谢紊乱，致使身体无法代谢毒素（更多关于亚甲基四氢叶酸还原酶缺乏症，请参考第 2 章）。

在认识到孩子异常之前，他们全家人不大限制加工食品的摄入，也很少考虑选择有机食品、饮用过滤水或者采用其他方法避免有毒物质。这个由医生和护士组成的家庭当然从来没有对接种疫苗、超声波检查和其他医学干预的时间和必要性产生过质疑。但是他们的孩子在有毒和有害物质的包围下逐渐中毒了。

我的医生朋友当然对这一切悔恨不已，他手撑额头，痛苦地告诉我："是我们害了孩子。我妻子怀孕的时候还喝那种添加了香精色素的饮料，每次哪里疼痛就服用扑热息痛（对乙酰氨基酚），还多次照 B 超。"

是他们自己的错？是孩子的儿科医生的错？还是药品生产商的错？无论是谁的错都不重要了，重要的是，孩子的大脑功能障碍和学习障碍原本是可以避免的，这个孩子的悲剧原本是可以避免的。

我们的孩子明白父母是爱他们的，所有对他们的损伤都不是父母故意施加的。但是，在这里，我呼吁父母们，请在意一点儿，请主动学习，从现在开始一点点做出改变，这些改变将从各方面促进孩子的健康。

对乙酰氨基酚会引发自闭症吗？

20 世纪 80 年代之前，在美国，阿司匹林是镇痛的首选药物。而之后的研究数据显示，阿司匹林和瑞氏综合征有相关性。瑞氏综合征是一种极其罕见但致命的疾病，表现为大脑和肝脏肿胀。20 世纪 80 年代中期，出于对小儿瑞氏综合征的恐惧，也因为强生公司成功的广告宣传，对乙酰氨基酚基本上取代了阿司匹林，成为治疗孕妇及小儿发烧和疼痛的主要药品。对乙酰氨基酚是泰诺的主要成分，存在于 600 多种处方和非处方药物（包括奈奎尔、速达菲和扑热息痛等）中。

2008 年，加利福尼亚大学的史蒂芬·舒尔茨带领的由 5 位科学家组成的科研小组发表了一项重要的研究成果。研究比较了 83 名自闭症儿童与 80 位普通儿童，发现接种麻疹、腮腺炎和风疹疫苗后服用泰诺的儿童更易患上自闭症。虽然研究还存在一些缺陷，如研究的样本偏小，依赖于父母的回忆，没有病历证实自闭症的确切起始时间以及对乙酰氨基酚的服用时间等，但这项研究意义重大。在 12 个月到 18 个月年龄段服用过对乙酰氨基酚的儿童与服用过异丁苯丙酸或完全没有服用过镇痛药的儿童相比，前者患自闭症的概率是后者的 8~20倍。自闭症儿童的父母回忆，孩子在接种麻疹、腮腺炎和风疹疫苗后产生的反应包括发热、皮疹、腹泻、烦躁以及惊厥，而其他父母则较少报告这些反应。

单独来看，这项研究也许不足以阻止医生以及家长使用对乙酰氨基酚，毕竟对大部分人来说，这是一种很有效的镇痛药。但综合其他许多研究成果以及实验结果，舒尔茨的对乙酰氨基酚与自闭症相关性的研究发现应该给人们亮起红灯。20 世纪 80 年代在小白鼠身上进行的实验以及 90 年代在其他动物身上进行的实验都证明，对乙酰氨基酚（尤其是存在有睾酮的情况下）会对活细胞造成毁灭性伤害，导致线粒体破裂和谷胱甘肽消耗。谷胱甘肽是人体中重要的生化成分，就像我们身体里的拖把，与体内毒素结合，从而使毒素被排出体外。而自闭症儿童体内的谷胱甘肽水平偏低，加上其他已知神经毒素（如通过各种方式进入人体中的铝）的作用，于是泰诺以及其他含对乙酰氨基酚的药物就像"压死骆驼的最后一根稻草"，成了损害这些孩子大脑发育的最后一根稻草。

马萨诸塞州州立大学最近的一项研究表明，做过阴茎包皮环切手术的男性患自闭症的数量远高于没有进行过这项手术的男性。这项研究并不是说阴茎包皮环切术会导致自闭症，而是将矛头直指儿童阴茎包皮环切术后使用的镇痛药，认为越来越多的实验和临床病例表明，对乙酰氨基酚类药物的代谢与自闭症和发育问题存在关联。令人更为忧心的是丹麦的一项研究发现。2014 年 4 月发表在学术杂志《美国医学学会杂志·儿科》（*JAMA Pediatrics*）上的这项研究对 6.4 万名母亲和孩子进行观察分析，发现母亲孕期服用对乙酰氨基酚（不是异丁苯丙酸）与其孩子的注意力缺陷多动障碍相关联。母亲在孕期服用的对乙酰氨基酚越多，孩子患上注意力缺陷多动障碍和功能亢进的可能性就越高。

20 世纪 80 年代我在医学院读书的时候，老师告诉我们，由于有患瑞氏综合征的风险，婴幼儿服用阿司匹林是特别危险的。很遗憾，之后，在那场对乙酰氨基酚革命中我成了积极的一员。强生公司年轻积极的医药代表们穿梭于各家医院，给夜班医生带点儿夜宵，留下一些产品的样品，发给我们印有阿司匹林有害以及泰诺有益的宣传单，方便我们告诉病人。我们也毫不怀疑地叮嘱父母们在孩子接种疫苗后立即给孩子服用泰诺，特别是在孩子接种全细胞百日咳疫苗的时候（这种疫苗特别容易导致发烧和惊厥，现已撤出市场）。而且临床上我们发现对乙酰氨基酚确实可以降低疫苗接种后惊厥的发生率，所以极力向家长推荐，但我们没有意识到它会导致儿童的神经损伤、发育迟缓和免疫问题。

此后，阿司匹林和瑞氏综合征之间的联系受到质疑，2007 年发表的一篇综述文章基于广泛的文献基础，认为"儿童瑞氏综合征和阿司匹林之间的因果关系缺乏充分的证据证明"。可是，纵然有越来越多的证据证明对乙酰氨基酚有问题，父母和医生仍然在继续使用对乙酰氨基酚。

对乙酰氨基酚还有别的问题。它还是导致急性肝功能衰竭的首要原因。一项基于研究成果分析和随机临床对照的实验发现，其实对乙酰氨基酚的镇痛效果并不显著，并且即使剂量正确，也会导致肝功能异常。而且，对乙酰氨基酚存在于太多药物之中，加之大部分父母没有阅读药品成分说明的习惯，所以很容易不经意间造成儿童摄入过量对乙酰氨基酚，从而产生有害影响。

　　我认为，在得到更多证据之前，向孕妇和儿童推荐使用对乙酰氨基酚是不负责任的，甚至是危险的行为。许多研究者，比如杜克大学医学院的威廉·帕克副教授（医学博士，研究免疫系统功能障碍长达十几年）发现，孕妇和儿童停用对乙酰氨基酚后，自闭症患病率迅速显著降低。为了保护孩子的身体和大脑，我建议我的病人最好在孕期或婴幼儿时期停用所有形式的对乙酰氨基酚。

　　我还建议孕妇和儿童对异丁苯丙酸的使用持谨慎态度。异丁苯丙酸是布洛芬、美林等止痛药的主要成分。虽然异丁苯丙酸比对乙酰氨基酚的毒性弱，但这一类非类固醇类抗感染药可能会导致溃疡、出血、胃（肠）穿孔，还可能引起肠漏综合征和小肠吸收不良综合征。大部分医生不会告诉你，异丁苯丙酸这类非类固醇类抗感染药每年导致 10 万名病人住院，1.6 万名病人死亡。

　　幸运的是，在需要镇痛时你和你的孩子还有别的选择。孕妇和儿童的头疼以及其他疼痛通常是由脱水、过度疲劳和压力等引起的，通过按摩、改善睡眠习惯、进行有效压力缓解以及补水都能明显缓解。孕妇和儿童可以在头上放置凉的湿毛巾，并在毛巾上面滴儿滴薰衣草精油。使用后病人都表示舒服多了。这种方法也得到了耶鲁大学医学博士阿维娃·罗姆（马萨诸塞州西斯托克布里奇的一位外科医生，主张整体医学理念）的推荐。镁缺乏也是头痛的常见病因，所以埃普索姆盐浴（其中的镁能通过皮肤被吸收）也能有效缓解头痛。摄入镁含量高的食物（如深色叶类蔬菜、坚果、种子、豆类和食物链中层级较低的鱼）也是一种安全有效的方法，对身体有益而没有副作用（除非你不喜欢鱼的味道）。另外，姜黄根粉（印度饮食中的常用调料，一种从姜状根茎类作物中提炼的粉末）具有强大的抗感染作用。

　　成人和儿童在喝了姜黄根粉冲的水之后感觉头痛迅速减轻。5 岁以下儿童，可以服用 200 毫升水加 1/4 茶匙姜黄根粉；5~10 岁，1/2 茶匙；10 岁以上儿童及成人，1 茶匙。我推荐大家买一些空的药用胶囊（网上商店有售）来装姜黄根粉，用以替代对乙酰氨基酚和异丁苯丙酸。

日常警示：避免使用阿斯巴甜

阿斯巴甜是一种人工甜味剂，1981 年被引进美国，通常添加在低糖饮料、口香糖等食品中。超市里很多食品中含有阿斯巴甜，并且还被冠以"代替糖的低热量食品"等好听的名字。有一点可以肯定，阿斯巴甜对任何人都没有益处。我尤其建议孕妇、哺乳期妇女和儿童远离阿斯巴甜。它在人体中会被分解为甲醇，然后转换为甲醛。

是的，甲醛，就是用来保存尸体、避免其腐败的物质。甲醛是已知的致癌物，有些研究者进一步发现，甲醛可能是导致多发性硬化症和自闭症的主要因素。

黏稠的甲醛分子会和人体中的几乎所有分子结合，激发人体免疫系统来摧毁自身组织。

其工作原理如下：经人体消化后，阿斯巴甜会被分解为甲醇（木酒精、木精）和两种氨基酸（苯丙氨酸和天冬氨酸）。因为甲醇分子体积很小，可以穿过脑血管屏障，转化为甲醛，干扰髓磷脂（包裹神经细胞的蛋白质）的形成。而髓鞘的形成才使信息得以在神经系统中传递。

对人类来说，甲醛的致命剂量为 0.3~1.0 克 / 千克，这就意味着，一名 10 千克重的一岁婴儿摄入 3 克甲醛就会死亡。而酒精中的有毒成分乙醇的致命剂量是 7 克 / 千克，即同样重量的婴儿需要摄入 70 克乙醇才会死亡。

美国疾病预防控制中心警告称甲醇"可能导致人体中枢神经系统先天缺损"，怀疑它是一种影响发育的毒素。多项动物实验表明，甲醇会损伤发育中的胚胎的神经系统。也就是说，微小剂量的甲醛即会严重损伤发育中的胚胎。比甲醇浓度低 1000 倍的甲醛就能导致发育中的小白鼠胚胎死亡。研究发现，由阿斯巴甜转化而来的苯丙氨酸和天冬氨酸这两种氨基酸对敏感人群具有神经毒性，剂量高的话则对任何人都具有神经毒性。这真是雪上加霜。

如果上面这些还不足以让你远离阿斯巴甜，那么再来看看下面的研究发现。一项新的调查比较了 550 名非自闭症儿童的母亲和 161 名自闭症儿童的母亲，发现自闭症儿童的母亲平均摄入的甲醛是神经状态正常儿童母亲的 2 倍多（142 毫克∶67 毫克）。虽然这只是一项初步研究，但仍然表明了较高的甲醛摄入量和之后胎儿的脑异常有强烈相关性。

医学博士、食品科学家、亚利桑那州立大学营养学专业荣誉退休教授伍德罗·蒙特博士与同事拉尔夫·沃尔顿在共同发表于《医学假说》（*Medical Hypotheses*）上的研究成果中，解释了甲醇对人体的毒性在过去的 50 年间为什么被忽略。他们认为，针对毒性的研究通常在哺乳动物（如灵长类动物、兔子、老鼠、小白鼠、猪等）身上进行，这些哺乳动物会分泌一种叫过氧化氢酶的物质，这种酶能够分解甲醛，使之无毒。而人体内则没有这种过氧化氢酶，因此人的大脑中就会生成活跃的甲醛，它与蛋白质、DNA 以及 RNA 相结合，然后以一种有害的方式激活免疫系统。

我给我的病人的建议很简单：避开一切含有阿斯巴甜的食品和饮料。含有甲醇的食物还包括瓶装、罐装、听装、袋装的水果和蔬菜，所以我们要食用鲜榨果汁，吃新鲜或冷冻的水果和蔬菜。是不是很简单？

对于汞我们有很多要做

2003 年我参加了自闭症研究学会在俄勒冈州波特兰召开的一次会议。会议的主题是：抗击自闭症，就在现在！这次会议改变了我的人生。会议上医学研究人员和其他专家提供了关于汞的神经毒性方面的海量研究数据。当时硫汞撒这种含汞的物质正被作为防腐剂添加在多种儿童疫苗中，用以抑制细菌和真菌的生长。那次会议之前，虽然我每天都给孩子接种疫苗，但我对疫苗的成分知之甚少。

在医学院学习的时候，我们学到的是疫苗有多么神奇的功效，却没有了解疫苗的成分。医学院毕业后，我们找工作、开诊所，在病房和病人间穿梭，忙着拓展事业也忙着还上学欠下的贷款（译者注：美国医学院学费较其他专业高，学生常常需要贷款才能完成学业）。作为年轻的医生，那时候我也尽量腾出时间阅读学术杂志，可读到的内容主要是一些受到医药公司资助的研究，以及政府让医生们派发给大众的各种册子。遵循"标准治疗流程"多舒服，还省力又省钱！于是大家按照同样的方法进行治疗，不去提出质疑，不去越矩行事。这就是为什么有这么多的证据表明，我们本可以采用更好和更安全的方法，而这么多医生对此忽略，甚至视而不见的原因。

汞具有细胞毒性（损伤细胞）、神经毒性（损伤神经系统）、免疫毒性（损伤免疫系统）和肾毒性（损伤肾脏）。它能够穿透血脑屏障，因此对脑组织也具有毒性。其毒性作用主要表现在情绪、记忆和注意力问题上，还会表现为头痛、疲劳和运动协调能力方面的问题。

曾经，孩子们把从打碎的体温计里流出的似液体的小圆珠拿来把玩，这样的时代早已过去了，如今大家都知道汞是有毒的。可尽管大家都知道它有毒，许多的科研文献也证明了它的致毒原理，但是在我们的处方和非处方药物中，仍有一百多种药物含有汞，其中包括眼药水和鼻用喷雾。

而美国食品药品管理局却对此视而不见，并未禁止这些有害药品。

而更为倒行逆施的是，美国政府甚至否认小儿注射液中的汞会对人体造成损害这个事实，拒绝对疫苗含汞下禁令。

你是不是正在摇头、不敢相信？是的，太不可思议了。

极低含量的汞就可对人体造成毒害，对婴幼儿来说，没有什么剂量是安全剂量。

我 1988 年完成在儿科的学习的时候，很多疫苗都含有硫汞撒。随着政府规定的儿童必须接种的疫苗种类的增加，更多的汞被添加进来。

2000 年美国国家研究委员会（NRC）发布了汞的摄入安全剂量：最高 1 微克 / 千克体重。 在这个安全临界值的基础上，NCR 将其除以 10，然后提出，每天的摄入安全剂量最高为 0.1 微克 / 千克体重。

关于汞的摄入量，美国疾病预防控制中心的安全剂量为每天 0.3 微克 / 千克体重。美国食品药品管理局则更慷慨了，它设的安全剂量为每天 0.4 微克 / 千克体重。

2003 年我坐在会场，计算了一下，顿时对自己的无知感到震惊和恐惧。一个 2 月龄婴儿，其重量大约为 5 千克，注射到其身体里的汞含量达到 62.5 微克，是美国环保署（EPA）提出的指导上限的 125 倍，美国疾病预防控制中心最高上限的 42 倍，美国食品药品管理局指导上限的 31 倍。无论你怎么切，疫苗这块蛋糕里的汞都太多了。

而进一步关注汞的吸收，情况更严重。注射入人体的化学物质比吃进去的致毒性更强，因为通过注射进入人体的化学物质绕开了通常情况下的肝脏解毒机制，人体失去了将毒素由肝脏转移至肠道、进而排泄出去的可能。

我们都对我们的孩子做了什么？我们是不是不知不觉中毒害了整整一代人？

整整 5 年之后，汞才从儿童疫苗中去除，但这并不是政府的强制规定。在这 5 年里，政府又规定，孕妇以及小到 6 个月的婴儿都需要接种流感疫苗，这里面依旧有汞。

疫苗制造商们已经自觉地行动起来，在疫苗中逐渐淘汰硫汞撒。

但政府没有强制规定禁止疫苗含汞，也没有公开承认其危害。

直到现在，美国政府和公共健康官员都拒绝承认硫汞撒有致毒性，也拒绝承认儿童疫苗中的汞含量太高。

也许你的医生会说，疫苗现在不再含汞了，其实这说得不对，在美国，最少有三种流感疫苗（Fluvirin，Flulaval，Fluzone）、一种脑膜炎疫苗和三种破伤风－白喉疫苗仍然含有汞。

也许你还听到有人否认疫苗中的硫汞撒应对自闭症病例的增长负责，这些人的逻辑是：现在疫苗中已经没有硫汞撒，但自闭症患病率仍在继续增长，因此可以"证明"疫苗是安全的，硫汞撒也是安全的。虽然现在疫苗生产商逐步淘汰了硫汞撒，但含硫汞撒的流感疫苗仍广泛推荐给孕妇使用，而且政府推荐的儿童疫苗名单中又加了新疫苗，还有更高剂量的铝——另一种已知的神经致毒成分被注射进了孩子们体内。铝和汞还不一样，汞是作为一种防腐剂添加在疫苗中的，而疫苗中的铝则作为一种佐剂，人体能识别其为毒素。疫苗中添加铝能诱使人体的免疫系统对病毒和细菌蛋白质产生强的抗体。

嘴巴里的汞

另外一个与汞接触的渠道是我们的嘴巴。现在牙科仍在使用的填充料是银汞合金，其中汞合金中汞的含量占50%。咀嚼或者喝热饮的时候，汞合金填充料就会释放出汞蒸汽，人体吸入的汞蒸汽中的80%会被吸收，通过血细胞被运送到全身。

学术期刊《环境卫生》（*Environmental Health*）2014年发表了一个研究结果：用汞合金做牙齿填充材料的人，其尿液中检出的汞含量为没有用这种填充材料的人的2倍；将汞合金填充材料移除，人体的汞含量则降低。移除汞合金填充材料的人与没有移除的人相比，健康状态得到提升。

如果经济条件允许，你应该用其他材料替代你牙齿里面的汞合金。

但如果你正处于孕期，则不要马上移除，因为移除过程中将这些汞合金钻出来的时候，你可能会吸入大剂量的汞，使你的宝宝暴露于过量的汞中。移除汞合金填充料的时候请告知牙科医生，确保他明白其危害，同意用强力吸尘器吸出汞蒸汽，同时用牙科专用的阻隔膜保护你的口腔，以免你吞入汞。

如果你或你的孩子需要补牙，请一定使用不含双酚 A 的白色复合填充料。

铝的前世今生

铝是地球表面最常见的金属元素，广泛存在于水、空气和食物中。虽然它无处不在，但对人体却没有任何营养作用或其他任何生物学功能，还会对人体系统造成严重损害。因此，人体需要能迅速消除通过食物或水进入身体的铝。成人一天通过饮食进入身体的铝可能会高达 10 微克，因为一些食品中添加了含铝化合物，而很多食物在烹饪过程中也被炊具中的铝污染了。铝含量高的食品和食品添加剂包括加工奶酪、苏打粉（泡打粉、小苏打）、漂白过的面粉、非乳制的奶精（咖啡伴侣），以及腌菜。不过这里面只有极少的铝被人体吸收，被吸收后通常也能通过肾脏排出体外。一个健康成人的血液中检测到的铝含量可能是 5 微克／升，我们通常认为这是一个安全的量。

铝被当作一种佐剂添加在一些疫苗中，人体会将其识别为外来物质（并且努力将其排出）并激发免疫反应。含有铝的疫苗如果去除其中的铝，就将失去效力。

那么，对婴儿来说，注射多大剂量的铝是安全的呢？

目前研究者仅仅从理论上解决了这个问题，而且还有一个错误的做法，那就是把从食物中摄入的铝和通过疫苗注射进人体的铝同等看待，错误地认为通过这两条通道进入人体的铝会产生同样的效果。

事实并非如此。

健康的肠道能够防止进入体内的铝被人体吸收。铝在消化过程中一被分离，进入血液循环系统几小时后就能逐渐被吸收。

如果是通过肌内注射，铝的摄入立即发生。如果同时注射多剂含铝的针剂，婴儿体内被注入的铝可能会多达整整 1 毫克（1000 微克）。

如果婴儿能将这么多的铝排出体外，那么短时间内这么多的铝应该不会对婴儿的大脑或身体造成持久损伤。

而如果婴儿不能将身体里的这些铝清除——不管是什么原因，那么其后果可能是灾难性的。

20 世纪 80 年代有过对肾脏有问题的孩子体内铝的神经毒性和骨骼毒性的报道，医学界广泛认为通过静脉注射的铝具有毒性。1989 年，科学家对 25 名需要通过静脉注射补充营养的早产儿进行了研究。这些低体重新生儿每天通过静脉注射摄入 14~18 微克／千克体重的铝（由于静脉滴注时不可避免的原因造成）。虽然这些新生儿尿液中的铝含量偏高——表明他们的身体能够排出部分重金属，但他们血液和骨骼中的铝含量也升高了。一名死亡婴儿骨骼中的铝含量尤其高。

20 世纪 90 年代，研究者发现，通过静脉注射每天摄入 45 微克／千克体重的婴幼儿，与摄入量少的婴幼儿相比，其神经发育受到更严重的损伤。这项研究表明，铝暴露量与认知困难的严重程度直接相关。

现在越来越多的证据证实了不经消化道（通过静脉注射、肌内注射或疫苗接种等方式）进入体内的铝的毒性，并且由于婴儿，尤其是早产儿的肾功能较弱（相比成人），排出铝的能力也较弱，美国食品药品管理局推荐，早产儿每天摄入的铝不能超过 5 微克 / 千克体重。

我知道，这还只是停留在技术层面，不过这种事情需要耐心。15 年前，即 2001 年 1 月，美国食品药品管理局发布了下面这条指导信息。

研究表明，肾功能损伤的病人，包括早产的新生儿，如果经非消化道摄入铝超过 4~5 微克 /（千克·天），其体内累积的铝会产生中枢神经毒性和骨毒性。甚至在低于此量时也可能引起组织负荷。

基于美国食品药品管理局的这些建议剂量，婴儿摄入铝的安全剂量是 4~5 微克 /（千克·天），也就是说，对体重为 4 千克的新生儿来说，每天铝暴露的安全剂量为 16~20 微克，而美国每个新生儿注射的乙型肝炎疫苗中铝的含量比这个量高了将近 15 倍。在一个新生儿的身体中注射高达 250 微克的铝，这无疑是很令人担忧的。

美国各类儿童疫苗中的铝含量

商品名	疫苗	铝含量*	使用的佐剂
安儿宝	b 型流感嗜血杆菌疫苗	0	无
Adacel	无细胞百白破三联疫苗	330	磷酸铝
Bexsero	乙型脑膜炎疫苗	519	氢氧化铝
Boostrix	无细胞百白破三联疫苗	250	氢氧化铝
卉妍康	人乳头瘤病毒疫苗（子宫颈癌疫苗）	170	氢氧化铝
Comvax	b 型流感嗜血杆菌 - 乙型肝炎联合疫苗	225	非晶铝硫酸羟基磷酸盐
Daptacel	无细胞百白破三联疫苗	330	磷酸铝
安在时	乙型肝炎疫苗	250	氢氧化铝
加德西	人乳头瘤病毒疫苗（子宫颈癌疫苗）	225	非晶铝硫酸羟基磷酸盐
贺福立适	甲型肝炎疫苗	250	氢氧化铝

续表

商品名	疫苗	铝含量*	使用的佐剂
贺新立适	b 型流感嗜血杆菌疫苗	0	无
婴护宁（英芬立适）	无细胞百白破三联疫苗	625	氢氧化铝
IPOL	脊髓灰质炎灭活疫苗	0	无
MenHibrix	b 型流感嗜血杆菌 - 流行性脑脊髓膜炎疫苗	0	无
Menactca	脑膜炎疫苗	0	无
Menveo	流行性脑脊髓膜炎疫苗	0	无
风疹三联疫苗	麻疹 - 腮腺炎 - 风疹三联疫苗	0	无
Pediarix	无细胞百白破 - 乙型肝炎 - 脊髓灰质炎灭活疫苗	850	氢氧化铝 磷酸铝
普泽欣	b 型流感嗜血杆菌疫苗	225	非晶铝 硫酸羟基磷酸盐
潘塔赛	无细胞百白破 -b 型流感嗜血杆菌疫苗 - 脊髓灰质炎灭活疫苗	330	磷酸铝
沛儿	肺炎链球菌疫苗	125	磷酸铝
沛儿 13	肺炎链球菌疫苗	125	磷酸铝
ProQuad	水痘 - 麻疹 - 腮腺炎 - 风疹联合疫苗	0	无
重组乙型肝炎疫苗	乙型肝炎疫苗	250	非晶铝 硫酸羟基磷酸盐
轮达停	轮状病毒疫苗	0	无
罗特律	轮状病毒疫苗	0	无
Tripedia	无细胞百白破三联疫苗	170	硫酸铝钾
Trumbena	流行性脑脊髓膜炎疫苗	250	磷酸铝
双肝克	甲型肝炎 - 乙型肝炎疫苗	450	氢氧化铝 磷酸铝
维康特（唯德）	甲型肝炎疫苗	225	非晶铝 硫酸羟基磷酸盐
Varivax	水痘疫苗	0	无

注：* 基本铝含量，每一剂所含微克数。

铝的致毒原理

许多动物实验表明，孕期铝暴露会导致胎儿发育迟缓。至少有 6 项对哺乳动物，尤其是对老鼠和兔子的实验发现，孕期铝暴露会造成后代行为、认知、发育和表现异常。一项始于 2009 年的研究表明，注射铝会导致小白鼠神经中毒，温哥华英属哥伦比亚大学的研究者们由此推测，退伍老兵患的海湾战争综合征可能就是由他们注射的炭疽疫苗和其他疫苗中高含量的铝导致的。

其致毒原理是怎样的呢？科学研究告诉我们，铝会干扰细胞代谢以及 DNA 的信息转换（意思是说你的身体变得较难读出你的基因图谱）。研究还发现，铝会干扰酶，例如会抑制己糖激酶的活性，而己糖激酶对给细胞供能的通道至关重要。身体里的铝会导致脂质过氧化反应增强，致使细胞更容易受到自由基攻击，从而造成神经中毒。

就在这个环节，自由基（毒性物质）从细胞膜的脂质中"偷取"电子，造成细胞损伤。所有细胞膜都由脂质构成，因此保护好脂质，防止其损伤非常重要。对大脑正在迅速发育的婴儿来说，这些方面的问题尤其重要。

科学发展到现在，我很难理解为什么美国疫苗公告板仍推荐所有孕妇都接种百日咳疫苗，这种疫苗一剂就含有 390~1500 微克铝（疫苗品牌不同，铝的含量有差异），而接种的时候正是胎儿大脑极易受损的时候。

我们要尽一切可能帮助备孕女性、孕妇、哺乳期妇女、新生儿、婴幼儿以及其他年龄段的孩子避免致毒剂量的铝暴露，包括不服用含铝抗酸药、不使用含铝止汗剂、孕期不接种百日咳疫苗、婴幼儿不饮用大豆配方奶粉（大豆配方奶粉铝含量水平较高），以及不接种含铝疫苗。

我的很多同事和同行在这个问题上都取得了共识。一个由 9 人组成的意大利研究团队在研究了这方面的问题后认为：医生，尤其是新生儿护理方面的医生，在孩子 6 个月前"必须特别注意铝含量的问题"。

雌性化的青蛙：毁灭性的内分泌干扰素

杀虫剂、除草剂，以及我们不大熟悉的持久性有机污染物（POPs），多氯联苯（PCBs），多溴联苯醚（PBDEs）等，都是内分泌干扰素。内分泌系统是人体强大的激素系统，调控子宫里胎儿的生殖器官发育、大脑发育，保证甲状腺和其他腺体正常运转，并且调节体温和血糖，以确保胎儿身体正常发育。内分泌干扰素则改变内分泌系统，通常对身体健康造成负面的影响。现在已知有近800种人造化合物被认为会（或者可能会）干扰激素受体，干扰激素合成以及激素转化。

2002年，美国加利福尼亚州立大学伯克利分校教授、生物学家帝龙·海耶斯博士发布的实验结果显示，全世界广泛使用的除草剂阿特拉津（atrazine，又称莠去津），其浓度在美国饮用水标准允许含量30倍以下的时候，都可使雄性青蛙雌性化。这一研究结果一出，业界哗然，讨论激烈。本来，帝龙·海耶斯博士的这项研究初期得到了全世界最大的农业企业先正达公司的资助，但后来实验结果不是先正达公司所预期的，帝龙·海耶斯博士和先正达公司的关系恶化。后来公开的法庭文件显示，先正达公司组建了一支公关团队，之后还雇用了一家公关公司来诋毁海耶斯博士的科研，四处运作企图抹黑海耶斯博士的名誉。

内分泌干扰素不仅对青蛙、龟等动物造成负面影响，还会影响男性的精子质量，降低其生育能力，并且会造成儿童的神经和行为问题。此外，它还会改变动植物的生长方式。

男婴的生殖器官畸形，如隐睾、尿道下裂等病例现在持续增长，这与扰乱内分泌的化学成分相关。与之相关的还包括：婴儿早产和低体重，内分泌相关癌症（乳癌、子宫内膜癌、卵巢癌、前列腺癌、睾丸癌以及甲状腺癌等），乳房早发育（乳癌的一个重要风险因素）等。

有研究显示，内分泌干扰素还与病态肥胖以及成人糖尿病相关。

再来看看除草剂。它就是一种危险的内分泌干扰素。我们种植粮食的时候，通常都喷洒除草剂来消灭杂草，然后，这些粮食被我们的孩子们吃到肚子里去了。美国农业公司孟山都销售抗草甘膦转基因大豆以及草甘膦除草剂"农达"。草甘膦的主要成分磷酸甘氨酸的毒性比人们之前认识到的毒性大得多，它既会导致慢性死亡，也会造成急性中毒。美国毒物管制中心协会的数据显示，每年有大约 4000 通与磷酸甘氨酸中毒相关的急救电话，800 人因中毒入院治疗。有一项研究观察了斯里兰卡 601 名磷酸甘氨酸吸入病患，发现其中有 19 人死亡。以往的研究表明，一小杯磷酸甘氨酸（这种人们认为无毒的物质）就能致命。我们每年向我们生存的环境喷洒 12.8 万吨这种物质，这真的没问题吗？

为了最大限度地保护孩子的健康与安全，你需要尽力限制他们暴露于这种内分泌干扰成分中的机会。这意味着，家里的草坪不使用杀虫剂，而依照传统靠瓢虫来除去害虫；减少孩子与塑料制品的接触（欧洲标准的玩具相对来说更安全；可以购买二手玩具和衣物以减少孩子与除草剂和塑化剂的接触，因为这些玩具和衣物上的有毒物质大多已经被冲洗掉了）；远离包装过度的产品和用塑料薄膜包裹的食品；尽可能地选择本地产品以及有机产品。

关于氟化物：我们并非小题大做

2013 年波特兰市发生了一场关于饮用水中氟化物是否添加的论战，我的诊所就在波特兰。当时的市长和市卫生系统的官员强力推行在饮用水中添加氟化物，声称此举能减少龋齿。而波特兰市民的抵抗更加强硬，指出科学研究表明，虽然牙齿表面的氟化物能够防止龋齿，但没有研究证明将其放在水中饮用有这样的效果。

最后这个问题采取投票的方式解决，我很高兴地告诉大家，保持水质清洁、反对添加氟化物的一方赢得了投票。不过，当时的媒体对我们这些抵抗氟化物的人却不怎么友好，把我们描述成愚蠢的、反科学的疯子。仅仅两年之后的 2015 年 4 月，美国政府发布了一条"惊人"的声明，美国健康和人类服务部 50 年来首次降低了饮用水氟化物含量的建议标准，因为人们，尤其是儿童，从饮

用水、漱口水、牙膏等渠道摄入的氟化物过量，致使牙齿上形成白斑（氟斑）。

几个月之后，又有一记针对饮用水氟化物的重锤。科克伦协作网——科学研究界最公正的黄金标准——综述了针对饮用水添加氟化物的一些研究，遴选出其中一些设计最为科学和全面的研究，并得出结论：饮用水中添加氟化物不能减少成人龋齿的数量。这一结论证明，我们这些"反科学的疯子"从始至终都是正确的。

非常小剂量的氟化物可能对人体没有危害，但剂量大的话，它就具有神经毒性，是一种内分泌干扰素，会增加大脑功能损伤、儿童和青少年注意力缺陷多动障碍、甲状腺异常等问题的风险。没有哪个孩子需要特意摄入氟化物。如果你居住的地方饮用水含氟，那么你要特别注意将水过滤后给孩子喝（第 2 章将继续讲述这方面的内容）。

也许你对这么多全新的知识感到一时无法接受，我能理解，我以前对有机食品也是耸耸肩然后"飘过"（太贵了！），我也会狂喝饮料（真的很好喝呀！），我的孩子们用的也是含双酚 A 的磨牙棒，孩子们感冒了也服用泰诺。

但是，你懂的更多你才能做得更好。你可以努力让孩子远离毒害，防止毒素影响你孩子的成长发育。我们这本书就将介绍一些行之有效的方法来最大限度地保护孩子的健康。

现在行动起来吧，小小的改变就能给你全家的健康带来大大的好处。

保罗医生的建议

躲避毒素

1. 阅读成分表。你吃的食物、药、多种维生素片、营养补充剂，你需要知道它们都含有什么成分。不要吃喝任何含有阿斯巴甜、色素或其他非食品型添加剂成分（如防腐剂、铝）的食品，远离任何形式的对乙酰氨基酚。

2. 过无塑料生活。塑料含有内分泌干扰素，尤其是加热后。购物时记得使用布袋，或者将食物（苹果、香蕉甚至花菜等）直接放在推车里。没有吃完的食物用玻璃容器储藏，不要使用塑料容器。不要吃用塑料包装的加工食品。选择天然胶口香糖，普通的口香糖含有塑料和阿斯巴甜。不要将塑料制品放入微波炉或者洗碗机。不要使用塑料垃圾袋（你可以把垃圾直接放入垃圾桶，而且这样还省钱）。

3. 食用天然食品，最好是有机食品。尽量避免食用转基因食品以及用过杀虫剂的农产品。这条建议你将在本书中一次又一次读到。如果说有一种生活方式的改变能永久惠及全家健康，那就是食用"真正"的食物。是的，这些食物会贵不少。你可以自己种，也可以购买农民自产自销的农产品。

4. 远离阻燃剂。新家具和新地毯是最大的有毒气体排放源。如果你在为刚出生或即将出生的小宝宝布置房间，建议选用不含阻燃剂成分的床垫，它可能会贵一点儿，但值得。给小宝宝买的贴身衣物也不要有阻燃剂成分。

5. 使用自然除虫方法。给室内、室外除虫或除草时尽量避免使用除虫剂和除草剂，特别是草甘膦。现在有些美国人在网上购买瓢虫来除害虫。院子里尽量只种植本土植物。

6. 避免毒素的累积效应。医生会告诉你某一医疗产品（如 X 线）、食物中的杀虫剂残留、水管中的铅或者氟化物进入人体的量非常少，没什么害处。不要掉以轻心，医生的保证并非全部可信。虽然某一种成分的摄入量非常小，但一加一不等于二，一加一有时候可能会等于3000。当各种毒素相互作用（其作用方式还有待科学家研究），或者当毒素在孩子的体内累积，这些量都足以致害了。

7. 将有害的清洁剂换成安全的。白醋加水是很好的清洁剂。要擦水管的话，小苏打就很好用。洗衣服或洗碗时尽量挑选无味、无色的洗涤剂，或者用便宜、简单的无毒材料自制洗涤剂。

8. 使用天然牙膏。传统的牙膏含有很多化学色素、有害添加剂以及人造甜味剂。其中哪一个不是致癌物？建议购买仅含有几种可辨认的安全成分的天然牙膏或者有机牙粉，也可以用简单的材料，如小苏打、盐和木糖醇自己做牙膏。

9. 努力出汗。人体通过呼出废气、排便、排尿和出汗排出有毒物质。你和孩子锻炼得越多，就越能帮助身体排出有毒成分。

父母最常问的六个问题
毒素

关于避毒

1. 远离毒素似乎有必要，但是从哪里开始呢？

答：从小处着手。将家里的塑料容器换成玻璃的，给孩子使用不锈钢水杯。建议与其他重视毒素问题的家庭联系，互相交流经验。微小的改变也能给家庭健康带来巨大的长期影响。

2. 美国食品和药物管理局都认为阿斯巴甜安全，美国糖尿病协会还将其推荐给糖尿病病人食用。我家有必要避开它吗？

答：阿斯巴甜含 11% 的甲醇，甲醇会在我们的身体里转换为甲醛，而甲醛会引起身体的免疫系统攻击我们自己的身体组织，导致自身免疫性疾病。任何糖尿病病人（或者任何人）都不应该食用任何含阿斯巴甜的食品。

我是不是过于夸张了？

3. 我向我孩子的儿科医生问到儿童泰诺的问题，他那样看着我，好像我长了两个头。他让我别在网上搜索这些东西，对乙酰氨基酚没什么害处。他说得对吗？

答：新的研究成果总是遇到这样的问题：医生们都很忙，往往没有时间了解业界最新研究发现，尤其是那些研究与他自己的专长没有直接联系时，就更少去关注了。只有很少的医生才会阅读关于毒理学方面的科研论文。目前我们有充分的证据表明，不应该向孕妇和婴幼儿推荐对乙酰氨基酚。但很多医生对此还不了解。医学上有一条原则，任何的干预疗法如果被怀疑有任何致害风险，证明其无害的责任则落在推荐者的肩上。你的医生因为还不了解最新的关于对乙酰氨基酚风险的事实，所以不适用这条原则。在这个话题上，你也许比你的医生懂得更多。

4. 大家都在喝添加了氟化物的水，怎么会有害？

答：以前人们还抽烟呢。人们需要时间来纠正那些他们曾经认为正确的知识。我们的内分泌系统和甲状腺功能已经承受了这么大的压力，我们没有理由还额外让氟化物来加重其压力。

5. 我了解到转基因食品能够解决地球上的饥饿问题，之后对转基因食品的恐惧就烟消云散了。难道不对吗？

答：某些转基因技术也许是安全的。但大部分转基因产品广告都帮助孟山都这样的公司推广草甘膦（农达）。越来越多的证据表明，草甘膦具有毒性。另外，转基因作物尚缺乏长期的研究来证明其安全性。欧洲以及其他一些国家已经禁止种植转基因作物。而且，因为转基因作物会造成致毒的除草剂使用量增长，所以我建议尽量避免食用转基因产品。

6. 既然铝具有毒性，你为什么还青睐疫苗？

答：并非所有的疫苗都含有铝。对于那些含铝的疫苗，我们需要权衡其利弊。如果孩子根本没有可能染上某种疾病，那么无论是从科学上来讲还是从常识方面判断，我们都应该放弃接种这种含铝的疫苗。而对婴幼儿来说，如果他可能会处于百日咳感染环境，那么接种无细胞百白破三联疫苗就是值得的。

第 *2* 章

孕期也重要：保护始于孩子出生之前

保护婴儿的健康应远远在其出生之前开始。胎儿的发育特别重要，九个月的孕期是宝贝成长的关键期。孕妇和胎儿是一个整体，他们是一同成长的。妈妈摄入的营养和毒素被妈妈和宝贝两人共享，而妈妈有生以来累积的营养和毒素同样由两人共享。

我每周会和四五位孕妇及她们的伴侣交谈，这些夫妇正在给即将出生的宝宝寻找儿科医生，每天早上我抽出 20~40 分钟为他们提供免费的咨询。看着即将成为父母的他们手牵着手，微笑着憧憬宝宝的未来，是我从工作中获得的很重要的乐趣之一。

我告诉这些准妈妈爸爸的第一件事情就是，准妈妈们能够怀孕，本身就是一件美好的事情，也表明了他们的身体处于良好的状态。甚至有时候我的热情都让他们感到惊讶。很多时候医生错误地把怀孕当作疾病来对待，实际上怀孕不是生病，而是人类创造的奇迹。

当然，我也同样关注怀孕者的伴侣的感受。我妻子麦达每次怀孕的前三个月晨吐都很厉害，而且她的晨吐是从前一天晚上 10 点开始的。她是奥兰治县医院新生儿重症监护室的护士，晚上 10 点正是她上夜班的时间。麦达不上夜班的时候，早上起床前我会拿几块咸饼干给她吃，这会让可怕的晨吐缓解一点儿。

麦达没有因为怀孕而在工作上松懈，不过她记得怀孕期间，有时候疲劳极了，在重症监护室病房的橘色塑料椅子上（真的是让人非常不舒服的椅子）打个盹简直像在天堂一样。很多女性孕期可能比麦达还难过得多。

你的皮肤可能会发红粗糙，像腊肠比萨一样难看；你可能会为你阴道排气难堪羞愧（如果你不知道这是什么，我妻子托我告诉你，你会经历的）；你还有可能出现很多其他让你不愉快的反应（有一位孕妇比较坦诚，她告诉我，她阴道分泌物多得像"内裤里面流淌着一条密西西比河"）。

关于孕期反应，唯一的真理就是，每个人的经历都不一样。但对准父母来说，需要理解的最重要的一点是，怀孕不是生病。无论医生跟你说什么，你都要知道，怀孕不是灾难，绝大部分情况下，孕期是不需要现代医学干预的（偶然情况下需要一点点）。

宝贝的健康始于其出生之前

现在医生、心理学家、免疫学家以及其他医学研究人员越来越认识到，保护婴儿的健康远远早于其出生之前。胎儿的发育特别重要，九个月的孕期是宝贝成长的关键期。

如果怀孕了你还不知道，仍然抽烟喝酒，不正经吃午餐，用薯片、能量棒这样的零食打发，我觉得你也不要太惊慌。把担心的念头掐掉，继续往后读。你要知道的是，提升健康从现在开始，就是现在。无论现在是什么时候，永远都不晚。

产科医生关注的是母亲，而我作为儿科医生，我的工作是关注孩子的发育。不过孕妇和胎儿是一个整体，他们是一同成长的。妈妈摄入的营养和毒素被妈妈和宝贝两人共享，而妈妈有生以来累积的营养和毒素同样由两人共享。

我诊所的候诊室里有一个海水水族箱，里面有小丑鱼和蓝色刺猬鱼遨游，海葵在箱底舒展着触角。水族箱很像孕妇的子宫，子宫就是宝贝的生长环境。你所有的行为和经历——你吃了什么，服用了什么药物，感受到了怎样的压力，你肚子里的宝贝都和你一同经历。

我提醒所有我接诊过的孕妇：胎盘，这个神奇的人体器官，支撑着子宫里胎儿的生命；它将营养传递给胎儿，但同时，它也传递毒素。怀孕期间，你的工作就是尽最大可能给胎儿提供最好的环境，尽量减少摄入可能有害的物质。

而你伴侣的工作就是帮助你，像对待女王一样对待你，用全力为你做任何事，让你感受到爱和关心，从而能够在孕期保持平静愉悦的心情。因为，精神负担会削弱你的免疫系统，影响胎儿的健康。

为两个人吃

孕期规避毒素最重要的一个方法就是注意你吃进去的东西。

什么能吃，什么不能吃，好像每天都有新的研究成果发布最新的营养资讯，常常让人无所适从。不过我的方法很简单，也很极端。

你做好准备了吗？

怀孕期间，你要吃"食物"。是"真正"的食物，而不是那些"像食物一样的可以吃的物质"，这是我的同事迈克尔·克拉佩尔的说法。他是医学博士，曾任加利福尼亚州曼哈顿滩营养教育与研究所主任，从医 40 余年。

真正的食物不是产自工厂的，不是用塑料包装好的。

它们也不包含那些一长串读不出名字的成分。

糖（甚至所谓的"有机干燥甘蔗汁"）也不是食物。

别被那些铺天盖地的虚假广告蒙蔽了。燕麦棒、甜的零脂肪酸奶以及维生素等都不是健康食品，名称里有"水果"字样的零食也不是。它们含有高果糖糖浆和石油基人工食用色素。

真正的食物包括：新鲜的水果、蔬菜、鸡蛋、未经加工的肉、坚果、种子和全谷物。

为帮助免疫系统培育有益菌，你还可以增加无甜味的酸奶以及其他发酵的乳制品（如发酵性乳产品和发酵的酪乳），还有发酵食品如泡菜等。你可能觉得这些建议不太接地气，可是我这里有海量的科研证据表明，健康饮食习惯对免疫功能起重要作用。健康饮食习惯能帮助预防先天缺陷，以及心脏病、高血压、糖尿病、肠胃疾病、某些种类的癌症和眼睛方面的问题。科学也表明，母体的免疫力在孩子出生后会通过母乳转移到孩子体内，对孩子将来的健康状况有着很大的影响。

威廉·帕克博士是杜克大学医学院的副教授，曾发表过 100 多篇科研论文，很多是有关免疫学的（在最后一章我还会提到他）。他指出，典型的美国饮食习惯（加上一些其他因素）使我们缺乏有益微生物和其他共生生物，这会对孕妇和胎儿将来的健康造成深远的负面影响。"身体就像一台生化机器，我们把作为能量来源的食物投进去，就像向火里添柴。但是如果我们吃下大量的糖、脂肪和加工食品，就好像在火上浇油，向一台烧柴火的机器里浇油。这直接导致氧化应激，导致炎症的发生，随之引起人体免疫系统的功能失调。"

吃真正的食物，在饮食中加入有益微生物，对于我照顾的大部分家庭来说不是很难，因为俄勒冈州的波特兰以盛产美食家出名。但对美国其他地方的人来说，我知道，要让大家明白其重要性，那就难多了。大多数人都被误导而认为"无菌"食品最好。人们希望食品安全，也就是希望食品是消过毒、杀过菌的，是无菌的。避开有害的细菌，这不错，但是这种过于卫生的包装食物引发了一个让人预料不到的后果：我们被剥夺了拥有生物活性的食物，而我们的身体进化至今就是为了消化这类拥有生物活性的食物。

如果你从小到大吃典型的美国食品，比如通心粉配奶酪、瓶装酱汁、罐装水果拼盘（软乎乎、红艳艳的樱桃和桃子块）和罐装蔬菜，那么，是时候改变你的饮食习惯了。买菜的时候直接去货架上摆着最新鲜食物的店，直接去买店里的有机食品。

我知道，有机食品贵多了，而且烹饪这种非加工食品也费时间多了。但是洗一根有机胡萝卜做零食真的比开一袋薯片费事吗？

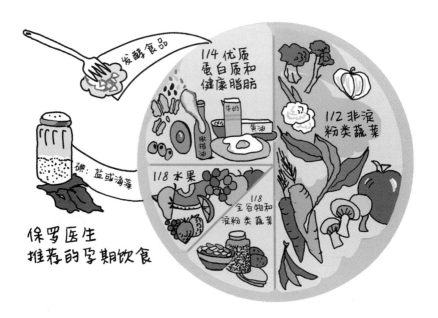

再见，快餐。你好，健康。

为两个人喝

范德堡大学的研究者们最近分析了美国市场出售的多种碳酸饮料和其他饮料，结论令人很不安，焦糖色通常含有 4- 甲基咪唑（4-MeI），这是生产过程的副产品。研究者还发现，经常饮用含有这些化学成分的饮料会增加患癌症的风险。很多包装食品或罐装食品中都添加有焦糖色，包括碳酸饮料。

除此之外，还有一百种不喝碳酸饮料的理由。首先，糖分摄入过多会造成血糖不稳定，有患上妊娠糖尿病的风险。碳酸饮料也包含大量有害的食品染料或着色剂，钠和人造甜味剂。阿斯巴甜作为甜味剂添加在很多低糖食品中，还有通便药、多种维生素、无糖口香糖和酸奶中也有使用。人类食用阿斯巴甜对健康有害，我认为应该完全禁止添加。我没有夸张，怀孕了还吃含阿斯巴甜的食物，非常危险。前面第 1 章提到过，我们的身体会将阿斯巴甜中的甲醇转换成甲醛（福尔马林），甲醇是自体免疫紊乱的巨大诱因。阿斯巴甜对健康的影响太大了，很多人认为永远都不应该批准使用它。

我读大学的时候曾在加利福尼亚斯多克顿市的一个水处理系统工作过，我的工作是靠在一艘波士顿捕鲸船的玻璃钢甲板上，沿着圣华金三角洲不同地点用试管采集水样，用作水纯度检测。当时的检测标准中还没有包括我们现在已知的这么多水污染化学物质的检测，即使这样，检测到的水里有毒物质的数量仍然令人难以想象。

各个区域的水质不同，有些区域，特别是水源来自山泉水的区域，水质相比别的区域较好。但在美国大部分地区的水中都含有有毒物质，而根据现有的知识，其中一些会对孩子发育中的大脑造成损害。

最令我担忧的是进入我们自来水系统的杀虫剂、除草剂和药物。

我建议饮用过滤后的水或者玻璃瓶装泉水（塑料瓶装水不是最好的选择，

因为塑料中的化学物质会渗入水中）。最好选择反渗透和活性炭过滤系统，它可以过滤掉重金属、杀虫剂和除草剂。这样的过滤系统可能要花点钱，但如果你戒掉一天喝一瓶碳酸饮料的习惯，就可以把省下的钱投入到过滤水系统上。

如果你觉得自来水过滤设备太贵，那最少也要买个简单的过滤壶，确保你喝到的水比水龙头流出来的水干净。

怀孕期间保持身体水量充足至关重要，很多孕妇会出现肠道蠕动缓慢的问题，特别是如果饮食习惯不是我们推荐的"全食物"饮食的人（不过看了这本书，我相信你就不会有这个问题了！）。身体保持充足的水分是避免便秘最安全的方法。排尿和排便是身体排出毒素的两种方法，所以，虽然频繁上厕所比较麻烦，不过每次上厕所你可以告诉自己，这是在用一个很好的办法清洁你的身体系统。

> 孕期小行动1：所有饮料，只要含有焦糖色、阿斯巴甜、人工色素或其他一眼看上去不是食物的成分，把它们放回货架，别买，别喝。
>
> 孕期小行动2：怀孕期间喝过滤后的水，大量的水。

谈谈营养

如果在理想的世界里，孕妇应该吃新鲜天然的"全食物"、优质蛋白质、发酵蔬菜、健康脂肪和海藻，从这些食物中摄取所需的全部营养。但是我们没有生活在这样一个理想世界，所以对来进行产前咨询的夫妇们，如果他们选择食用营养保健品，我都会和他们谈一谈产前营养保健品的问题。

阅读成分表。不要食用含有如食用赤色40号（诱惑红）和阿斯巴甜等非食品的添加剂的营养补品。选择那种来自全食物、不含添加剂的孕期维生素产品。这样的产品通常贵一些，但值这个价。

服用含有甲基叶酸的营养补品。你可能也听说了，孕妇需要补充叶酸。妊娠早期（前三个月）叶酸能帮助胚胎形成健康的神经管，也可促进心脏和脸部的发育。挪威的一个研究发现，孕妇孕期摄入叶酸，婴儿自闭症发病率从 1/500 降低到 1/1000。

但问题是，对于有亚甲基四氢叶酸还原酶（MTHFR）缺陷的孕妇来说，孕期经常服用叶酸反而弊大于利。

MTHFR 指亚甲基四氢叶酸还原酶

亚甲基四氢叶酸还原酶（MTHFR）基因让身体产生亚甲基四氢叶酸还原酶，而美国有高达 40% 的人可能存在这种基因缺陷，这会扰乱身体的生化过程，身体更难排除毒素和形成神经递质。亚甲基四氢叶酸还原酶基因的多态性与婴儿先天缺陷风险增加相关。

即使你没有亚甲基四氢叶酸还原酶基因多态性，也不要服用叶酸含量过高的孕期维生素。可以选择服用含有甲基叶酸的营养补品，并在饮食中选择叶酸天然含量高的食物，包括西蓝花、芦笋、扁豆、深绿叶蔬菜（如羽衣甘蓝、菠菜），还有动物肝脏。

碘。碘对胎儿的甲状腺形成非常重要。含碘丰富的食物包括海产植物（如海苔、紫菜、海带、黑海藻、羊栖菜、昆布、裙带菜），蔓越莓，有机酸奶，芸豆，草莓和土豆。如果你的饮食结构中碘含量不高的话，请选择碘含量较高的孕期维生素。

维生素 D。维生素 D 对胎儿的脑发育很关键，但大部分的美国成人和儿童都存在维生素 D 缺乏，原因是在室外阳光下活动时间太少，而身体合成维生素 D 的最好方法就是晒太阳。我建议做一个维生素 D 含量身体测试。建议孕妇每天在阳光下待 20 分钟（黑色人种则需要 30 分钟）并摄入 5000 国际单位的维生素 D。通常的孕妇维生素中的维生素 D 不会有这么高含量，所以需要额外补充。

鱼油。鱼油中的 omega3（欧米伽 3）含量丰富，胎儿的大脑发育需要它。我通常推荐孕妇每天服用最少 1000 毫克的纯鱼油。鱼油中 DHA（二十二碳六烯酸，俗称脑黄金）的含量也很高。通过吃鱼（尤其是食物链低端的小鱼）可以获得你需要的 DHA。不过这次较特别，我更推荐食物补充剂而不是吃真正的食物来获得营养物质。因为，不幸的是，美国出售的鱼在汞和其他毒素方面含量都很高。

维生素 K。维生素 K 是一种脂溶性维生素，对人体的凝血功能和骨骼强度、心脏病和癌症的预防都很重要。研究表明，人体维生素 D 水平会影响人体维生素 K 水平，如果人体缺乏维生素 D，维生素 K 也无法发挥作用。维生素 K 含量高的食物包括：新鲜罗勒，绿叶蔬菜，大葱，抱子甘蓝和芦笋。对于母亲孕期维生素 K 摄入是否影响婴儿出生时的维生素 K 水平，医学界还存在争议，不过很多人士建议饮食中要有较高水平的维生素 K 含量，尤其是在最后一个妊娠期（第七到第九个月）。

孕期的疫苗问题

我妻子怀孕期间，以及我每个孩子出生以后，我都严格执行美国妇产科学会（ACOG）和美国儿科学会（AAP）提出的每一条指南，我相信这些指南是基于目前最完备和先进的信息所制定的。我是谁，即使我是医学院的副教授，职业医生，我也不敢质疑美国疾病预防控制中心（CDC）、美国妇产科学会（ACOG）和美国儿科学会（AAP）的推荐呀！我以为，在这些顶级的机构中，行业里最顶尖的人才汇聚一堂，研读文献，他们做出的推荐一定是最安全、最确凿的。

我妻子麦达也是这样认为的。

但我们都错了。

特别是关于孕期，这样的设想更有问题。我们现在知道，很多我们以前认为无害的东西，如抽烟、沙利度胺（反应停）、X 线、合成激素和己烯雌酚（DES）等，后来发现是有害的。它们可能在孕期的影响不明显，但几个星期、几个月或者甚至几年之后，它们会造成灾难性的后果。前面几代医生他们被告知，避免给孕妇接种疫苗，对于孕龄妇女，在疫苗接种前要做怀孕检查以防万一。

2008 年，美国疾病预防控制中心的免疫接种咨询委员会提醒不要给孕妇接种百白破三联疫苗（无细胞百日咳、白喉、破伤风），指出现在对其缺乏足够的研究，担心孕妇接种这种疫苗会减弱婴儿的系列疫苗接种效果，通常建议孕妇等到孩子生下来之后再直接给孩子接种百白破三联疫苗。

美国疾病预防控制中心现在推荐美国的孕妇——接近 400 万人口，接种百白破三联疫苗。他们没有告诉公众的是，这种疫苗两个品牌 Adacel 和 Boostrix 的产品均含有 1500 微克的磷酸铝。很遗憾，美国疾病预防控制中心几乎没有收集数据来研究此疫苗对未出生胎儿的发育影响和长期后果，也没有研究孕期接种此疫苗对婴儿出生后接种疫苗的功效影响。将来，等到我们孩子的健康状况进一步滑坡，自闭症发病率进一步攀升，等到那个时候又会一片死寂。我现在都可以想象他们的托词："现在没有证据证明孕期接种百白破三联疫苗与自闭症或发育迟缓之间有关。"是的，当然是的，因为疫苗制造商和美国疾病预防控制中心都没有去研究这种关系。没有哪家疫苗公司能够获得伦理上的批准，对孕妇进行临床试验。

既然这个问题这么利害攸关，又悬而未决，我强烈建议，对于孕期的任何行为，医生都应遵循风险评估概念，即以预防原则来对待。产科医生不能够就这么心安理得地说："我们没有证据证明孕期 X，Y 或者 Z 的干预会造成伤害。"没有证据表明有害不能等同于有证据表明安全。

"谢谢医生，但是不用了，我不接受疫苗注射"

虽然自从 20 世纪 70 年代开始就断断续续地推荐孕妇接种流感疫苗，但 20 世纪 70 年代和 80 年代初，大部分医生并不鼓励孕妇这么做，而是倾向于寻找其他更有效的办法促进孕妇自身免疫系统抵抗流感的侵袭。现在不同了，现在对孕妇强力推广流感疫苗，可是却没有告诉她们，其实流感疫苗是几种最没有效果的疫苗之一，也是最有争议的疫苗之一，也是很多医生自己都不接种的一种疫苗。我身边很多亲疫苗派的医生同事们也拒绝每年注射流感疫苗。

　　孕妇在孕期，尤其是第三妊娠期（第七至第九个月）感染流感是很难受的，因为随着胎儿长大，孕妇的肺部受到挤压，空间很小。孕妇经常会感觉呼吸困难，因为胎儿挤占空间使孕妇的横膈膜无法伸展。

怀孕是一种健康状态，而不是有灾难降临。

　　所以孕妇染上流感是很麻烦的事情，一旦染上流感，相比普通未怀孕妇女，出现严重病情的风险很高，入院治疗的比例也要高很多。

　　这种担心合情合理，我们希望尽全力使孕妇远离流感。

　　但是，关于流感疫苗，我的第一个担心是它的有效性。流感由几种高感染性的病毒引起，会导致呼吸道感染。但这些病毒变化频繁，在某一年度，很难预测是哪种病毒会引起最严重的症状。疫苗也每年变化，有时候"碰上了"，疫苗制造商精确地预判了最有可能暴发流感的病毒，于是疫苗的有效性就高。但很多时候流感疫苗的有效性很低，疫苗预防的目标病毒株并不是导致流感的病毒。到目前，最近期（2014—2015 年）的一支流感疫苗有效性仅为 23% 左右。而给儿童使用的流感鼻用喷雾（为避免儿童注射太多疫苗）在 2~17 岁儿童身上的有效性仅为 9%。

　　在孕妇身上的有效性如何呢？一个大规模的研究跟踪了近 5 万名孕妇 5 个流感季，数据显示，接种了流感疫苗的孕妇感染流感症状疾病的风险和未接种孕妇一样。想象一下，如果你的避孕措施有效性这么低，你能接受吗？你还觉得接种了就能获得保护、获得安全感吗？考虑到近些年流感疫苗有效性这么低，你很有可能接种了疫苗但仍会感染流感。

我的第二个担心是孕期注射流感疫苗的副作用。副作用比较难以度量，因为疫苗每年都在变化。不过我们最近的研究显示孕期接种流感疫苗可能会对孕妇造成伤害。《英国医学杂志》刊登过一项意大利自 2014 年 5 月起针对 8.6 万名妇女的研究，是至今我所知道的针对孕期流感规模最大的一项研究。研究发现接种过 A/H1N1 流感疫苗的孕妇患上妊娠糖尿病和子痫的概率更高。

妊娠糖尿病，特别是子痫，是非常严重的孕期并发症。子痫是女性在妊娠期间强直——阵挛性发作，伴随血压急剧升高和蛋白尿，可能会造成长期的健康方面的问题甚至导致死亡，并且同时也往往造成胎儿健康损伤，如神经损伤。意大利的这项研究是不是证明了流感疫苗会导致妊娠糖尿病和子痫？还不能。在科学研究中我们要记住，大型流行病学研究仍然会存在出错的可能，并且相关性（疫苗注射和孕妇身上的负面反应具有相关性）不等于因果关系。既然最新研究表明有这么多副作用，也就是说，产科医生不能声称科学证明流感对孕妇是安全的。

意大利的这项研究和最近发表在《美国国家科学院学报》上的另一项研究的成果正好吻合。斯坦福大学的一组研究者发现，流感疫苗会导致孕妇炎症反应。还有另外一项 2011 年的研究显示，季节性的流感疫苗会引起孕妇明显的炎症反应。虽然这种疫苗引起的炎症反应比感染上流感后的炎症反应弱，但我仍然对主动激发孕妇的炎症反应表示担心，因为妊娠期的炎症风险很高，容易导致流产、抑郁甚至死亡。

和我有一样感到担心的还有艾伦·布朗博士——哥伦比亚大学精神病学和流行病学教授。布朗博士和同事们发现，孕妇被激起炎症反应后会使胎儿出生后存在神经损伤的风险。虽然他们的研究并不针对疫苗，孕妇接种疫苗后有炎症反应时有一项血液指标升高（CRP），他们的研究发现，此项指标的升高会使儿童自闭症发病风险提高 43%。这项研究规模非常大，布朗教授及其团队检测了 120 万孕妇的血样。

如果以上这些还不足以让你对孕期疫苗接种说不，那么，对疫苗连环击的第二击来了：汞。汞曾添加在婴儿出牙粉（帮助缓解婴儿出牙期的不适感）和面部化妆品中。它是一种脂溶性重金属，能穿透胎盘，累积于胎儿组织中。它也是对人体健康最具威胁的环境毒素之一。数百项严谨的研究显示，即使是很小剂量的汞也能对健康造成灾难性的后果（见第 1 章）。但疫苗中使用的防腐剂硫汞撒，其重量的 49.6% 为二乙汞，孕妇使用的多种流感疫苗仍然添加有硫汞撒。我没法再委婉表达我的意见，我只能说，这种做法大错特错。

即使是微量的汞也会使成年人致病，而且孕妇接种的流感疫苗中汞的含量是美国环境保护局规定的危险废物汞含量标准的 250 倍。我不是开玩笑，没有使用过的含汞流感疫苗，如果拿去处理，它是属于危险废物。我们向孕妇体内注射的竟然是危险废物！

孕期保护自己远离流感的最好方法是什么呢？经科学研究检验最有效的科学方法是用肥皂和清水洗手。

孕期的百日咳疫苗

百日咳，俗称为"天哮"，是一种由百日咳杆菌引起的呼吸道感染，其初期（卡他期）为普通感冒症状，接着发展为咳嗽（发作期）。引起儿童阵发性剧烈咳嗽的其实并不是细菌本身，而是细菌释放的毒素会损伤上呼吸道上细小的上皮绒毛，造成儿童呼吸道黏液累积，导致呼吸困难。

大一点的孩子和成人在百日咳发作期会出现典型的剧烈痉挛性咳嗽，在阵咳完毕后会有深长的吸气，并由于大力吸气而出现一种类似于"高声叫"的呼吸音。

百日咳是一种难对付的疾病，人们常常不停咳嗽却不知道患上了百日咳，因为咳嗽没有变得非常严重，以为只是普通的、痊愈较慢的感冒。

几年前我接诊了一个 7 岁的孩子，连续数月咳嗽不止。我跟孩子一家人比较熟悉，孩子的父母反复带孩子来诊所看病，因为咳嗽总是不见好转。我们一开始以为孩子患的是哮喘，我开了沙丁胺醇吸入剂（舒喘宁）和类固醇类药物，同时让她做过敏血液测试。

第二周她又来了，沙丁胺醇对咳嗽没有改善，血检也显示没有过敏。我把她转给了肺部疾病方面的专家，在那里她被确诊为百日咳。确诊百日咳的过程很简单，就是通过鼻拭子采集。通过这次经历，我学会了自己做鼻拭子采集。

百日咳初期可以用抗生素治疗。在我行医的前 25 年间，我见过的百日咳病例总共不超过 10 例。2012 年，我的诊所突然有 20 例百日咳病人，其中 18 人为学龄儿童，2 例为婴儿。有意思的是，20 人中有 15 人接种了全部的百日咳疫苗，另外 5 人来自为数不多的对疫苗全盘拒绝的家庭。这反映了文献中曾显示的一个事实，那就是：疫苗有帮助，但不是全部有效。

2012 年有 400 万儿童出生，其中有 18 名儿童因与百日咳相关的并发症去世。之后逐年减少，2013 年 13 名，2014 年 11 名。这些孩子的去世当然是很令人难过，不过大部分患上百日咳的儿童都康复了，没有产生长期的副作用或后遗症。

婴儿患上百日咳后没有像大一点的孩子或成人那种标志性的高声呼吸音，所以医生比较难以判断。婴儿通常是声音粗重的持久咳嗽。（请参考第 4 章关于婴儿接种百日咳疫苗的建议）

前面提到，2013 年美国疾病预防控制中心开始推荐所有的孕妇接种含有百日咳的疫苗，其背后的逻辑是，孕妇也许能将从疫苗中获得的免疫力传递给孩子，希望孩子在出生后最脆弱的时期就能得到这种免疫力的保护。

但是，政府官员和医生们没有充分考虑到，百白破三联疫苗的铝含量高达 1500 微克，高于联邦政府规定的婴儿生物制品的标准。如果你没有阅读第 1 章，不了解疫苗中铝含量的具体知识，那也没关系，你需要了解的很简单。孕期不应该向身体内注射大剂量的铝和其他已知毒素，因为这些物质会增加身体出现炎症反应的概率，科学已经证明，炎症会造成细胞损伤。

我感到忧心的是，现在我们缺乏研究孕妇接种百白破三联疫苗后长期的健康数据。向孕妇推荐百白破三联疫苗全然违背了医学上的风险预防原则。

辛迪·施耐德是亚利桑那州凤凰城自闭症研究与教育中心医学主任，医学博士，产科专家。他反对孕妇接种百白破三联疫苗和其他疫苗。"现在有太多证据表明其存在风险，同时缺乏令人信服的关于其有效性的保证。孕期我不推荐任何种类的疫苗。"

艾米丽·里奇，31岁，现在怀第一胎五个月，一天早晨坐在桌前吃早餐，母亲坐在对面。突然艾米丽的半边脸松垮下来。

艾米丽说："当时看起来好像我的脸正在融化"，正在喝的牛奶从右嘴角流下来，嘴巴无法咀嚼食物。艾米丽发现自己面瘫了。她和母亲都以为是中风。就在两天前艾米丽接受了孕期的第三次疫苗接种。孕期第一个月艾米丽注射了第一剂流感疫苗，孕期第五个月的时候注射了第二剂流感疫苗，同时额外注射了H1N1流感疫苗。

医生诊断艾米丽是贝尔麻痹（面部神经麻痹），且症状比较严重，晚上需要用胶带把眼睛粘起来才能闭上眼睛睡觉。虽然一个半月后最糟糕的时候就过去了，但直到6年后她的右眼仍然眼睑下垂，尤其是疲劳之后。艾米丽的产科医生否认这和疫苗有什么关系，也没有告诉艾米丽，其实她应该提交一个疫苗不良反应事件报告（VAERS）。

还有一件事医生没有告诉艾米丽（也许他自己也不知道），根据文献记载，贝尔麻痹是流感疫苗可能产生的副作用之一，属于疫苗不良反应事件。据美国卫生与公共服务部记录，流感疫苗是反应最大的疫苗之一，是向联邦投诉疫苗接种补偿方案并申请赔偿最多的疫苗。

在所有这些反应中，有充分根据从而获得政府赔偿的反应包括格林－巴利综合征、急性播散性脑脊髓炎、慢性炎性脱髓鞘多发性神经病、痉挛、臂丛神经病变、类风湿关节炎、前庭神经炎以及面部神经麻痹。

目前，美国疾病预防控制中心推荐孕妇孕期接种流感疫苗和百白破三联疫苗，如果孕期跨两个流感季，医生还会催促你接种两次流感疫苗，就如艾米丽做的一样，因为流感疫苗每年都在变化之中，而每一次接种的有效期只有几个月。

　　艾米丽在之后两次怀孕期间决定不接种任何疫苗，这与美国疾病预防控制中心和美国妇产科学会的推荐相悖，但根据我们现有的科学证据来看，她的决定是最安全的。

自然阴道分娩

　　20 世纪 70 年代后期，我妈妈在接生了几百个婴儿之后回到耶鲁大学护理学院读助产学硕士。这之后的十多年，我妈妈一直是俄亥俄河谷地区对传统旧式接生婆进行培训方面的先驱。从妈妈那里我懂得了帮助产妇进行自然分娩的重要性，也懂得我们需要相信人的本能。妈妈在非洲接生时亲眼看到妇女分娩时一代一代女性间强大的联系，她们在生产中相互帮助、相互扶持。在津巴布韦，孕期是女性生命中一个美好的阶段，这个时期她们受到尊重，意气风发，全家以及整个村子都尽最大能力减少孕妇的压力，鼓励她健康饮食，确保孩子在一个充满关爱的环境中出生。

生育是自然的、美丽的、激动人心的，但这并不表示生育总是轻松的，也并不是说所有人所有情况下都能自然分娩。

我妻子麦达生第一个孩子的时候就很艰难，分娩时痛了 30 个小时，最后还是进行了剖宫产。

虽然我很遗憾我们的孩子不是自然分娩，但我感激我们是在美国，而不是非洲的农村。我儿子生下来时看起来很糟糕，是现代产科学救了他的命。有趣的是，我儿子整个童年时期都害怕地下通道或隧道。我妈妈说："当然了，他出生的时候就是卡在了他妈妈的'隧道'里了。"

在经验丰富的产科医生的鼓励和支持下，我们后面两个儿子的出生都是自然分娩。麦达怀第二个儿子后，我们决定 37 周的时候就生下来，因为考虑到这个时候胎儿会比较小一点，会更容易通过产道。生产的时候很顺利，塔克生下来浓眉大眼，一头乌黑的头发。

我的妻子经历过剖宫产，但我反对不必要的剖宫产。外科手术能够挽救生命，但是在美国，外科手术的过度使用已经几近犯罪的地步：美国有接近 1/3 的孩子是通过剖宫产手术出生的。而挪威的剖宫产手术比例低于 16%，这个国家一直是世界上母婴最为健康的国家。

研究一直表明，女性死于剖宫产手术的概率是自然分娩的 2~4 倍。剖宫产手术能够挽救非洲妇女的生命，而美国的妇女有时可能因为手术并发症而失去生命。对母亲和胎儿来说，无药物介入的自然分娩是最健康的选择。我的妈妈在非洲和美国接生婴儿几十年，对在医院分娩还是在家里分娩都有无数的经验。她发现，在产妇对分娩过程和对自己的身体很有信心的情况下，无药物介入的自然分娩会进行得更为顺利和成功。剖宫产能够挽救生命，就像我们第一个孩子出生时那种情况一样，但现在剖宫产手术的数量比实际需要多太多。分娩的时候一位值得信任的、耐心的助产士会让分娩更为顺利。

医院里面孕妇分娩的典型特征是，不必要的干预手段一个接一个地用上，这些医院的干预手段不是为了对婴儿最有利，而是为了美国医疗机构在底线之上的丰厚利润。美国式的分娩不是最安全的——美国的产妇死亡率在所有发达国家中最高，但同时费用还是最贵的。

医院和医疗系统想降低费用，提高利润。可是，将利润最大化的行为策略常常将孕妇和胎儿置于不必要的风险之中。2015 年 5 月，美国南部某州的一家医院产科的全部工作人员都收到了来自管理部门的一封电子邮件，电子邮件提倡医院提高低风险产妇使用硬膜外麻醉（无痛分娩针）的比例，无论产妇是否有需要。并且还提倡教护士如何劝导孕妇在分娩时接受这种麻醉术。管理部门告诉医护人员而医护人员不能告诉产妇的话是：医院提高硬膜外麻醉使用率是因为这能给医院带来利润。电子邮件中是这样说的："我们要通过教育孕妇和让孕妇更容易获得麻醉这两方面来提高硬膜外麻醉使用率，这不仅是正确的，而且也让医院能够从政府和保险公司获得更多的财务支持。更多的经费来源能像潮水一样涌来，托起我们医院这条船。"

可是，硬膜外麻醉还没有好的科学证据的支持，而避免使用的好处却是有科学证据支持的。在怀孕时你要尽一切可能防止将胎儿暴露于外来毒素，同样的，分娩过程中，你也需要尽最大可能避免将胎儿暴露于外来毒素（包括抗生素、止痛药、影像技术和静脉注射药物）。

我的同行，费恩伯格医学院临床医学人类学前教授，爱丽丝·德雷格博士说，使用科技最少的分娩是最科学的。

根据最新最科学的研究，要做到低风险妊娠，其最后阶段的分娩环节，不使用诱导分娩，也不使用会阴切开术，也不在分娩过程中持续监控胎儿心跳，也不使用止痛药物，更不使用剖宫产。分娩时采用蹲姿，有专业人士陪伴——分娩时有专业助产人员全程陪伴产妇并与产妇进行交谈（研究显示，产妇陪伴在降低分娩风险方面非常有效，甚至有一位产科医生开玩笑说，如果产妇陪伴是一剂药，我希望规定对每个产妇都开这种药）。

也就是说，如果经过常规的低科技含量的检查显示，怀孕不存在异常，并且希望分娩在科学上来说是最安全的方式，那么就是采取和我祖奶奶一样的方式：分娩过程中，有一两位有经验的妇女在外面等候和关注。唯一最大的不同就是，助产士会间隔一段时间用一次胎心监听器——仅仅是间隔地使用，来确认胎儿是否正常。

你是不是还是觉得爱丽丝·德雷格博士不够专业可信？那就再问问医学博士尼尔·沙的看法。尼尔·沙博士是哈佛大学医学院产科学、妇科学和生殖生物学副教授。英国曾鼓励低风险产妇在家或者在其他非医院环境分娩，《新英格兰医学杂志》邀请他对此发表评论。为了给美国和英国的医院分娩辩护，尼尔·沙博士在欧洲相关数据中寻找漏洞进行研究查找文献，然而却发现，对于病人来说，与在家或生产中心生产的低医学干预相比，过度干预和不必要干预的风险更大。尼尔·沙博士的结论是，产科需要改变其整体路线，减少剖宫产比例，否则，病人就该"完全远离产科医生"。我指导下的很多家庭都听从了尼尔·沙博士的建议，选择在家或者生产中心在有经验的助产士的帮助下生产。

我第三个儿子出生前就觉得他要自己掌控自己的命运，在预产期前三周，他自己就主动出发了。可想而知那天我妻子打电话跟我说"我要生了"，我简直无法相信。

"不会的，你才37周。"我告诉麦达，然后挂上电话，继续工作。

一个好朋友两小时后给我打电话，她大喊："你最好快点来，麦达马上就要生了！"

我把手头上的病人处理好，然后匆匆赶往医院。我这种自以为对怀孕分娩无比了解的态度让我差点错过儿子卢克的出生时刻。

这个经历给我上了宝贵的一课，直到20年后仍然指导我的行医，那就是：产妇比医生更了解自己的身体。

保罗医生的建议

孕期

1. 拒绝疫苗。疫苗都没有经过在孕妇身上的长期实验，尚不知其对孩子日后直到学龄阶段的影响情况。

2. 选择全食物饮食结构，尽量选择有机食物和非转基因食物。你吃的东西决定你孩子将来的状况。孩子需要真正的食物（包括健康的脂肪、优质蛋白质、含铁丰富的蔬菜和益生菌食物，如益生菌丰富的发酵的德国酸泡菜和无添加纯酸奶）。还需要避开扰乱内分泌的杀虫剂和除草剂。

3. 避开碳酸饮料。碳酸饮料，无论是有糖还是无糖，都不要喝，也要像避开毒品一样地避开阿斯巴甜。

4. 喝过滤后的水。反渗透膜和活性炭过滤能够去除水中的重金属、杀虫剂、除草剂和药物残留。这些泄漏进我们饮用水的物质会使婴儿身体中的有毒化学物质增加。

5. 减压。长期压力会对身体和大脑造成负面影响，甚至会触发大脑结构和功能的长期改变。为了肚子里的宝宝，是时候学习如何缓解压力了。需要停止工作吗？家里需要帮手吗？是否需要做出些艰难抉择来脱离恶劣的家庭关系？

6. 成瘾的习惯需要治疗。抽烟、喝酒甚至吸毒对肚子里的宝宝都非常有害，可以通过专业的帮助和良好的辅助系统帮助戒除，让你孩子的人生有个美好的开始。

7. 加入线下的怀孕妈妈互助小组。美国国际母乳协会（La Leche League）、妈妈网（Holistic Moms Network）、国际亲密育儿组织（Attachment Parenting International）等机构旗下有一些怀孕妈妈们相互认识、交流的活动和组织。一些社交媒体也可能提供这方面的帮助。需要警惕的是，网上的一些组织很多时候是一些母婴用品公司操作的，比如推销婴儿配方奶粉等产品的公司。可以在你住的区域了解一下是否附近有类似活动，如果暂时还没有这样的机构，你也可以自己发起。

父母最常问的五个问题
孕期

服用药物

1. 对于宝贝来说，我服用 ＿＿＿＿＿＿ 药安全吗？

答：这要看情况而定，不过简单的答案是，孕期最好避免服用所有的非处方药和处方药。已知有些药短期就可致胎儿畸形，对胎儿造成明显可见的伤害。例如常见的抗生素——四环素会造成胎儿骨骼发育迟缓，以及孕妇肝功能衰竭。虽然其他一些抗痉挛的药物现在认为大致安全，但抗惊厥药三甲环二酮被发现与颅面畸形有关，应该完全避免服用。有一点一定要记住，你所暴露的环境就是你肚子里的胎儿暴露的环境。以前，在没有充分证明其安全性的情况下，产科医生给孕妇开处方药昂丹司琼（Zofran）来缓解孕期呕吐。我们现在知道，昂丹司琼会增加胎儿先天性心脏畸形和腭裂的风险，会造成孕妇思维混乱、焦躁不安甚至神经肌肉的改变。当然，有些情况下，你在怀孕期间也还是需要服用一些药物，请与一位值得信任的医生交流，了解药物的副作用——已经确切知道的副作用和怀疑可能的副作用。如果可以不用药物治愈，始终是最安全的选择。

2. 对孕妇来说，抗抑郁药安全吗？

答：女性对孕期体内激素水平变化的反应各不相同，一些有精神健康方面问题的孕妇随着雌激素水平和孕激素水平提高，心理和精神状态都随之改善，在逐渐减小抗抑郁药服用剂量后，她们的情绪不会受到负面影响。也有一些人不能停用抗抑郁药。如果抑郁症情况比较严重，或者停用药物后有自杀倾向，可以继续服用抗抑郁药，不用有负罪感，不过需要服用安全的抗抑郁药。不要服用氟西汀（百忧解）或帕罗西汀（赛乐特）。依他普仑可能是最安全的，西酞普兰（西普兰）和舍曲林（左洛复）也不错。

超声波检查

3. 超声波检查对宝贝安全吗？

答：如果可以的话，孕妇尽量避开超声波。耶鲁大学的帕斯科·拉契克博士的研究表示，老鼠长时间接触超声波会阻碍大脑的发育。南加州大学的神经学家卡萨诺瓦博士认为子宫暴露于超声波中是造成孩子自闭症的环境因素之一。以色列研究者艾顿·齐默尔博士认为超声波会使细胞膜中产生空气囊，从而改变人体组织。尽管目前还没有明确的公论认定多少量的超声波就是过量，就目前的状况来说也足够让我提醒大家要对此事慎重。美国食品药品管理局强烈劝阻非医疗用途的超声波，美国妇产科学医师学会也明确指出超声波应该仅用于"回答临床相关问题"。尽管超声波在医生和怀孕夫妇中运用十分普遍，但其实低风险的孕妇也没有反复进行常规超声波检查的医学必要性。我的诊所常常会有焦虑的夫妇跑来问超声影像上一些不明确的问题，最后都是毫无医学意义的。在这我也顺便强调一下孕期里减轻压力的重要性。如果必须做超声波，可以跟医生说把设备尽可能降低辐射，做的时间也不必太长。

营养补品

4. 我需要补充孕期维生素吗?

答: 日常饮食中很难摄取到足够的甲基叶酸、碘和其他一些对宝宝良好发育极其重要的维生素和矿物质。大部分的孕妇也缺乏足够的太阳照射, 来促进身体合成维生素 D。而孕妇用维生素能够弥补这些不足。在购买孕妇用维生素时注意确认里面含有甲基叶酸, 另外还要额外服用维生素 D 以补充到每天 5000 国际单位的量。如果不经常吃鱼和亚麻籽, 建议补充欧米伽 3(omega-3)脂肪酸(纯鱼油或亚麻籽)。另外, 还要确认维生素中是否含碘, 碘对胎儿的大脑发育很关键。如果你每天的饮食中有富含碘的海藻、海带, 那么就无须另外补充。 有些孕妇反应, 吃这些孕妇维生素感到恶心。重要的是购买和服用之前要阅读说明书, 如果孕妇维生素中含有食用色素、稳定剂或人造甜味剂, 这些会造成恶心。如果服用孕妇维生素之后不久就有恶心反应, 可以尝试换别的牌子。

分娩

5. 分娩方式会对孩子的健康造成影响吗?

答: 会。想要给你的宝宝一个健康的起点, 你应该尽可能采取自然阴道分娩。自然阴道分娩时的宫缩其实对宝宝是有益的, 宫缩时的收缩能帮助排出肺里的液体, 为宝宝呼吸第一口空气做准备。 宝宝从产道中出来的时候, 身体外面包裹着从母体带来的有益菌, 能为宝宝健康的免疫系统打下基础。我们对身体内外的有益菌了解得越多, 我们越明白, 自然分娩对人体免疫系统有长期的积极影响。此外, 分娩时使用的止痛药、抗生素和其他药物会通过胎盘到达胎儿, 也会进入母乳, 所以为了宝宝和你的健康尽量选择无药物介入的自然分娩。研究表明, 匹脱新(催产素, 缩宫素)对胎儿有负面影响。胎儿还没自然成熟时催产或者生产过程中用合成激素促进宫缩, 这些都是医院常用的手段。对你和婴儿最好、最安全健康的方法是，学习了解自然阴道分娩，寻找提供无药物介入的自然分娩的机构。

第 3 章

宝贝，欢迎来到这个世界：
生命的最初几个小时

健康的孩子出生后不需要什么特殊的，只需要平静关爱的怀抱，以及母乳。其实一个健康的婴儿最不需要的就是精力旺盛的专业医疗团队在他刚出生时"粗暴"的照料。

在美国，家庭的儿科医生通常在 24 小时内就会看到孩子，对新生儿做一个整体的身体检查。在家里分娩的话，持有执照的接生员会给新生儿进行体检。迎接每一个孩子来到这个世界，都是我生活中闪亮的时刻。大部分早上上班的时候，电话的自动应答器中都有留言，通知我又有一个孩子在医院出生。我每天的工作就从到医院探访孩子开始。

到病房门口，我都先敲门，得到同意才进门，有些妈妈比较羞涩，需要时间快速收拾一下，有些妈妈则已经变得大方了。分娩，尤其是在医院里分娩，能迅速地改变她们。分娩的过程中很多人在旁边帮忙，你甚至会在产床上大便——当着陌生人的面，还有陌生人指导你如何进行母乳喂养，妈妈们几乎都经历过这些。

"早上好，祝贺你们！"进门后，我低头看一下宝贝的名字，这通常写在床头的白色牌子上，新爸爸新妈妈们看到我也都很高兴（我的工作是世界上最好的工作）。从孩子刚一出生我就和宝宝建立联系，这使得我和这个家庭维持着一种长期而重要的关系。我想让这些新爸爸和新妈妈们知道，在育儿的道路上他们不是孤立无援的，无论是白天、黑夜还是节日、假日，我都在这里，给予他们需要的帮助。

我们一起把窗帘拉开，让外面的自然光进来，有时候我还要开灯，或者把小婴儿抱到窗户旁边，仔细地观察孩子的体表。

我先是询问产妇，现在感觉怎么样，分娩的过程怎么样。

然后检查孩子。首先看孩子的手指和脚趾，这和老一派的爷爷奶奶们的做法很相似。大部分的先天异常会在手、脚和手指、脚趾上显现出来。然后我会告诉父母们，孩子的手和脚非常完美。

接着听诊心脏和肺。

有一些较为严重的先天性问题，如主动脉缩窄或者其他先天性心脏缺损要首先检查排除。对于新生儿，我会检查大腿内侧褶皱处的脉搏。股动脉搏动较弱可能表示有心脏问题，需要进一步进行医学检查。这种情况当然不多见。如果股动脉搏动正常，我就告诉父母们，情况正常。

下一步是拿出检眼镜（这是一种特别的检查眼睛的手电筒）。用光对着眼睛，瞳孔视网膜正常情况下会有"红光反射"。如果孩子有先天性白内障，则其反射光为白色，而不是红色。我检查过一万多名新生儿，还没有见过一例这方面的先天问题。

到这个时候，宝宝可能已经被我弄烦了，快要开始张嘴啊啊反抗了，而这个时候，我正要教孩子张嘴说"啊"。孩子张开嘴巴"啊"的时候，我仔细观察上腭和嘴巴。"多聪明的孩子，已经懂得听话了。"我常常这么说。

经常，在婴儿口腔内上顶部会发现一个1毫米左右鼓起的白点，这称为"爱博斯坦珍珠（Epstein pearl）"，是一个囊肿，5个孩子中大约有4个孩子都有。我会指给父母看，并向他们解释，这很正常，对健康没有影响。

仔细检查婴儿皮肤，会发现一些干斑，或者发红，或者宝贝屁股上有平的色素痣（有的地方称为蒙古斑）。这些变色斑点常常出现在亚裔、拉丁裔或者非裔美国人身上，通常儿童时期颜色就会褪掉，绝大部分在青春期之前就消失。检查的过程中我同时告诉爸爸妈妈们我看到了什么，让他们和我一起了解宝宝。

我会小心地活动一下孩子的腿，来排除先天性髋关节脱位的情况。这个环节不能少，因为一旦有问题，会导致永久性的髋部问题。

还有别的方面需要检查，不过以上内容已经涵盖了检查的主要方面。

"你们的宝贝很完美！"我向孩子的父母们宣布。

大家通常会回答说："我们也觉得是这样。"

出生时刻

我是孩子的儿科医生，孩子的祖母琳达当时也在产房。

孩子全身粉扑扑的，刚刚来到这个世界，我托着光溜溜的婴儿仔细地检查，琳达问："10，10？"

"9，9。"我回答。

"天啊！"琳达惊呼道，以为她的孙子只有 9 个手指，9 个脚趾。

而我说的是新生儿 Apgar 评分。新生儿 Apgar 评分是婴儿出生后 1~5 分钟内对其所做的新生儿健康状态评价，从肤色、心跳、表情、肌肉张力和呼吸 5 个方面进行评价，每个方面给分 0~2 分。总分 10 分，表示孩子状态完美，0 分则是出生时为死胎，没有心跳和呼吸。大部分孩子出生时手、脚青紫（术语为手足发绀），所以，我认为 9 分就是状态完美。这个孩子名字叫娜塔莉，她很完美！嗯，而且，她的手指和脚趾都是 10 个。

时光回到 1986 年，那个时候我决定儿科是我愿意毕生从事的事业。那时我在加利福尼亚弗雷斯诺的山谷医疗中心工作。我们医院接生婴儿、进行新生儿护理，和当时美国大部分的医院一样，我们的做法现在看来全都是错误的。

分娩，尤其是对于初产妇来说，需要好几个小时，甚至几天。这正是医生的软肋，医生们擅长的是治疗而不是等待，从当学生时候开始他们就学习如何介入干预。哈佛大学医学院的外科学教授阿图尔·葛万德博士承认："作为医生，我更担心的是做得太少，而不是太多。"葛万德博士说出了大部分医生的心声。

作为医院的主治医生，当医院内部电话在呼叫产房需要你的时候，你感受到的是肾上腺素立即上升。如果有几个孩子在等着出生，你几乎是一路小跑，挽起袖子，准备开工。

产科医生们和儿科医生们却没有学过，其实，健康的孩子出生后不需要什么，只需要平静关爱的怀抱，以及母乳。一个健康的婴儿最不需要的就是精力旺盛的专业医疗团队在他刚出生时"粗暴"的照料。

别急，也别急着剪断脐带

我们以前认为，孩子一生下来就剪断脐带能够预防产妇大出血，这也是多年来的标准做法，没有多少证据支撑，也没有考虑到立即剪断脐带对新生儿的影响。现在，大量科学研究证明，婴儿产出后，胎盘娩出前，保持脐带与胎盘的连接可以让仍在胎盘中的婴儿血液回流到婴儿体内。

瑞典的一项研究任意选择了 382 名健康足月婴儿，一部分推迟其脐带剪断时间（最少 3 分钟），一部分娩出后立即剪断脐带。4 年中对 382 人中的 263 人进行跟踪回访，发现其中男孩尤其受益于推迟剪断脐带。4 年后，推迟剪断脐带的孩子，尤其是男孩，与娩出后 10 秒钟内立即剪断脐带的孩子相比，推迟剪断脐带的男孩在社交能力和精细运动技能方面稍强。

虽然有些医院还没有开始推行，但我们现在知道，对婴儿来说，无论早产还是足月，不急于剪断脐带更有利。等到脐带不再有脉搏跳动后（几分钟到几个小时不等）再剪断脐带的话，大出血的可能性更小，婴儿体内的铁的含量更高。

婴儿贫血是一种比较普遍的现象。出生时，婴儿体内额外的血红细胞破裂，释放出胆红素。红细胞迅速破裂会造成新生儿黄疸，这比较好解决。而因血红细胞不足造成在 6~9 个月婴儿中很常见的贫血，则不容易解决，有时需要持续数月补充铁元素。证据显示，推迟脐带剪断时间能减少 1 岁以内贫血的比例。

陪伴的时光

9 个月里，宝宝是你身体的一部分，出生后也不应该猛然分离。为什么？研究显示，出生后母子肌肤相亲的时光能减少孩子的焦虑，增进母子联系，保持婴儿体温，帮助母乳喂养。我还发现，肌肤的接触还能帮助产妇身体恢复。你，而不是医生，才有保护孩子、保持孩子体温所需的一切。孩子出生后，母亲体内有一种叫催产素的爱的激素泛滥，如果没有外界干扰，这种激素会让母亲皮肤更热，让母亲的身体成为孩子最好的保温箱。孩子靠着母亲的皮肤能很好地调节孩子的体温，比恒温箱强多了！2015 年哈佛大学的一项研究显示，母子肌肤接触可以使低体重新生儿的成活率显著提高。

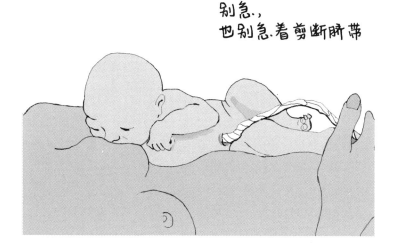

别急，
也别急着剪断脐带

对于妈妈和宝贝来说，共度出生后的那些宝贵时刻非常关键，所以现在我对孩子做 Apgar 评分的时候都是让妈妈将孩子抱在胸前，除非孩子情况危急才会将孩子从妈妈身边抱开。

我的同事，加利福尼亚州罗马琳达市新生儿学家瑞林·菲利普斯博士说，生命中最初 1 个小时是婴儿和父母面对面、皮肤贴着皮肤的特别时光，"是一生一次的宝贵经历，不应该被打破，除非孩子或者母亲情况不稳定需要医疗救助。这是段'神圣的'时光，应该尽一切可能保护、珍惜和尊重。"

在宝贝出生前你就应该向你的产科主治医生了解医院的政策，有些医务人员非常刻板地执行医院的规定，无论这种改变多么有科学依据，对病人多么有利，都不愿做任何改变。

如果医生告诉你，医院规定要产后立即隔离母亲和孩子，而且医院的规定不能违反，而经过检查，你怀孕的情况一切正常，那么建议你另找一家比较开明的医院、更相信科学的医生。

别再给孩子滴眼药水了

20 世纪 80 年代以及更早的时候，孩子一出生，一说完"母子平安"，医生就会给新生儿的眼睛里滴硝酸银滴眼液。而那时候医生们忽略了硝酸银滴眼液对眼睛敏感的黏膜有刺激性，新生儿会感到痛。硝酸银滴眼液实际上反而造成了眼部感染，有时候其症状在滴了眼药水后 72 小时才出现，导致医生误以为是自然的眼部感染。

给新生儿滴硝酸银滴眼液的传统可以追溯到 19 世纪 80 年代，那时候医生发现，给新生儿滴硝酸银滴眼液能预防淋病，这是一种通过性传播的细菌性疾病，能经由感染的母亲传染给新生儿。新生儿感染淋病会导致 20% 的感染者角膜受损，3% 的感染者致盲。

硝酸银滴眼液能显著降低由新生儿感染淋病导致的失明，所以美国有些州法律规定医生必须使用。但是，要知道，这是抗生素时代之前的事了，那时候没有青霉素，淋病感染是无法治疗的疾病，硝酸银是唯一可用的预防方法。

幸运的是，大部分的美国医生已经不再使用这种常规性的硝酸银滴眼方法。不幸的是，现在又开始流行在新生儿的眼睛上涂红霉素眼膏。美国儿科学会、美国预防医学工作小组和几个其他的健康机构，完全不顾其风险，推荐美国每个新生儿使用这种预防性治疗，并且最少有 32 个州通过法律强制使用。即使有大量证据证明应该取消这种治疗，却依旧强力推行，这点让人感到震惊。

父母们，你的孩子不需要在眼睛上涂上这种黏糊糊的东西。为什么不需要？因为现在孕妇进行的孕检已经能够完全筛查掉那些通过性传播的疾病，包括报告显示的美国最常见的性传播疾病沙眼衣原体。淋病引起的眼部问题只占病例中的 1%，疱疹病毒引起的还不到 1%。现在绝大部分新生儿眼部感染（超过95%）的主要原因是细菌而并不是沙眼衣原体、淋病或疱疹病毒。

况且，退一步来说，对眼睛的一次性抗生素用药也不足以治疗这类感染，所以，这么做是完全没有价值的。更严重的是，如果新生儿有潜在的严重眼部细菌感染，这种用药反而会延误我们发现病情。另外，通过剖宫产生下的孩子以及分娩时胎膜没有破裂的孩子不会感染眼部疾病，所以完全不需要使用眼药膏。

如果新生儿感染了淋病，最常见的治疗方法是注射头孢曲松，头孢曲松既能够治疗其导致的眼部感染，也能够治疗全身性疾病。如果新生儿感染了沙眼衣原体，医生通常是开 2 周的红霉素或 3 天的阿奇霉素。

我们现在逐渐明白，新生儿面对的各种细菌其实对他们发育中的免疫系统非常有益。越来越多的科研显示，人类过度地使用抗生素正导致抗药性疾病的产生，对新生儿不必要的用药可能会使益生菌减少，因此这不是一个好方法。

宝贝不需要沐浴露（或肥皂）

我们第一个孩子出生的时候马上就被护士接过去，抱到医院的水池边用强生婴儿沐浴露清洗、擦干，用婴儿抱毯包裹得像个墨西哥卷，然后递给一屋子等待的亲人手里。直到现在我妻子还是喜欢强生婴儿沐浴露的味道。我不明白，为什么？在这样一个欣喜与内啡肽（内分泌激素，有镇痛作用）、催产素相交织的时刻，要把孩子弄成这个味道。

一些有前瞻思维的儿科医生研究了产后的医学行为，意识到，我们不该在孩子出生后这么快给他们洗澡。新生儿的身上有一层保护皮肤的皮脂（新生儿身上大部分都覆盖着的这层白色的东西），皮脂中包含有强大的抗真菌和抗微生物的物质。除此之外，洗澡还会洗掉包裹了胎儿九个月的羊水的气味，这是婴儿和母体之间一种熟悉的联系。研究显示，新生儿更喜欢他们自己羊水的味道，在和妈妈皮肤挨皮肤的接触时，这种味道能够促进妈妈分泌乳汁进行母乳喂养。用抗菌的肥皂给宝宝洗澡就将这层有益菌洗掉了。

一个由神经学家和心理学家构成的国际团队进行了一项研究，其研究结果发表在《心理学前沿》上。研究认为，不马上给新生儿洗澡的另一个原因是：新生儿的味道对成人有兴奋的作用。德国德勒斯登大学医学院的一项研究让 15 位刚刚生育了第一胎的女性和 15 位从未生育的女性处于出生刚 2 天的新生儿自然体味的环境中，然后对她们进行了脑部扫描。结果显示，两组女性大脑中的快感中枢都对婴儿体味呈现出活动加强的反应，尤其是刚刚生育后的女性。那些抱抱孩子就不舍得把孩子还给父母的人一定知道，小婴儿身上的味道让人感到愉悦。研究还认为，某些体味可能"像催化剂一样促进母子间的亲密联系"。

我的建议是，最好让你的孩子闻起来像个孩子，而不是模仿孩子味道的化学制品。把洗澡推迟，或者最起码，先享受这令人沉醉的前 24 个小时。

维生素 K 的重要功用

维生素 K 是一种脂溶性维生素，有助于凝血。维生素 K 分为两大类，一类是来自于绿叶蔬菜和其他全食物中的 K_1，另一类是肠道有益菌在人体中合成的 K_2。

新生儿出生时体内维生素 K 含量很少，只有通过母乳喂养在肠道内形成有益菌后再开始合成。因为婴儿出生时缺乏维生素 K，所以很多医生就认为人类婴儿有"维生素 K 缺乏症"。出生时维生素 K 含量低会导致少量婴儿易出现难以控制的出血，如果出血部位是在脑，则会造成脑损伤；如果出血部位在肠道，则会导致肠道和消化问题。

为了防止维生素 K 缺乏性出血（VKDB），美国出生的大部分婴儿都会在出生时注射维生素 K，自 1961 年来就如此。儿童会因为维生素 K 缺乏造成出血，因此我对这个问题非常慎重。这种出血通常发生在婴儿出生后 24 小时内，早发性维生素 K 缺乏性出血非常罕见，通常与产妇服用过干扰维生素 K 新陈代谢的药物（如抗凝血剂和治疗癫痫药物）相关。比较典型的维生素 K 缺乏性出血发生在出生后最初 2~7 天内。有趣的是，犹太传统中，男孩出生后为避免造成大出血，必须在第八天行割礼。晚发性维生素 K 缺乏性出血出现在婴儿 3~8 周的时候。

　　田纳西州一家医院流出的数据显示，2007~2012 年间共有 50 万新生儿在这家医院出生，无 1 例维生素 K 缺乏性出血。但令人惊讶的是，2013 年纳什维尔报告了好几例维生素 K 缺乏性出血，引发美国疾病预防控制中心介入调查。调查发现，出血的婴儿都没有接受过维生素 K 注射，其中 3 人出生在医院，2 人在家，1 人在生产中心（月子中心），都是出生时很健康，之后突发出血，其中 4 例为弥漫性颅内出血，2 例胃肠道出血。全部 6 人均未死亡，但有 3 人造成了大脑损伤。在我个人的从医生涯中，我没有见过 1 例维生素 K 缺乏性出血，这可能是因为我的病人几乎都注射了维生素 K。但是无论如何，维生素 K 缺乏性出血相对来说仍是非常罕见的，其发病率在文献中可能存在被高估的情况。

　　在我的诊所里，有些家长选择口服补充维生素 K 来代替注射，有少数家长选择不补充任何形式的维生素 K。他们不愿意孩子一出生就受打针之苦，同时也担心注射剂中的维生素 K 量太多，超过孩子身体所需。此外，他们也担心注射针剂的成分。

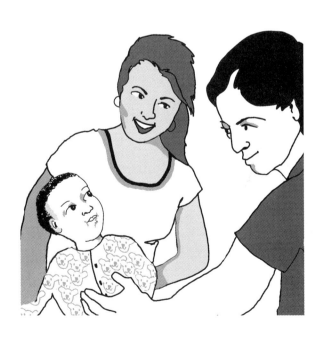

维生素 K 针剂的成分

维生素 K 针剂的成分因品牌不同而有差异。许多品牌的成分列表和药品说明书可以在网上查到。我们医院用的维生素 K 针剂中不含有铝，但有些品牌的维生素 K 针剂中含有铝。我建议父母们注射前要求查看说明书，确定注射不含铝的针剂。

对于孩子是否需要注射维生素 K，我的意见是：需要注射，但是要选择不含铝的针剂。注射一针维生素 K 能预防脑损伤，我认为这值得。

常用的维生素 K 注射用针剂

美国医院使用的 NovaPlus 牌的维生素 K 新生儿浓缩剂包含如下成分。

植物甲萘醌（也就是维生素 K 本身，2 毫克）

聚氧化乙醇盐化脂肪酸及其衍生物（70 毫克）

右旋糖（葡萄糖，37.5 毫克）

苯甲醇（作为防腐剂添加，9 毫克）

这些成分安全吗？

苯甲醇与早产儿呼吸窘迫和死亡有一些关联，还与新生儿致毒相关，不过这方面的风险很小。我已经向数千名婴儿推荐了维生素 K，无一例副作用，由此可见，维生素 K 的利大于弊。

医院使用的另外一种维生素 K 是美药星制药公司（Amphastar Pharmaceutical Company）生产的，包含如下成分。

植物甲萘醌（1 毫克）

聚山梨醇酯 -80（10 毫克）

丙二醇（10.4 毫克）

醋酸钠（0.17 毫克）

冰醋酸（微量）

这些成分安全吗？

聚山梨醇酯 −80 在许多药品以及大量加工食品中使用，美国食品药品管理局对其经过了测试，认为小剂量的添加是安全的。但近期在老鼠身上的实验显示这种化学物质会导致代谢性异常，而代谢性异常可能会增加慢性炎症和代谢紊乱的可能性。

冰醋酸是一种刺激物，会造成身体组织损伤，不过维生素 K 注射剂中的微量添加通常被认为是安全的。

口服维生素 K

另一个选择是给新生儿口服维生素 K，欧洲选择这种方法的人比较多，我的同行罗伯特·西尔斯博士是一位儿科医生，他在加利福尼亚卡皮斯特拉诺海滩的诊所也是推荐的这种方法。丹麦的婴儿是推荐口服维生素 K，效果很好。在新西兰，如果父母们不愿意给孩子注射维生素 K，通常也推荐在孩子出生后立即给孩子口服 2mg 维生素 K，然后 3~7 天内和 6 周时分别再口服 2mg。美国西海岸的儿科医生通行的做法是在孩子出生后、1 周和 1 个月的时候分别口服 2 mg。在美国，维生素 K 口服药不容易得到，美国的医院里通常没有口服维生素 K 的库存，价格也可能更贵一点。

小心陷阱

一天，我向一位叫布兰达的年轻妈妈询问她母乳喂养的情况，她显得非常困惑和沮丧。布兰达分娩时产程很长，很艰难，最后还是不得已做了剖宫产。她的孩子卢克显得饥饿和不安。卢克吃奶时吮吸特别用力，布兰达疼得很厉害。布兰达说："特别是一开始，我简直疼得要哭。护士建议我用乳头罩包裹乳头；我的奶奶让我换成配方奶粉算了，奶奶说她们以前就是这样的，也没什么不好；而我的朋友达芙妮则说我会把孩子饿坏。达芙妮是医生，她的话应该有道理。以前没人告诉我母乳喂养这么难。"布兰达说着哭了起来。

作为儿科医生，我的工作内容之一就是鼓励每位母亲进行母乳喂养，并在她们有困难的时候提供帮助。母乳喂养无疑是母亲能为孩子做的最好的一件事情。母乳能提供各种配比完美的营养物质，氨基酸、维生素、大脑发育所需的最佳的健康脂肪、各种酶、抗体以及抵抗疾病的白细胞。阿维拉·麦克拉医院的新生儿学家凯瑟琳·王博士称母乳是"任何人都无法复制的良药。"

母乳中独一无二的物质甚至能挽救生命，给孩子的大脑和身体一个最好的开始。我们知道，母乳喂养的孩子在各种指标评分中都优于奶粉喂养的孩子：他们死于新生儿猝死症（SID）的概率更低，患青少年糖尿病、过敏以及其他免疫疾病的概率更低，也更少感染传染性疾病和其他一些常见儿童疾病。

可是，知易行难，明白母乳喂养的益处和重要性并不意味着母乳喂养就轻松易行，看别的妈妈们好像很自然轻松，而自己开始学习母乳喂养却是困难重重。即使生养了好几个孩子的妈妈，生产后最初的几天仍然是很挣扎的（因为母乳喂养是母子双方的合作，妈妈懂得怎么喂养，但孩子却不知道）。在出生后的头几天，医院出生的孩子，体重常常会比出生时轻，甚至可以降低10%左右，这个时候医生和护士可能会感到焦急，转而建议妈妈使用配方奶粉作为补充。这种焦急的心情之下医护人员就会语气比较重（"孩子一直很饿"）或者直接批评（"你的奶水不够"），催促妈妈使用奶瓶喂孩子。一旦开始使用奶瓶喂养，妈妈和孩子学习母乳喂养的能力就会受到干扰，妈妈为母乳喂养做出的努力就会付诸东流。

我安慰布兰达，卢克的体重没问题，不要担心，她的乳头以后也会逐渐适应，整个过程会越来越轻松。事实证明果然如此。

不过离开布兰达的房间后，我意识到我还是有点冷落了这位妈妈，我还是没有花足够的时间帮她解决这件对她来说天大的难题。在她护理孩子的过程中，我应该坐在她身边陪伴她，听她谈一谈分娩过程的艰难，教给她如何帮助乳头更快地恢复，指导她怎样让哺乳更舒服一些。

如果我就这么抛下她不管，那么在布兰达之后育婴过程中很多不可避免的问题上我就负有间接的责任。我们知道，母乳喂养如果开始比较顺利，就更容易坚持下来。我们也知道，纯粹母乳喂养的时间越长，对孩子越有益。于是我给办公室打电话，让他们重新为下一位病人安排另一位医生。我再一次敲门，返回布兰达的房间，和她谈了谈向哺乳咨询师咨询的事。哺乳咨询师就像是指导母乳喂养的教练，她们能够指出要点和关键，在帮助减轻疼痛方面有明显效果。社区里有不少哺乳咨询师，但知识和经验因人而异，可以向别人打听一下再确定找哪位咨询师。

很遗憾，对于医院医护人员来说，与其费时费力帮助新妈妈们进行母乳喂养，不如推荐用奶瓶喂养更简单、快捷，也更有利可图。

一旦掌握了要领，其实母乳喂养也并不难。可是，掌握要领的过程可能得花上几个星期！我非常赞赏那些愿意一步步提高母乳喂养率的医院，有些医院努力创建"婴儿友好型医院"，这在全球都是领先的创举，这些医院为母乳喂养的妈妈们提供了更好的支持。

你可能要到产后 3~5 天才分泌乳汁，这时你会觉得胸部肿胀。如果乳房有硬块，触碰的时候感到疼痛，这是因为乳房组织中充满了乳汁没有流出来。通过热敷（用热毛巾敷在乳房上或者热水冲浴）、按摩及适当护理能够帮助乳汁流出，有时候用吸奶泵也能有所帮助。

我记得我在津巴布韦的时候，有些销售配方奶粉的公司劝阻女性进行母乳喂养，以此推广自己的产品。他们的产品推销员穿着和护士相似的服装，一个帐篷接一个帐篷地拜访各家，宣传配方奶粉优于母乳。这种不道德的市场营销策略很有成效。津巴布韦的女性们想尽办法筹钱买配方奶粉给孩子喝。很快她们买不起奶粉了，可往往这个时候自己的奶水已经干涸。我记得很清楚，当时看着这么多津巴布韦的孩子因为这种不道德的营销而饿死，我的父母十分愤怒。当这些公司的这种行为被揭露后，我的父母加入了对这种不道德行为的抵制之中，我为此感到骄傲。可悲的是，直到今天，津巴布韦还存在类似的事情。

　　来自津巴布韦的妈妈沙米苏带着她的孩子来波特兰的施里恩儿童医院给孩子进行唇腭裂修复，他们和我们在一起住了6个多月。沙米苏告诉我，有些公司还在培训护士（现在是真正的护士），在各个村庄游说，宣传配方奶粉的益处。导致大部分的津巴布韦人都以为配方奶粉比母乳更好。沙米苏是一名高中教师，连她得知后都很惊讶，原来母乳才是最好、最健康的选择。

　　这样一些卑劣的手段也许让你诧异，其实在美国同样的事情也在发生。配方奶粉公司结交医生，派发免费产品，付费请医生参加会议，举行招待会等，他们大肆向孕妇宣传，诱导产科医生和儿科医生们向准妈妈们派发购物袋，里面偷偷放上配方奶粉的样品、安抚奶嘴以及配方奶粉打折券。我听说最近医院有个活动，为了鼓励奶粉喂养，在护士间展开比赛，看谁上缴上来的配方奶粉罐子盖最多，奖品从荣誉证书到维多利亚的秘密牌的内衣不等。而与此同时，配方奶粉公司也在不断充实促销人员，打着所谓"帮助"母乳喂养的旗号，其唯一目的，无论说得多么隐蔽，仍旧是打消人们母乳喂养的积极性。

人类的孩子喝人母乳

　　配方奶粉用的是牛的乳汁，经干燥并添加玉米糖浆（或者说是转基因玉米糖浆）及包括人工海藻衍生物提出的DHA、人工合成维生素、欧米伽6（Omega-6）脂肪酸等在内的许多其他物质制作而成。其中的欧米伽6（Omega-6）脂肪酸需要通过有毒化学物质乙烷来提取。配方奶粉中与母乳中所含活性营养物质极少相似。挪威一位一流的微生物学家卡尔·莫顿·雷恩博士说，配方奶粉就是婴儿的"垃圾食品"。人类的母乳比牛乳强太多，牛乳显然是给小牛吃的，而不是给人类的婴儿，你应该竭尽所能避免配方奶粉。

如果你必须补充母乳，在医院里，可以选择别人捐赠的母乳。美国许多医院有这样的服务，不过通常要自己去申请，可能会比较贵，有的甚至需要医生开具处方。也有一些母乳共享群体，一些州有公共网页，在脸书（Facebook）上其他国家也有类似的群体（你可以搜索"Human Milk 4 Human Babies"，这是一个国际性的母乳共享网络群体）。

正在育儿或者年长的有过育儿经验的妈妈们是你很好的经验源泉。如果你身边或附近没有人能够提供帮助，那么哺乳顾问是填补这个空缺的极佳选择，特别是如果你正面临挑战的时候。

虽然上面说了这么多，但有时候在刚开始的几天孩子体重降得太多，或者黄疸很严重，又没有渠道得到捐赠的母乳，我们还是不得不用配方奶粉来补充母乳的不足。如果你不得已用到了这种方法，还是不要放弃母乳喂养。很多妈妈虽然初始阶段用到了配方奶粉作为补充，但之后还是可以成功地回到纯母乳喂养。

对于黄疸，别太惊慌

婴儿出生时身体里的红细胞几乎是出生几个月后红细胞数量的 2 倍，这个时候他们还不能自主呼吸，所以需要格外多的红细胞从脐带中运送氧气。呼吸是非常高效的，一旦我们能进行第一次呼吸，我们需要的红细胞就少很多。在生命的前 1~2 周，新生儿的红细胞就需要分解，于是释放出一种叫胆红素的黄色色素，这就是新生儿出现黄疸（皮肤和眼睛发黄）的缘由。出生后头一周，几乎所有的孩子都会有黄疸。

婴儿的胆红素水平在出生后会逐日升高，大概第四或第五天达到最高，在开始几天，很少有孩子没有这种发黄的情况。如果胆红素水平持续较高（超过20）并持续 1~2 周，部分胆红素可能会进入大脑，造成大脑永久性损伤，这称为核黄疸。

我在做住院实习医生期间曾经见过一例早产儿核黄疸。他皮肤黄得吓人，频繁出现痉挛，这会造成大脑损伤。直到现在想起这个孩子当时的情景，我心里都很难过。我最近遇到的波特兰区域内的核黄疸是 10 年前。这个孩子是足月产婴儿，从医院回家后没有返回做常规新生儿体检，3 周大的时候孩子再来时是在急诊，原因是痉挛。不过好消息是只要有适当的检测，这种情况是完全可以避免的。

如果你是深颜色的人种，那么高胆红素水平的征兆就容易被忽略。这种情况下，孩子眼白的颜色是很好的参考。新生儿出院回家之前，大部分医生通常会建议给孩子做一个胆红素水平检测。

如果已经确定孩子的胆红素水平处于比较高的状态，请一定要进行光照治疗。有一些国家没有光照治疗的设备，但是阳光充沛，那么你可以把孩子放在窗户附近，尽量让孩子的皮肤接受间接的阳光照射。直接的阳光照射可能会晒伤孩子娇嫩的皮肤，要尽量避免。大部分的婴儿能够承受 15~20 分钟的直接光照，而间接的光照则没有时间上限。对皮肤的光照能促进胆红素的分解，进而排出体外。精心护理也可以帮助降低胆红素水平。如果这时候你还没有开始泌乳，可能需要使用别人捐赠的母乳，让孩子通过勺子喝或者用眼药水瓶滴给孩子喝。很多哺乳专家反对使用奶瓶给孩子喂奶，认为这会干扰以后的母乳喂养，不过如果孩子已经开始处于昏睡或者脱水状态，你需要采取一切可能的方法给孩子补充液体。

妈妈感染了 B 族链球菌怎么办?

怀孕期间，产科医生或者助产士可能会检查阴道，看是否感染 B 族链球菌，这是一种细菌，可能出现在胃肠道和尿道，其孕期的定植率为 20%~30%，也就是说孕妇 B 族链球菌筛查呈阳性比较常见。

保险起见，有些产科医生在孕妇分娩时会再做一次 B 族链球菌检查。如果生上一个孩子的时候你感染了 B 族链球菌，或者在 37 周或更早时候就分娩，或者 B 族链球菌检查呈阳性，医生典型的做法是推荐分娩过程中静脉滴注抗生素，通常是每 4 个小时用一次青霉素，直到分娩结束。如果是剖宫产则不需要。

经常有孕妇问我："我该怎么办，需要拒绝注射抗生素吗？"

我建议你和你的医生进行坦诚的讨论，一起商讨出一个最佳方法。

如果孩子是通过阴道娩出，或者羊膜破裂（分娩前就有羊水从阴道流出），或者母亲在分娩时处于感染状态（绒毛膜羊膜炎，羊水脏或者浑浊，产妇通常发热，体温 38℃以上），新生儿可能会感染 B 族链球菌。B 族链球菌感染可能致命，导致脑膜炎、脑损伤和许多其他问题，涉及几乎人体全部器官。庆幸的是，以前感染 B 族链球菌会导致 4‰的新生儿染上严重疾病，现在这种程度的感染比较罕见。对感染的产妇进行抗生素治疗已能将婴儿的感染率降低 80%。

对产妇进行抗生素治疗以免分娩时将 B 族链球菌传染给婴儿，这种方法远优于出生后对被感染的婴儿进行治疗。这个道理很明显，不过问题在于很多父母不愿意接受抗生素治疗，宁愿承担 1% 的感染概率。尽管我主张尽可能避免抗生素，但是这种情况下，使用抗生素的风险小于 B 族链球菌感染的风险。如果孩子受到感染（发热或体温偏低、心动过速、饮食不良、皮肤血流不畅、肌肉张力差或者无力），则需要进行血液检查、抗生素治疗以及严密观察，甚至可能还需要进入新生儿重症监护室监护。败血症就是血液中滋生了细菌，细菌有时还会进入大脑，如果不及时治疗会有生命危险。

如果孕妇已经明确感染了绒毛膜羊膜炎，羊水受到感染，婴儿毫无疑问应该接受静脉注射抗生素，因为这种情况下婴儿受到感染的概率实在太大。

但如果婴儿健康足月，而母亲 B 族链球菌检测却呈阳性，这就很难做决定了。分娩过程中如果产妇发热，即使是低热，医生会马上对产妇和婴儿进行抗生素治疗，其原因是怀疑有绒毛膜羊膜炎。其实通常产科医生早已对产妇进行了一个疗程的抗生素静脉注射，但在没有发现婴儿出现明显健康问题的情况下，目前的证据不支持这种情况下对婴儿使用抗生素。所以，较安全的做法是，首先还是假定新生儿是健康的，在接下来的数天和数周内密切观察是否出现症状。

我们的儿科医生经常会让婴儿进行血液检查，称为全血细胞计数（CBC），又称血常规，并且常常会对检查的结果反应过度。这项检查对血液中的多种成分进行检测，包括红细胞（运送氧气）、白细胞（对抗感染）以及血小板（帮助凝血）。有时候检验结果会显示白细胞数偏高并伴随很多未成熟的白细胞（表明婴儿体内正在制造出更多对抗感染的细胞），这可能是因为感染，但很多时候也可能并没有感染，仅仅是因为刚出生的压力，这种情况很多儿科医生将其误诊为感染。你可以礼貌地拒绝对你的孩子进行血常规检验，如果医生仍然坚持，你可以要求医生等到孩子出生 6 小时之后再进行。如果医生坚持出生后立即血常规检查，那么，你可以要求 6 小时后再进行一次，参考 6 小时后的结果再考虑是否进行抗生素治疗。

这么做的目的是为了避免不必要的抗生素治疗，同时也保证感染的可能性较大的情况下能及时进行抗生素治疗。

仅仅只是咔嚓一下吗？

我的大儿子 1987 年出生，那时候美国儿科学会特别工作组提出，没有什么医学指征表明需要进行常规包皮环切。当时我还是一名新的儿科医生，经过了住院实习医生阶段，但尚未取得单独行医资格证。我觉得应该听从医学学会的建议，所以我的儿子没有进行包皮环切。这对我来说是个很难的决定，因为我自己做了包皮环切，而且我有种奇怪的感觉，觉得这很重要，我儿子应该和我一样做这个手术。

到 1993 年我第二个儿子出生，美国儿科学会修改了它的立场，声称施行包皮环切术有潜在的医学上的益处。但是我们还是选择让他保持"完好无损"。第三个儿子 1996 年出生，我妻子和我觉得应该让我们的孩子保持一致。

2012 年，美国儿科学会又发出了另外一篇关于包皮环切的公告，并且与之前的公告大相径庭，其中虽然没有明确推荐进行常规包皮环切手术，但是声称其利远大于弊，并且隐晦地表示保险公司可以支付这个费用。其原文是这样说的：

"经过对科学证据的全面参考，美国儿科学会发现对新生男婴施行包皮环切术利大于弊，不过其益处还不足以支持全面推广新生儿包皮环切术。"

这叫父母们怎么理解？

美国儿科学会特别工作组总结出的新生男婴包皮环切术的"利"包括：降低尿路感染的风险和经性传播疾病的风险。但是，首先，男童尿路感染的情况非常少见，所以这一益处几乎可以忽略。其次，防止性传播疾病最有效的方法是实施安全性行为。对美国儿科学会这一报告的批评指出，这些将性传播疾病发病率降低与包皮环切相联系的这些研究都是在非洲展开的，研究漏洞百出。而性传播疾病发病率最低的欧洲国家反而施行包皮环切率较低。

有些父亲认为自己的儿子应该做包皮环切术，仅仅是因为他们自己做过了。包皮环切术是一项外科手术，将完整的阴茎上原本存在的一些部分剪除，是永久地改变男童的身体的做法。包皮能保护阴茎头免受伤害，并且，包皮由性高度敏感组织构成，能让男性在性交时获得更多愉悦感，让其同伴感受更为润滑。

如果你作为成人自己没有做过包皮环切，你会选择做吗？我五个儿子全都坚决地说："绝不去！"说到这个话题，我的一个儿子变得很愤怒，不知不觉音量也抬高了，话也变多了，怎么会有这么愚蠢的行为——野蛮、残忍、粗暴，因为一时冲动而失去男人的完整性！他认为包皮环切就等同于虐待儿童，和某些传统中的强行割除女童阴蒂一样令人发指。全世界有 25 个国家对女童进行割礼，大部分在非洲（埃及、苏丹和索马里）和中东地区。世界卫生组织认为女性割礼为"生殖器残害"，即使涉及的只是女性生殖器上很小的一点，而未成年男性包皮环切却被认为是"常规手术"。

据美国儿科学会估计，美国医院出生的新生男婴包皮环切率从 1979 年的 65% 下降到了 2010 年的 58%。近年来这个比例又下降了一些，不过相对放缓。现在，只有半数多一点点的新生男婴在出生后数小时或数天内接受包皮环切。从世界范围来看，全世界大部分的男性都没有切除包皮。第二次世界大战后的英国转为全民免费医疗，其包皮环切率急剧下降。现在英国只有不到 5% 的男性人口因为医学原因进行包皮环切。而在斯堪的纳维亚，包皮环切率还不足 1%。

在欧洲，没有任何一个医学协会推荐男性进行常规包皮环切。荷兰皇家医学协会督促荷兰政府禁止包皮环切，因为这会危害婴儿健康，而且从伦理上来说也是存在问题的。《纽约时报》上一位法学教授是这样说的："每一个人都应该有权力决定是否要使自己的生殖器受损，尤其是这个过程是不可逆且医学上是不必要的情况下。"

对于婴儿来说，一个完整无损的阴茎会带来什么问题吗？最可能的答案是：没有（即使有，也都是很容易治疗的）。而如果医生对其进行处理反而会造成问题！过去，医生建议家长们帮新生儿收缩包皮，清洗里层，其实这是完全错误的做法！那么，该怎样护理新生儿的阴茎呢？方法是，不要动它！等到孩子青春期之后包皮会自然回缩，有的在之前就会回缩，有的不会。男婴常常会自己拉拽阴茎，这很正常，甚至会有益处，不需要制止。但千万不要让医生强行拉拽你孩子的包皮，强行的拉拽可能会造成难以形容的损伤，很多时候会造成撕裂，愈合后常常会留下疤痕，形成的粘连甚至可能需要手术来解决。

如果你护理过刚刚做过包皮环切的男孩子，你就能明白包皮环切会给婴儿造成多大的创伤后遗症。如果每次换尿片的时候婴儿都哭闹，这可能是因为阴茎包皮环切术后肿胀或疼痛，或者因为手术疼痛造成的心理阴影。虽然是建议医生使用麻醉，但有些医生倾向于不使用，还有另一些医生没有等到麻醉起效。手术的过程非常疼痛，即使是麻醉得当，婴儿在手术过程中哭闹尖叫也很常见。所以新生儿会产生这样的联系：尿片取下来就会有不好的事情发生。

丹麦最近一项针对 34 万男童的研究显示，经过包皮环切术的男童在婴儿自闭症发病率上增加了 80%。包皮环切术怎么会导致自闭症呢？你可能会有疑问，我也是一样不解。也许是因为做了包皮环切的婴儿会服用含有对乙酰氨基酚的止痛药，在有睾丸素的情况下对乙酰氨基酚会造成细胞死亡。或者也许是因为婴儿在手术中痛苦恐惧的经历改变了他大脑的发育。精神压力与大脑发育不良是有关联的。

以前我对包皮环切持中立观点，在我的诊所我会坦诚地告诉新任爸爸妈妈们，我自己做了这个手术，而我的儿子们都没有做，他们也都很感激我们让他们保持了身体的完整。我也会告诉新任爸爸妈妈们，我很高兴我自己没有去改变儿子们的身体，我还会告诉他们我不推荐包皮环切。不过，最后我总会补充一句，最终的决定权还在于父母。

而现在，我感到对这些家庭的一丝歉疚，我很抱歉之前对于包皮环切没有持一个更为强硬的立场。丹麦的这项研究就像是最后一根稻草，这样一项纯粹的整形手术，当它可能与自闭症这么严重的问题相联系的时候，我无法再继续保持中立。现在我会劝说父母们，打消给孩子做包皮环切的念头。爸爸妈妈们，我们应该尽量保护我们的孩子免受身体和精神上的痛苦，包皮环切术在医学上并非必需，我建议保持刚出生孩子完好无损。

请勿吸烟

对于这一点，你可能已经明白。对于肺部正在发育的孩子来说，二手烟很危险。吸烟的父母，他们的孩子在各种健康问题上存在更大的风险，其中包括哮喘、耳朵感染和肺炎。为了孩子，无论他们处于哪个年龄段，请不要在家吸烟。如果可能的话，请戒烟，为了孩子，也是为了你自己的健康。

新生儿重症监护室

不要把新生儿重症监护室看成敌人。有些情况虽然我们谁都不愿意看到，但是有时候有些孩子确实一生下来就需要在保育箱内与死神搏斗，有些孩子先天畸形，护士们从一个抢救现场冲向另一个抢救现场，监护器嘀嘀地响着，父母们疲惫不堪。有时候孩子还没出生，你提前就知道可能需要送孩子去新生儿重症监护室。比如我的一个同事，她怀孕的时候就很艰难，孩子在27周时就不得不做引产，生下来就被立刻送入新生儿重症监护室。即使你曾经去过那里，甚至去过好多次，但看着自己的孩子孤零零地躺在各种仪器中间，监视仪嘀嘀作响，头上插着静脉注射管，接着气管插管输入氧气，这样的场景仍然非常难以接受。尤其是有些孩子从产房出来或者刚刚经过剖宫产从手术室出来，就直接送入新生儿重症监护室。

不过，虽然新生儿重症监护室看起来冷冰冰的吓人，但是你的孩子是交到了可靠的人手里。急救医学是现代医学中发展得最好的，我们的医疗团队做得最好的事情就是挽救生命。新生儿急救团队由最好的医生、护士、呼吸治疗师和专家构成。我见过这群优秀的人怎样工作，也曾和他们并肩战斗过。在新生儿急救的时候，新生儿重症监护室的护士们和纳斯卡汽车赛上的汽车维修团队一样高效。短短的几秒钟内，他们就能做到氧饱和度检测、接上检测仪、确保呼吸道畅通、开始静脉注射、抽好血拿去化验。他们的专业能力和工作效率在对抢救中的婴儿来说往往就是生与死的差别。

虽然这样的经历谁都不希望有，但是万幸的是，一旦有需要，他们就在那里。如果孩子在新生儿重症监护室，我建议妈妈买一个医院级别的吸奶器，每2~3个小时吸一次奶，或者感到乳房胀满的时候吸，就像你在给孩子喂奶一样。晚上不需要考虑吸奶，你需要休息，为之后照顾宝宝保存体力。也不要感到愧疚，没关系，你可以回家，睡在自己舒适的床上。新生儿重症监护室的护士是世界上最棒的护士，孩子身上发生的任何微小的变化，护士们都能及时发现并做出判断，护士们都有足够的能力发现识别。睡觉的时候身边放一部电话，保证在需要的时候医生护士们能够联系到你就好。

对于父母们来说，医生护士们告诉你可以把孩子带回家的时候反倒是一个惊喜和挑战并存的时刻。在这个美妙的时刻，监护仪的各种线都拆掉了，孩子递到你面前，面对面前的责任，你会感到一点畏惧、一点紧张。别害怕，你能做到，而且，还有我们儿科医生做你的后盾。

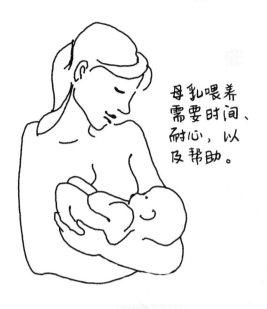

母乳喂养需要时间、耐心，以及帮助。

保罗医生的建议
新生儿

1. 出生后两三分钟（或者更晚）后再剪断脐带。等到脐带停止搏动再剪断，时间因人而异，从几分钟到数小时不等。

2. 保持接触。对于妈妈和孩子来说，只要双方的情况都比较稳定，立即进行肌肤接触，尽量长时间地进行肌肤接触，是最好的产后药物。实际上，在产后最初的几个小时里，没有理由将妈妈和孩子分开。如果妈妈因为产后的一些综合征等原因不能立即和孩子待在一起，那么另外的亲近的人（爸爸、祖父母或者朋友）应该除掉上衣，和新生儿进行肌肤接触。不过需要注意的是，和孩子肌肤接触这种事情是上瘾的，很快妈妈就会把孩子要回去的。之后，让孩子待在你身边。刚生下来的孩子抱久一点或者爱他再多一点是不会把他宠坏的。

3. 别动孩子的眼睛。孩子生下来之后并不是非要用抗生素眼膏不可，如果孩子是剖宫产的，抗生素眼膏就更不必要。唯一必须给孩子使用抗生素眼膏的情况是，母亲的性疾病检验呈阳性。

4. 给孩子口服维生素 K 或者使用不含铝的维生素 K 针剂。这种措施可以预防婴儿出血。口服维生素 K 的剂量是第一天、第一周和第一个月的时候分别服用 2mg。由于铝具有神经毒性，所以我们需要尽量避免铝的摄入。如果你的孩子需要注射维生素 K 而不是口服，请和医生确认使用的是不含铝的品牌。

5. 新生儿护理。母乳喂养对于孩子和母亲来说都需要时间来学习和适应，坚持得越久就变得越容易。不要相信别人说的什么你的孩子需要配方奶粉之类的话。如果孩子出生后最初的几周你必须要补充奶水，最好使用别人捐赠的母乳。

6. 请保持孩子私处的完整。无论男孩女孩都不需要进行割礼。这种整形手术痛苦且不必要，它带来副作用的概率是 1/500，却并没有什么真正的医学上的益处。

7. 回家睡觉。孩子可以在你的胸前或者臂弯中睡觉，如果是睡在床上，则需要仰卧在较硬的床垫上，床垫最好不含阻燃材料。

父母最常问的九个问题

新生儿

关于喂奶

1. 我的孩子奶水吃够了吗？他总是在吃奶。我怎么知道他什么时候饿呢？

答：婴儿原本就应该是所有的时候都在吃妈妈的奶！我们希望孩子可以有规律的进食，但婴儿的肚子很小，在出生后最初的一些日子需要时常吃奶。孩子最开始喝到的是妈妈的初乳，初乳中含有丰富的抗体、白细胞以及其他提升免疫力的成分。而你的任务就是好好休息、吃健康的食物，然后抱抱宝贝。如果你和孩子一起待在床上，那么肌肤接触进行哺乳就会更顺利。有些孩子饿了会哇哇大哭，有的孩子则会像小猫一样哼哼。你的母乳可能在产后 2~5 天分泌。孩子是否需要使用别人捐赠的母乳，判定的标准是看孩子是否严重脱水。那就要仔细观察孩子，而不是仔细读这本书了。如果孩子看起来非常疲惫，没有力气，或者孩子没有尿，那么可能是需要额外的补充。通常医生会统一地将孩子体重是否比出生时减轻 10% 作为标准，但有些孩子减轻 11% 或者 12% 都还没有问题。如果你的孩子看起来精力充沛，可以肯定奶水是足够的。在 14 天左右的时候，孩子的体重会恢复到出生时候。

2. 我该多长时间给孩子喂一次奶？

答：婴儿在母体中时是通过脐带不间断地获取营养，新生儿才刚刚从这种不间断的喂养模式中过来，所以，刚开始的几周或几个月，对小宝宝说"不，还没到吃饭的时候"这种话是没有意义的。什么时候该喂奶了，要看孩子，而不是看表。孩子的表现以及你乳房的鼓胀程度会告诉你孩子是不是饿了。在刚开始的几周，我建议根据每个孩子的行为表现作为是否喂奶的依据。白天大概最少每 3 个小时需要喂一次奶。如果孩子昏昏欲睡，没有吵闹，也没有明确给出饥饿的信号，把他叫醒！亲吻脸颊或者用湿毛巾放在他额头上可以帮助刺激疲劳欲睡的婴儿，鼓励他们吃奶。有些孩子比较安静、更有耐心，虽然不发出大的哭闹声，但其实是有吃奶的愿望了。

3. 我给孩子喂奶的时候非常痛，乳头裂开了，还流血。我该怎么办？

答：在孩子生下后不久的一段时间里，妈妈乳头痛是比较常见的现象，等到妈妈和孩子掌握了喂奶和吃奶的方法后，疼痛就会逐渐消退。母乳喂养本身并不痛。乳头开裂和乳头流血往往和哺乳的姿势有关。这个时候咨询哺乳咨询师很关键，她能指导你采用正确的姿势进行哺乳。乳头疼痛时，可以在哺乳后用天然油脂或者啫喱状的烧烫伤敷料进行护理，能够有效缓解疼痛；也可以挤出一点乳汁，涂乳头上，这个方法也有效。哺乳的时候可以脱掉衣服，和孩子一同待在床上，这样母子都能得到休息。乳头开裂后遇到酵母菌或者细菌很容易感染，所以需要避免糖和加工食品，这些东西会促进酵母菌的生长。全食物饮食不仅能让你的乳汁更有营养，也能帮助乳房避免感染，帮助身体产后更快恢复。有的婴儿舌系带过短，这会让哺乳比较困难，或者造成妈妈哺乳时疼痛。请参考第 4 章关于舌系带过短方面的内容。

关于宝宝的皮肤

4. 我的宝宝为什么看起来皮肤很黄？

答：这是黄疸造成的，大部分的孩子在出生后几周内都会出现这种皮肤发黄的情况，这很正常。因为在母体中胎儿需要更多的血红细胞从胎盘获取氧气，出生后，一开始呼吸空气，就不再需要这么多的红细胞，多余的红细胞就破裂，释放出胆红素。胆红素呈黄色，就是它导致孩子皮肤发黄。胆红素会经过肝脏处理并排出体外，而婴儿的肝脏尚未成熟，不能及时处理全部的胆红素，一些黄色就沉积在皮肤里。孩子母乳摄入越多，胆红素从身体里排出的速度就越快，黄疸就消失得越快。将孩子放在日光下照射也能帮助消除黄疸，每天 3~4 次，每次 10~15 分钟。

5. 我的孩子身上起了皮疹，看起来像是皮肤感染，鼓起的疙瘩里还有白色的液体，这是怎么回事？

答：这种新生儿皮疹比较常见。看起来似乎比较吓人，但其实不是皮肤感染，是一种皮肤反应。可能是因为出生时的压力，也可能是因为从子宫这种液体环境到干燥的空气环境突然转换造成的反应。如果你用液体滋润这些皮肤损伤，最好是使用消毒过的液体。极少数情况下，这种皮疹上会长一种叫金黄色葡萄球菌的细菌。即使这样，大部分情况下也仍然不需要使用抗生素，除非孩子感觉难受呈病态，或者皮疹严重并迅速扩散。

6. 我的孩子皮肤干燥脱皮。我该使用什么样的润肤产品？

答：新生儿从温暖的羊水里来到干燥的空气中，通常都会造成脱皮的情况。你可以什么都不做，孩子不会有什么问题。如果你非要做点什么，我建议你使用天然的按摩油涂抹孩子敏感的肌肤，比如能够食用的天然油。有机椰子油、芝麻油以及橄榄油都不错。

关于睡眠

7. 我听说孩子睡觉时应该仰卧，但我的孩子总是趴着睡或者要我抱着睡。我该怎么办？

答：很多孩子都不愿意仰卧，宁愿趴着睡，爸爸妈妈们只好忐忑不安地让孩子趴着睡。根据我的经验，这些孩子后来都很好，没有什么问题。不过，让孩子从俯卧改为仰卧能显著降低婴儿猝死综合征的比例。这一比例的降低除了睡姿的改变外，也许还有其他的因素，但显然，让婴儿仰卧于较为坚实的表面更为安全（最好不要给孩子用排放超标的新床垫，也不要含有阻燃材料，阻燃材料会干扰内分泌）。全世界很多文化中都有让孩子和妈妈一起睡觉的传统。如果让孩子睡在妈妈胸前（我最建议这种方式），请把孩子放在靠近妈妈脖子的位置。很多家庭在妈妈的床旁边放一个婴儿小床，让孩子挨着妈妈，这也是个不错的方法。

8. 我的孩子好像总是在睡觉。这正常吗？

答：没问题。孩子出生后的几天或者几周内，他的身体处于迅速的生长中，这是件很耗费体力的事情，所以大部分的新生儿都是整天睡觉，除了为吃奶而醒8~12次，还有几次很短暂的清醒时间来看看周围的世界以及和你四目相对。有些孩子晚上会醒，有些则不会。如果孩子吃奶时精力充沛，有些时候平静而警觉，整体而言清醒时比较舒服满足，那么就无须担心孩子睡得太多。但如果孩子总是昏睡不醒，也不吃奶，那就需要去看医生。

关于宝宝的眼睛

9. 我的宝宝眼睛总是水汪汪的，有时候还有眼屎。我该怎么办？

答：泪腺堵塞的情况比较常见，婴儿眼睛有泪水并形成黏糊糊的东西可能是因为泪腺堵塞。通常这种情况不会太严重，也几乎不需要抗生素滴眼液治疗。将母乳滴几滴到孩子的眼睛上，一天滴几次就可以解决问题！如果眼睛赤红并且有浓稠的绿色的脓液，那就可能是比较严重的感染，需要去看医生。

第4章

生命的最初2周

孩子出生后3~5天内，我会让父母带着孩子来我办公室进行常规身体检查，下一次则是孩子满2周的时候。这两次就诊非常重要：新生儿很脆弱，出生时的健康问题通常这时就能够发现，并且在这个时候，父母们也正经历一系列转变。

　　大部分的婴儿在医院出生，医院里总是人来人往，你可能觉得它像是一个嘈杂的大火车站。但是在医院出生也有独特的优点，除了朋友和家人的探望，医院还有护士、医生以及哺乳专家提供帮助。等到你出院了，把宝宝抱回家里，突然之间这么一个嗷嗷待哺的小外星人都要靠你自己了，你似乎什么都要懂。

　　带着新生儿回家后的开始几天，每天的日子黑白颠倒，睡不了一个囫囵觉，安静的时候担心，吵闹的时候抓狂。夫妻俩都还在产后恢复之中，需要时间接受刚刚为人父母的这个事实，同时又要学习怎么喂养和照顾这个小东西。他来到你的世界，却没有随身携带一本说明书。你还要迅速适应从二人世界转换为三口之家的生活。

　　对于新妈妈来说，好像身上到处都在漏水：眼睛、乳房、私处甚至是毛孔。几个月没有来的例假现在汹涌而出，晚上一觉睡醒全身都是汗水，简直像是泡在浴缸里，这是你在排出身体里多余的水分（尤其是剖宫产）。你可能变得特别情绪化，电视广告煽情一点都会惹得你哭一场；想到 18 年后孩子会离开你去上大学，你也要泪水涟涟。

　　在刚开始的几周里，新生的宝贝好像哪里也都是漏的。大便、小便、吐奶，都等着别人去清理。

　　吃，睡，小便，大便。循环播放。

　　新生的婴儿每天也有几次安静警觉期，睁着"近视"的眼睛看着周围的世界。当他和你对视的时候，你几乎可以感觉到他的神经元正在集中力量，努力理解他降临的这个世界。

3~5天时的常规体检

　　孩子出生后3~5天内，我会让父母带着孩子来我办公室进行常规身体检查，下一次则是孩子满2周的时候。这两次就诊非常重要：新生儿很脆弱，出生时的健康问题通常这时就能够发现，并且在这个时候，父母们也正经历一系列转变。这个时候我会解答父母们遇到的所有问题，让他们感到安心。5天时的这次就诊，父母们几乎毫无例外要问到两个问题：喂奶和黄疸。

　　出生后刚开始的几天，几乎所有新生儿的体重都会减少一点。医院出生的新生儿通常会降5%~10%。这不是什么问题，不需要担心。如果你的孩子减重在10%左右，但看起来精力和健康状况都不错，而医生建议你添加婴儿配方奶粉，我认为你该换一位医生。如果孩子与出生时相比减重超过10%，这可能是因为孩子困倦无力，吸奶不够，也可能意味着孩子有潜在的健康问题。

　　无论如何，医生不应该向只有几天大的婴儿推荐奶瓶喂养。挪威的母乳喂养率很高，在挪威，如果孩子需要添加营养补充物，都是通过眼药水瓶子滴，或者是用小汤匙喂。这么早使用奶瓶会降低母乳喂养的成功率。母乳中的初乳堪称液体黄金，富含蛋白质、碳水化合物、脂肪、维生素、矿物质、抗体以及其他提升免疫能力的细胞，能够杀死入侵的微生物，防止炎症。几天之后初乳就被普通母乳替代了。初次做妈妈的人通常是孩子出生后3~4天后开始有乳汁分泌。如果奶水来了，你会有感觉，乳房会变得充盈，你的文胸会需要换成更大号的。

　　在对新生儿例行检查的时候，除了关注排除一些先天的缺陷（这当然比较罕见）、听婴儿的心跳之外，我还会仔细观察孩子是否存在严重脱水的情况以及是否存在其他没被发现的疾病。所有的新生儿都是软软的，但生病的新生儿更软，肌张力明显偏低，皮肤出现斑点、偏灰色，这是血流不畅的指征。生病的婴儿可能会哭声微弱无力，或是显得烦躁、很难安抚。如果孩子显出生病的征兆，我会非常严肃对待，进行必要的检验来确诊病因。如果我无法确诊是哪里出了问题，就会把孩子送去医院，因为出生几周内的孩子特别脆弱，需要小心谨慎。

我们儿科做的很多事情都不是必要的，有时甚至会导致别的问题，但是如果新生儿发热（肛温 38.4℃）或者表现得昏昏欲睡，请立即带去看医生，去儿科急诊或者最近的医院。

2 周龄的常规体检

2 周体检时，当我问爸爸妈妈们情况怎么样，妈妈们常常会突然就哭了起来，这种情况还不少见。分娩时的肾上腺素和狂喜已经消退，宝宝一晚上要醒好几次，新任爸爸妈妈们疲劳到了极点。

如果你觉得不知所措甚至不堪重负，其实不止你一个人这样。

很多国家都有男女双方的带薪产假，有好几个月的时间能够在没有经济压力的情况下来适应新添宝宝的生活。而美国、巴布亚新几内亚和阿曼是仅有的三个没有带薪产假的工业化国家。当孩子才 2 周大，还是那么柔软、脆弱的时候，很多美国的父母们有一方就需要回去工作。我家也是这样的，所以我对于这种艰难深有体会。

24 小时的责任，再加上疲劳，让人倍感压力。

生活不再是我们自己的。

对于一个新生命，我们要如此彻底地、事无巨细地满足他的一切需求，这感觉如此神奇，也如此艰难。所以，我有责任告诉你，你已经做得很好了。2 周时的体检，我的目标是确认孩子健康，体重在增长，同时也尽我所能来从精神上支持这些家庭。

如果在医院时以及 3~5 天时的常规体检中孩子都是健康的，那么这次也不大可能出现大的健康问题。我会检查孩子的耳朵、鼻子、喉咙、心脏、肺、腹部、生殖器以及皮肤，确认孩子在茁壮成长。我观察体重的增长，肌肉的张力，对外界的反应，以及反应的灵敏度。

2周时，孩子的体重应该已经恢复到或者接近出生时的体重。我见过的90%的孩子都接近出生时体重，有一些还多出了几十克甚至几百克。

母乳喂养是孩子健康人生的助推器

母乳是婴儿最完美的食物，此外，婴儿在母亲怀抱中得到肌肤的接触，也会成长得更好。不仅是因为母乳本身，还有哺乳过程中婴儿得到的亲近感和安全感都在起作用。

对于这时候还没有恢复到出生体重的婴儿，我们需要格外关注，这也是我们儿科医生做得不够的地方。很多医生都比较忙，诊疗的时候匆匆忙忙，比较了2周时的体重和出生体重后，总是无意中怪罪妈妈，说妈妈的奶水不够，然后马上给孩子推荐婴儿配方奶粉作为补充。很少有医生会花时间（这确实比较花时间）探讨和了解母乳喂养的情况再找出改善的方法。

在出生后最初几个月中保证纯粹的母乳喂养对于婴儿的健康，无论从近期还是长远来说，都至关重要，这也应该是每个医生应该首先强调的。

所以，不要放弃母乳喂养！也不要因为医生漫不经心的一个怪罪而对自己母乳喂养产生怀疑。

无论开始有多难，这都值得坚持。

母乳喂养让孩子在人生的起点上有了一个好的开端。

你能做到，只是可能需要帮助。

很少情况下，产妇曾经做过缩胸手术或者做过丰胸手术，母乳量不能满足孩子的需要。你也无须觉得难过，如果你已经做了最大的努力还是需要额外补充母乳，你可以使用捐赠的母乳或者配方奶粉，不要觉得羞愧或后悔。

母乳喂养备忘录

母乳喂养需要营养———吃好

母乳喂养需要补水———喝好

母乳喂养需要休息———睡好

母乳喂养最优饮食结构

怀孕的 9 个多月里，你一直"乖乖地"好好吃饭，避免一切含酒精的饮料，9 个多月里，你就是肚子里宝宝的整个世界，是宝宝全部的生长环境。现在，你也许在想，终于可以自由了。可是，你要继续给这个蠢萌小家伙喂奶，你的营养均衡仍然是孩子健康的头等要素。

饮用过滤后的水。不吃加工食品。吃全食物，并尽可能吃有机食物。在联合国环境规划署的推动下，国际社会 2001 年签署《关于持久性有机污染物（POP）的斯德哥尔摩公约》，列出了 12 种（类）持久性有机污染物（POP，称为"肮脏的一打"）。如果没办法买到有机食物，起码也要避免食用环境工作小组列出的残留 12 种农药最多的食物。

下面这些食物是我们家庭经常食用的健康食物，但如果按照一般方式种植，其中的农药残留量会很高。

1. 苹果

2. 桃子

3. 油桃

4. 草莓

5. 葡萄

6. 西芹

7. 彩色甜椒

8. 黄瓜

9. 小番茄

10. 进口甜豌豆

11. 土豆

喂奶期间你常常会觉得很饿，喂奶消耗很大。实际上，喂奶期间你需要的能量比怀孕期间还要多！

你该间隔多久吃一次东西呢？答案是饿了就吃，只要你吃的是健康的全食物，关注自己的身体反应，需要吃了就吃，只要不太过量。

新晋爸妈舞步

法特玛还只有 2 周大，已经比出生时体重增加了 255 克。他的妈妈罗西亚告诉我："他总在吃，有时候可以连续 2 个小时吃个不停。 他一天几乎要大便 10 次，黄色的液态的大便，我很担心。"罗西亚虽然带着微笑，可是看得出来她很疲劳。亚西尔，法特玛的爸爸，安静地坐在一旁，一只耳朵在听我们的谈话，眼睛还紧盯着 3 岁大的另一个儿子，他正乐此不疲地把角落里的玩具翻出来。对于母乳喂养的孩子，法特玛这种频繁吃奶、体重稳定增长的情况比较常见。

既然罗西亚对此感到不堪重负，而法特玛体重增加也很稳定，我向她和亚西尔推荐了这款"新晋父母舞步"，以此来安抚法特玛。如果小婴儿吃奶后不到 2 小时就开始不安分，这种方法可以安抚孩子，避免立即喂奶。方法是将孩子轻柔地前后摆动，同时上下摇晃。把小指洗干净，放在孩子嘴里让他吮吸。你可能已经自创了类似的舞步，我把我的版本配上了快节奏的音乐，放在视频网站YouTube 上面。跳习惯了，你会觉得很有意思，有时候孩子不在怀里，你也会不知不觉跳起来。这种轻柔的摇摆、晃动和弹跳模仿孩子在子宫里面漂浮的感觉，每次都很奏效。如果没效，那就是孩子确实又该吃奶了。

这种方法是推荐给体重增长足够，需要延缓喂奶的孩子。对于体重增长刚刚达标的孩子，如果开始烦躁、发出饥饿的哭闹，即使刚刚 1 小时前才喂过奶，现在也应该立即再次喂奶。另外，那种黄色液态的大便正是母乳喂养的正常情况。

你的孩子应该按时吃奶吗?

对于孩子吃奶时间的间隔有两种方法,一种是根据孩子的身体反应判断是不是饿了、该喂奶了,另一种是固定时间间隔喂奶。各人可以根据自己的成长经历、周围人通常的做法以及各种书上的介绍来决定采用哪种方法。孩子出生后 1~2 周内,你要让乳汁分泌比较稳定。

而要等一个犯困的孩子主动吃奶,这可能会导致孩子体重下降,乳汁分泌不足。我建议在刚开始的几天内,白天每隔 2~3 个小时喂一次,如果孩子转过头、发出吮吸的声音,或者发出其他饿的示意,喂奶间隔可以更短一点。我建议晚上每隔 3~4 个小时喂一次,或者孩子饿了就喂。

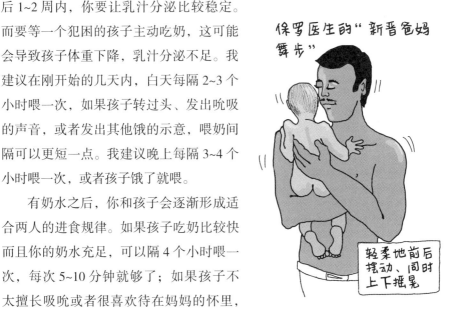

保罗医生的" 新晋爸妈舞步"

轻柔地前后摆动、同时上下摇晃

有奶水之后,你和孩子会逐渐形成适合两人的进食规律。如果孩子吃奶比较快而且你的奶水充足,可以隔 4 个小时喂一次,每次 5~10 分钟就够了;如果孩子不太擅长吸吮或者很喜欢待在妈妈的怀里,

也许隔 2 个小时就需要喂一次,每次得 45 分钟左右 (我不能说这是件轻松的事,对有的人来说比较轻松,有的则不轻松)。

最开始 2 周,平均的喂奶时间是白天每 3 小时一次,每次吃一边 10~15 分钟;晚上则是每 4 小时一次。每次两边都喂,或者总共大约 20~30 分钟。有些孩子需要多吃一会儿,吃到后奶。有些孩子吃多了会吐奶。有些妈妈奶水特别充沛,如果两边都喂的话,奶水太多,这种情况可以只给孩子喂一边。

所有的宝宝都会吐奶。如果吐奶比较厉害,我们称之为"胃食管反流"。减少反流的一个方法是,喂奶时稍稍抬高宝宝的头,喂奶结束后保持头抬高的动作,约半个小时。但是,不要让宝宝处于坐姿,这样会对宝宝的胃造成压力,使反流更严重。少量多次喂奶也是一个缓解的方法。有些医生会用药物来治疗反流，不过我还没有发现什么文献支持这种做法。只有当宝宝反流严重到影响体重增长，或者喂奶前后有严重疼痛，我才会倾向使用药物。

　　2周龄孩子的胃只能容得下大约118毫升液体。只要孩子体重正常增长，晚上宝宝睡觉不醒的话就可以尽管让他睡，除非你的乳房涨奶不舒服。这种情况下，你可以把孩子弄醒喂奶，也可以用吸奶器把奶吸出来。

　　总的来说，让孩子来主导这个过程。孩子饿的时候自己知道，而且他们也会让你知道。

排除母乳喂养障碍：舌系带过短

　　丽洁和亚伦带着他们的儿子欧文来进行2周常规体检。丽洁笑起来很有感染力，整个诊室的气氛都比较轻松愉快。表面上看，我面前的这对夫妻自信愉悦。虽然爸爸亚伦垂着肩靠墙坐着，显然非常疲劳，但他对妻子和新生的儿子关照和呼应，一家人很和谐。

　　"你看起来很累啊，"我说，"这几天是最难的，我保证慢慢会轻松一点。"

　　亚伦叹了口气，"你不知道啊，医生，我昨天晚上只睡了3个小时，前天晚上也是一样。我们轮流给欧文喂奶，昨天晚上轮到我。"

　　丽洁的乳头流血了，很痛，她已经去咨询过哺乳顾问3次了。

　　"喂奶真疼啊，我都是边哭边喂。"丽洁的眼泪在眼睛里打转。"这两天我就只用吸奶器吸奶。"

　　我检查了一下小欧文就发现了问题。难怪丽洁这么痛这么难受，欧文有中度的舌系带过短。舌系带过短是连接舌头和口腔底部的黏膜（俗称舌筋）先天性偏短，大约10%的新生儿会有这个问题。舌系带过短会使舌头的灵活性受到影响，使婴儿吃奶困难一些。简单的舌系带过短可以用无菌的剪刀剪开，我在办公室里就可以做。深度的或者肥厚的后舌系带过短我会推荐进行激光手术。

　　关于婴儿舌系带过短的说法不一，舌系带过短的患病率以及治疗方法也有争议。2005年一位叫莫文·格里菲斯的英国儿科医生在南安普顿做了一个小型双盲实验，研究因舌系带过短而导致的母乳喂养问题。他发现，舌系带过短的婴儿，通过手术剪切了舌系带之后，95% 的孩子（57 人中的 54 人）能够成功母乳喂养。对照组的婴儿没有做舌系带矫正手术，他们母乳喂养的情况就不容乐观了：虽然期间有哺乳顾问的支持和帮助，29 位妈妈中的 28 位中止了母乳喂养。

考克兰合作组织是一个对科学数据进行审阅、评估的非营利性组织，它最近在研究舌系带切开术对改善舌系带过短是否有帮助的问题。2011 年发表在《儿童疾病档案》的一篇文献表明，舌系带切开术是安全的，可能有助于母乳喂养；2015 年发表在《儿科学》上的一篇文章发现，母亲们反映舌系带切开术能提高母乳喂养率，减轻妈妈乳头疼痛。

通过对欧文口腔的检查，我发现他是深度后舌系带过短，只有激光手术才能治疗。这个手术不需要全身麻醉，在诊室内就能做。我已经指导了两个婴儿做这项手术，两位妈妈都反映，手术之后喂奶时舒服多了。不过也有一家人说手术没有解决问题。

欧文做舌系带切开术 2 周后，一家三口再次来到我的诊室，这次全家人看起来开心多了。欧文体重增加了，丽洁喂奶时也不再疼痛。激光治疗效果很好。坦率地说，对于舌系带的积极治疗我是持犹豫态度的，我希望有更多研究之后再推荐。但就这一个病例来说，舌系带激光切开术是正确的选择，不做这个手术，丽洁不可能坚持进行母乳喂养。

母乳喂养，爸爸有责

我踏进诊疗室的时候，瑞秋正在抽泣。她正在给儿子伊恩喂奶。

瑞秋告诉我："他总是在吃，却总是很饿的样子。我每隔一小时喂他一次，每次差不多要一小时，完全放不下来，一放下来他就哭。"

家里没有人帮忙，她让孩子睡觉的唯一办法就是抱着喂奶。"而且他还不接受安抚奶嘴"，瑞秋说。瑞秋的丈夫麦克看起来也很疲惫。一家人看起来筋疲力尽。

我用肥皂和水把手洗干净，然后抱起伊恩。我把拇指放进伊恩的嘴里，轻轻地在房子里走动，然后轻柔地前后摆动、上下摇晃（我"著名"的新晋爸妈舞步）。只几分钟伊恩就睡着了，我小心地把他放到诊疗桌上时伊恩还在睡梦中。

瑞秋和麦克目瞪口呆，当然也开心不已，终于有了一个方法，喂饱了孩子，自己还能休息会儿。

母乳喂养需要营养、水分以及休息，三项缺了一项，妈妈都无法分泌足够的奶水。妈妈的焦虑大人孩子都能感觉到，孩子会不安，与伴侣的相处也会变得很艰难。而这三项中，睡眠这一项是最常被忽略的。麦克需要帮助瑞秋多睡一点。

"麦克，我需要你单独用奶瓶给孩子喂一次奶。让瑞秋在单独的房间睡，保证她能够每天有5~6小时不间断的睡眠。"麦克同意了。

我让瑞秋在给孩子喂奶后把母乳吸到瓶子里，放在冰箱保存。这样麦克每天有足够的吸出的母乳喂伊恩。

1周后瑞秋和麦克带伊恩回来检查体重，他们简直像变了两个人。瑞秋面带微笑，精神不错，伊恩的体重也稳定增长，整个新家庭处于可控状态，夫妻俩对自己照顾孩子的能力感到信心十足。

我必须先确定母乳喂养进行得很顺利、宝宝吃奶很轻松（不会混淆妈妈的乳头和奶瓶的奶嘴）、妈妈对母乳喂养很有信心，之后才会推荐爸爸或者奶奶给宝宝用奶瓶喂母乳。

黏糊糊的眼睛

2周龄常规体检时经常见到孩子们眼睛上黏糊糊的，通常是因为泪腺堵塞，有些是因为眼睛感染。如第3章提到的，我不赞成首先就使用抗生素。我建议母乳喂养的妈妈们滴几滴乳汁在孩子的眼睛上，一天滴几次，如果有感染的话，这种方法几乎每次都能奏效。

丽莉带孩子美香来我这里进行2周龄例行就诊，她说美香一只眼睛不停地流眼泪，她试过把乳汁滴在眼睛上，但是也没有好转。检查发现，美香眼睑结膜呈正常的粉红色，而如果是结膜炎（眼部感染），结膜会呈现鲜红色。眼睛里也没有脓液，所以不是感染。这样看来，美香的情况是泪腺堵塞。

我给丽莉示范怎样按摩泪腺。手指尖在眼角和鼻子之间轻柔打圈按摩，注意千万不要压迫到眼球。按摩之后美香的泪腺堵塞即刻得到缓解。

你可以请儿科医生帮孩子按摩，其实父母们也完全可以自己在家进行。

当然，按摩也不是次次都有效。不过，等到孩子 1 岁的时候泪腺堵塞的情况往往都能自愈。如果 1 岁大时孩子的泪腺状况依然没有改善，我建议你去咨询儿科眼科专家，他们会进一步检查泪腺。

脐带护理

一直到 20 年前，儿科医生对于新生儿的脐带护理还是建议父母们每天在脐带周围用酒精涂抹，但是现在，我们的建议是不用管它，"让它自行干燥。"我们建议父母们保持脐带干燥，直到它自行脱落，在脱落之前不要将孩子全身浸入水中洗澡。其背后的理论依据是，脐带沾水后会增加感染的风险。

以上建议听起来很合乎常理（这也和我认为孩子不需要频繁洗澡的观点相吻合），但存在一个问题，那就是它并没有经过实践的检验！在加拿大的一个医院做过这么一项研究，对 100 位产妇比较 2 种给孩子洗澡的方式——普通的全身浸入式的洗澡和用海绵擦澡，猜猜结果如何？无论是全身浸入式的洗澡（之后把脐带周围擦干）还是用海绵擦澡，婴儿的脐带都没有问题。所以，最终的结论是，你想给孩子洗澡就洗，你不想洗就不洗！

经常有父母们因为孩子的脐带问题来找我。孩子的脐带还未脱落，但出现了流血或有异味的情况。我通常的处理办法是用消毒过的棉签蘸清水进行清理，然后脐带会自行愈合。你也可以在家自己用棉签或者棉球蘸水清理孩子肚脐周围。

有些父母告诉我，他们在孩子脐带上撒一点儿白毛茛粉（北美黄连）——一种天然抗生素，可以治疗轻微的感染。在俄勒冈州这种做法很盛行。我希望能看到白毛茛对脐带护理效果的双盲科学研究而不是道听途说。何况脐带的这些情况都是正常的，有必要对正常情况用药吗，即使是"天然"的药？

有时候脐带根部附近黏糊糊的东西过多，气味难闻，或者有血，我会用少量硝酸银（一种灰黑色的物质）烧灼脐带根部，令伤口闭合。

出生 5 天的博比送来我诊所的时候肚脐上盖着一块沾满血的绷带，脐带几天前已经脱落。我用蘸水的棉签清理肚脐部位后发现有 5 毫米的脐带肉芽肿在持续渗血。这是脐带组织在肚脐上留下的根部。用少量硝酸银处理就止血了。

脐带肉芽肿很常见，通常这些留下的组织，几周后就会被身体吸收而消失。其实，只要出血不多，你不需要专门来找医生给孩子搽硝酸银，只需保持脐带根部干燥清洁。

新生儿呼吸杂音

新生儿鼻子里比较狭窄，出生后的头几天呼吸声音会比较大，而新爸爸妈妈们可能会被这种鼻塞的声音吓到，其实不需要太担心。

如果你的孩子在妈妈胸前吃奶或者用奶瓶吃奶都能以正常自然的姿势进行，那就表明鼻子能够通畅呼吸，即使发出一些比较大的呼吸鼻音也无须担心。不过 2 周常规体检时还是应该把这个情况告诉你的儿科医生，医生会检查肺部，进一步确定肺部没有任何问题。如果是"呼哧呼哧"或者"噼啪"的声音则可能是有肺部炎症，不过这种情况是非常少见的。

有两种呼吸杂音可能与疾病相关。

1. 呼吸声发出嘶音或者呼哧声。新生儿如果不仅是鼻子里面发出抽鼻子的声音，还有呼哧呼哧的声音，并且呼气困难，可能是呼吸道合胞病毒导致病毒感染。对于健康的儿童和成人来说，呼吸道合胞病毒感染非常常见并且轻微，通常感染后本人都没有感觉。但在婴儿身上这种病毒则可能变得非常严重，尤其是对于早产儿。呼吸道合胞病毒是诱发毛细支气管炎（支气管和肺部气道的炎症）和 1 岁以下小儿肺炎的常见病因。对于呼吸道合胞病毒，除了对症状进行控制之外没有其他治疗方法。少数情况下感染呼吸道合胞病毒的婴儿需要入院治疗，进行吸氧。

2. 吸气时发出喘鸣音。患有哮吼的婴儿会发出喘鸣声。哮吼可能由呼吸道合胞病毒或其他病毒引起，最常见的是人类副流感病毒（HPIVs）。哮吼的其他症状还包括流鼻涕、咳嗽以及低热。人类副流感病毒没有药物能治疗，不过婴儿在头几个月中进行母乳喂养能够保护其不感染这种病毒，因为母乳中往往有保护性抗体。如果 2 周大的婴儿感染了人类副流感病毒，在胸前喝奶时很难受，我建议你帮孩子吸出鼻子里的黏液。先向鼻子中喷一点生理盐水，然后再将黏液吸出。如果孩子吃奶时需要时不时地将头移开去呼吸，不能正常吃奶，就需要带孩子去看儿科医生。

宝宝第一次洗澡

和宝宝接触两三天后，你可以着手准备给孩子洗澡。洗澡的频率可以是两三天一次，也可以一两星期一次。把宝宝放在浴缸里浸浴比用海绵擦澡要更好一些，因为浸浴时热量损失少，宝宝会更喜欢。

给宝宝洗澡时动作要轻柔，也要耐心地保持和孩子对话，告诉他你在做什么。清洗宝宝的皮肤和头发用温水即可，或者用天然的、不含毒性物质的肥皂和洗发露。

洗澡后如果需要用润肤露，请使用足够安全可以食用的物质。新生儿的皮肤比成人的皮肤吸收能力强得多，需要避免使用石化原料或其他合成原料。可以试试有机椰子油、牛油果油或橄榄油。

很多父母在洗澡后给宝宝做个全身按摩，这非常好，对于宝宝来说这是个舒适的放松时刻，同时也是一种治愈性的抚摸。

回到睡眠这个话题

婴儿睡眠最好是仰卧，睡在坚实的平面上。20 世纪 90 年代美国政府发起一个"仰卧睡"的倡导，对公众进行睡眠安全教育。这项倡导显著降低了新生儿猝死综合征（SIDS）发病率。有些孩子似乎更喜欢趴着睡，不过在孩子能自行翻身之前，仰卧还是更安全。

让孩子睡在你身上也不错！我记忆中一些美好的时刻就是躺在长沙发上，小小的孩子睡在我胸前。

如果你想让孩子在自己的床上睡，我建议你在自己的床边放一个婴儿小床或者婴儿摇篮，这样既能让孩子睡在你身边，又能避免使孩子意外窒息。

吵闹的孩子

有些孩子刚开始几个月特别吵闹，中国俗称为"闹百日"，英语中说这些孩子是有"肠绞痛"。有些孩子并不是肠绞痛，但有些孩子确实会非常疼痛。医学上在争论肠绞痛的定义和起因，而父母们只想知道怎么安抚这些不开心的孩子，让他们安静下来。

1985 年一个炎热的夏夜，当时我还是弗雷斯诺山谷医疗中心的实习医生，晚上在急诊室加班挣点儿加班费。当时我已经十分擅长安抚哭闹的孩子。我走进小小的急诊室时，眼前是一对年轻的爸爸妈妈，和他们哭得简直要断气的 2 个月大的孩子。他们把孩子递到我面前说："医生，这孩子就是哭个不停。"从几周前开始，孩子就变得越来越吵闹，从他们的脸上我看得出来，他们已经是无计可施了。

和这对爸爸妈妈说话的时候，我把孩子抱在怀里，稳稳地抱着，前后摇摆并轻轻上下晃动。孩子体重正常，喝的是婴儿配方奶粉，没有母乳喂养，我判断孩子这么尖声哭泣应该是肚子不舒服。但根据当时的检查和病历来看一切都很正常，孩子没有生病，肠道蠕动也正常。这种情况是最难应对的，一方面我需要向年轻的爸爸妈妈证明孩子一切正常，另一方面我还要让他们相信自己就能够安抚孩子。我的"舞步"似乎让孩子平静了下来。之后的 30 分钟里，孩子安静满足。这对年轻的爸爸妈妈问我："你能不能和我们一起回家？"

父母的压力和焦虑会在敏感的孩子身上引发所谓的"肠绞痛"，孩子其实比我们想象的更敏感，有时候孩子焦躁不安是因为我们自己焦躁不安。我问他们有没有人能够在需要的时候帮帮他们，建议他们在特别需要休息的时候，可以请愿意帮忙的朋友、亲人或者邻居帮忙抱抱孩子。

这个年龄的婴儿也可能会因为长期饥饿而吵闹，虽然这种情况很少见。简单地称一下体重，看看体重增长的情况，就可以确定是不是这个原因。

妈妈的饮食结构可能会导致孩子胀气痛，咖啡因、巧克力、奶制品以及其他产气的食物都可能是罪魁祸首。对牛奶或其他婴儿配方奶粉中的成分不耐受也会造成孩子胀气痛。如果孩子突然从睡眠中惊醒，发出疼痛时特有的哭声，则可能是胀气痛或其他肚子的问题。孩子的肠道尚未成熟，正在逐渐适应运送越来越多的乳汁，有时候肠道会有些膨胀，造成一些疼痛。如果你自己经历过胀气痛，那么这种难受你大概能理解。

有些父母发现给孩子添加益生菌（有滴剂和粉末两种）能够缓解"肠绞痛"，这表明肠道菌群不平衡可能是导致问题的一部分原因。还有一些父母给孩子服用婴儿腹痛用的止痛水（俗称肥仔水），觉得也不错。止痛水的配方通常包括茴香、姜、甘菊，有的还有胡椒。我还是首推益生菌，如果别的办法都不奏效，可再试试止痛水。

家庭事务

我还记得我的孩子们出生的时候，我刚刚当医生，需要偿还学生贷款，同时还在筹备开自己的诊所，孩子们的出生让我心里非常矛盾。生活的压力让我没有办法减少工作时间，另外，坦率地说，我也不想丢下我的病人不管。但是，我也很想尽可能和孩子们多待一会儿，尽可能帮家里多做点儿事。当时真是很艰难。每个孩子出生后我的岳母阿黛拉都会过来和我们住一个月。她的到来珍贵无比，她来了，我在工作时就不用那么担心和牵挂妻子独自一人带孩子。对于刚生了孩子的妈妈来说事情太多了，自己正在从生产中恢复，新生命需要照顾，需要尽力吃好以保证提供母乳，要给其他家人准备一日三餐，还要打扫家里的卫生（就这一项就该是个全职的工作）。谢谢你，阿黛拉外婆。

如今很多人和亲人相距较远，我们有时候低估了家庭成员的重要性。在要孩子之前我建议你思考一下这个问题：有没有可能搬到离父母或者兄弟姐妹近一点的地方居住？他们有没有可能抽时间过来帮助你？

如果父母已经过世或者和亲戚关系生疏，那么考虑一下其他亲近的人。有没有好朋友能帮你做一些饭菜冷冻起来以备你应急的时候吃？或者工作上的同事，在头一个月，他们能不能轮换帮你做饭（代替给你孩子的满月礼）？家里新添了一个小生命，我们每个人都需要别人的帮助，人人如此。

新生儿托管

如果你想请人帮你照看孩子，建议要找一位有爱心的人，照看孩子可以在你家里，也可以在她家里。我家二儿子塔克出生后，我们很幸运，找到了教堂里认识的一位妈妈，阿米，她的孩子大部分都已成年，家里只有一个上幼儿园的孩子，她也正打算重返职场。阿米对孩子很有爱心，对孩子很好。塔克生命中的第一年几乎是在阿米的臂弯中度过的，所以塔克可以说有两个家。这种安排比把孩子送到日托中心要好。日托中心孩子太多，保育员们超负荷工作，还有各种细菌在孩子间传播。

心情压抑

杰米带儿子来做 2 周龄常规体检，他告诉我，自己情绪低落、压力很大。杰米的情况印证了德国 2015 年的一项研究。研究显示，父母，尤其是受过高等教育或者一胎之后很长时间才怀二胎的父母，在孩子出生后会一定程度上幸福感降低。

无论多大年纪、怎样的受教育程度，父母双方都可能经历产后情绪低落，或者更严重的产后忧郁症。如果你备受煎熬，那么寻求专业的帮助很重要。这种情绪不会永远持续，但是在某个特定时期它可能会让人难以承受。产后激素经历巨大转变，加上疲惫等因素，有 12%~16% 的新妈妈们都经历过产后忧郁症，在最初的几周里，也有 10% 的新爸爸们在与负面的情绪做斗争。

根据我的经验，充足的睡眠对痛苦的父母们很有帮助。父母们需要尽可能地对自己好一点，对对方好一点。请记住，这个阶段是暂时性的，情况会越来越好。孩子睡的时候你也睡一下。如果晚上起夜喂奶会增加你绝望的情绪，可以请伴侣或者保姆帮你给孩子喂奶，只要在用奶瓶之前确保孩子已经养成了正确的母乳喂养习惯。需要的时候一定要寻求帮助。

兄弟姐妹需要时间适应

艾萨克跟我说："这个孩子出生后我家里有一段时间很艰难。哥哥卡登（4 岁，整个就诊期间表现得很愉快）又踢又打，我罚他面壁，他对着墙猛击，整个人完全失控。"

弟弟出生后，卡登找不到自己在这个新家庭构成中的位置。他用激烈的行为表达他无法言说的感情：他需要更多关注，他不愿意和这个新来的家伙分享爸爸妈妈。这时问题的关键在于要对孩子的感受表示理解和同情（"我明白你很不开心"），也要给他排解负面情绪的出口并且不会伤及他自己或是别人（"能不能画幅画表达你的感受？""你可以用枕头蒙着头吼出来，不要捶墙，墙壁不会痛的，可是你自己的手痛"）。不要以奖励作为诱饵（"你平静下来我们就陪你。"）。

对家里新来的小生命，每个孩子的反应不同。六七岁以上的孩子对于小婴儿第一反应会是疼爱。10岁的伊丽莎白对妹妹的出生可以说是兴高采烈，恨不得时时刻刻抱在怀里，并且积极地承担起一部分照看妹妹的责任。5岁以下的小孩子，比如卡登，则比较难以适应，有的孩子说希望小宝宝回到妈妈的肚子里去（我听过不少孩子说这种话）或者问爸爸妈妈什么时候把这个小宝宝还回去。

新生命来临，家里的每个人都需要为这种改变做准备。可以和大孩子一起读一读绘本中和家庭成员增加有关的内容。有很多这样的书，我最喜欢的两本

兄弟姐妹们也需要时间来适应家庭的新成员。

是《索菲和新宝宝》《贝贝熊的五口之家》。对于大孩子提出的问题要耐心回答，孩子们可能会问到新宝宝的来历，他们一开始会很愤怒，怎么突然来了一个不认识的人。不要一开始就许诺说小宝宝会成为他们的新玩伴，还是现实一点（"他睡得多，吃得多，可能还总是哭"），多给孩子强调作为哥哥姐姐的正面作用（"你能教他走路，教他说话。他长大一点后会什么都模仿你。"）。

向前看：关于疫苗

每个孩子 2 周龄常规体检的最后，我会和爸爸妈妈们讨论疫苗的问题，这是 2 月龄就诊时应该考虑并做决定的事情。大部分的儿科医生会告诉你，孩子需要接种 6 种疫苗来预防 8 类疾病。这些疫苗是：乙型肝炎疫苗、脊髓灰质炎疫苗、轮状病毒疫苗、无细胞百白破三联疫苗（白喉、破伤风和百日咳）、肺炎球菌疫苗以及 b 型流感嗜血杆菌疫苗。虽然离做最后的决定还有一个半月，但第二周的时候就需要开始考虑。《美国儿童预防接种伤害法案》要求每个医疗保健机构在疫苗接种前向家长提供美国疾病预防控制中心发布的关于疫苗的信息。

美国疾病预防控制中心分发的这些手册虽然提供了很重要的信息，但是都大大低估了疫苗的风险。据我来看，手册中的这几页内容称不上是完备的知情同意书。我们医生在对病人做任何医疗行为之前都需要做到让病人知情同意。例如，如果你需要做一个手术，你应当被告知麻醉的风险，其中包括死亡的可能。知情同意书应当列出做此治疗和不做此治疗的风险与获益，并提供其他备选方案。我写这本书的目的之一就是帮助你进一步理解你将要或者必须要做的选择。目前美国使用的是美国疾病预防控制中心发布的所有婴儿通用的疫苗方案，可是它未必适合所有婴儿。

为添丁进口的家庭提供帮助

保罗医生的建议

2 周龄婴儿

1. 寻求帮助。当你带着新生的婴儿回到家的时候，请朋友或亲人来帮你准备健康的家常饭菜，帮你打扫浴室、整理房间，至于传统的宝宝见面礼就可以免了。

2. 给予关注。宝宝最需要的是你的陪伴、爱和关注。

3. 循序渐进。母乳喂养对于妈妈来说是件很难的事情，别放弃，你会逐渐掌握要领的。

4. 健康饮食。妈妈需要最优的营养来保证产出最有营养的母乳，爸爸也需要最好的营养来为全家振奋精神，带来热情活力。

5. 容许自己慢慢恢复。生下一个宝宝是人生中的重大变化，给自己多些时间来调整适应。

6. 享受亲子时光。请爱他、依偎着他、抱着他、和他说说话、闻闻他的味道、吻吻他幼嫩的肌肤。等到孩子长大后你会疯狂地怀念现在的时光。

父母最常问的八个问题
2 周龄婴儿

如何喂养

1. 我的孩子体重增长得够吗？

答：关于这个问题，这里我厚着脸皮借用洛杉矶一位杰出的儿科医生杰伊·戈登博士的话：看你的孩子，不要看体重秤。戈登博士是母乳喂养的积极倡导者。 是的，宝宝 10~14 天的时候体重应该恢复到出生时候水平，头几个月，应该每天增重 30 克左右。大部分（不是所有）的宝宝生出来之后体重会降低，好的预期是到 2 周来诊所例行就诊体检的时候，宝宝的体重可以恢复到出生时的体重。但是，如果还没有那么达标也不必惊慌，最重要的是孩子看起来以及行动起来显得健康。如果宝宝蹬腿伸手的动作有力、肤色红润、大小便规律，那么他就已经达标，体重增长慢一点也许是因为基因（你或者你的另一半是不是身材较瘦小？）或者个体差异。如果体重增长缓慢是因为喂养困难，我们能解决。首要任务是获取你需要的帮助。对于这么小的婴儿，用别人捐献的母乳或者用配方奶粉作为补充当然很简单，但是对你和孩子来说都不是最佳选择。如果孩子看起来不健康或者嗜睡，那么你可能确实需要这些补充。我更推荐使用别人捐献的母乳。配方奶粉确实不是个好的选择，除非万不得已不要使用。

2. 我的孩子该喝多少奶？

答：母乳喂养不需要担心孩子喝奶的量，每次孩子饿了，就给他喂奶，每次尽量两边乳房都排空。如果孩子看起来健康，体重增长正常，这表示你一切都做得很好。学会读懂孩子吃饱了之后的表现，有些孩子是安然入睡，抓着妈妈乳房的手特别放松；有些孩子是把乳头吐出来；还有一些是变得不大安分以此提示你喝奶结束。

如果孩子到 2 周的时候体重没有增长，或者喂奶的时候你还是乳房很痛，那么你可能需要哺乳方面的帮助。最常见的问题可能是孩子吃奶时的姿势，有人帮助的话很快就能纠正。喂奶越多，奶水的分泌也会增加，在两次喂奶之间可以用吸奶器吸奶，你自己需要摄入充足水分以及充分休息。有些妈妈说，一些茶，尤其是含苦豆的茶，能帮助增加奶量。如果孩子体重增长不理想，我建议你白天每 1~3 小时喂一次，晚上每 2~4 小时喂一次。

3. 你推荐哪种婴儿配方奶粉？

答：我不推荐任何传统的婴儿配方奶粉！在美国，配方奶粉营销人员竭尽全力和儿科医生拉关系套近乎（他们请医生和医务人员吃饭，赠送一大堆配方奶粉试用品，留下一沓沓的打折券，派发各种母婴用品），但所有的免费的东西暗地里都是要付出代价的！在有些母乳喂养率高的国家，这种不道德的推销行为是违法的，我们真应该立法来限制这些行为。我认为医生不应该推荐婴儿配方奶粉，也不应该给母乳喂养的妇女赠送免费的试用品。

请尽最大努力完全避免使用配方奶粉！牛奶是给小牛喝的，不是给人喝的，目前有几项研究提出牛奶（配方奶粉的主要原料）可能会诱发 1 型糖尿病。

母乳喂养的益处远远大于营养本身。母乳喂养的孩子更健康、更聪明、更少患各种疾病、更少感染、更少出现各种发展问题。

虽然说了这么多，但是，如果你无法获得捐献的母乳，必须得使用配方奶粉，你也无须有负罪感，尽量寻找符合下列要求的配方奶粉。

• 其甜味的来源是有机糙米，并经检测不含砷。大部分其他配方奶粉使用淀粉糖浆干粉来增加甜味，淀粉糖浆干粉是转基因玉米的工业副产品，不应该用于婴儿主要食物中。

- 不含棕榈油。棕榈油会在婴儿胃肠道和钙结合形成钙皂。大部分品牌的配方奶粉都用到棕榈油。棕榈油是一种食品添加剂，无论是为了健康还是为了环境，我们都应该避免使用棕榈油（婆罗洲岛和印度尼西亚为了种植棕榈树大批杀死那里原生的大猩猩）。

- 包含水提的 DHA 和 ARA。大部分的配方奶粉使用具有神经毒性的溶剂（乙烷）来萃取 DHA 和 ARA。

- 不含卡拉胶。卡拉胶会引起肠道炎症，在欧洲严禁用于婴儿配方奶粉。美国的配方奶粉制造商仍然使用卡拉胶。卡拉胶能加速奶粉在水中溶解，方便奶粉冲泡。在这里，方便战胜了健康。

- 不含合成防腐剂（抗坏血酸棕榈酸酯，β－胡萝卜素）或合成营养素。

关于睡眠（以及因此导致的妈妈们的睡眠不足）

4. 我的孩子白天一直睡，晚上一直不睡。帮帮我！

答：新生儿需要几周的时间才能学会白天醒晚上睡。人生最开始这几周很宝贵，所以用不着太匆忙（你等着看吧，孩子的成长比你想的快多了），不过你可以逐步帮助宝宝转变为白天醒的时间长一点，晚上睡的时间长一点，这个过程也许需要几个月。早上把窗帘打开让阳光照进来，说话或者在房子里走动也无须太过小心。孩子从睡眠中醒过来后，立即对他做出回应，白天多喂几次奶，醒着的时候和他说话，跟他玩耍。晚上把窗帘拉上，把灯关闭，孩子需要吃奶或者需要换尿片的时候迅速行动，但不要跟他多说话，也不要过多互动。学会侧身躺着喂奶，这样孩子在吃奶的时候你也可以睡觉。

关于哭闹

5. 怎样才能让孩子停止哭闹？

答：如果一些有育儿经验的朋友亲戚在身边帮助你（通常是比较喜欢孩子的女性，不过我也喜欢做这样的事情），观察她们怎样哄孩子。"新晋爸妈舞步"每次都奏效哦，除非是孩子确实饿了，只需要喝奶。舞步要领是：稳稳地（又不要太紧）抱着孩子，让孩子的侧脸对着你的胸，站起来，坐着没有效果（因为我疲劳的时候试过坐着，没有效果）。你自己的整个身体轻柔地上下弹跳，节奏大概是每秒1~2次，同时前后摇摆。身体起伏摆动的时候，嘴巴里可以发出"嘘嘘嘘"的声音，也可以哼唱一些安静的歌谣，孩子很喜欢你熟悉的声音。只要一两分钟，再吵闹的孩子都会靠在你身上沉沉睡去。孩子一进入深度睡眠，你就可以把他轻轻地放在一个温暖、坚实的地方，宝宝这时候也不会醒的（我不能担保）。在津巴布韦，孩子们都是绑在妈妈的背上，他们第一年里没在吃奶时基本就在妈妈的背上度过。

关于脐带

6. 脐带自行脱落了，但是看起来不大对劲。是不是有什么问题？

答：脐带根部会在前三周的时候脱落。通常下面会黏糊糊的，还有难闻的味道。用纱布或者棉球蘸水清洁即可，让它自然风干。脐带的地方会留下一团白色组织，这是正常的脐带组织残留，学名肉芽肿，它会自行消失。

如果肚脐持续流血或者渗血很多，你很担心，那就带孩子去看医生。我是用硝酸银烧灼（医学的干燥方法）患处。不过通常情况下不用管它，脐带或者脐带根部都不会有什么问题。

关于外出

7. 什么时候可以带孩子出门?

答：这里主要有两个问题。首先，我们希望不要把婴儿置于外人的感染环境之中；第二，我们希望婴儿的体温保持稳定。

有些父母喜欢带着孩子去参加家庭聚会、学校活动，或者去人多的餐厅就餐。不过我不建议前两周的时候这么做。2 周的孩子需要时间生长和建立强健的免疫系统，人多的地方去得多就增加了感染的风险。还是等宝宝大一点再带他出门上街吧。

如果你觉得孤单想要人陪，可以请别人来家里。不过如果别人说要来看你，你不愿意，也不是非答应不可。产后的几周甚至几个月都是非常特殊的时期，有些家庭希望自己一家人度过。如果你很欢迎别人来访，要确认对方不是刚刚生病痊愈甚至还在病中。有些人很急切想看到新出生的宝宝，而没有提起自己感冒甚至还得流感的事！来访的客人抱孩子之前请他们先洗手。

如果室外不太冷也不太热，保持婴儿体温比较容易，那就尽量让孩子多待在室外，婴儿在阳光和新鲜空气中会茁壮成长。你只需记住，婴儿皮肤调节体温的能力较弱，新生儿容易体温过高，冷的时候又容易很快降温。要避免阳光直射到婴儿娇嫩的皮肤上，要把孩子眼睛挡住，防止阳光直射。

8. 家里的亲人住得很远，他们很想看看我的小宝宝。什么时候出门旅行比较安全?

答：对于 6 周以下的婴儿，我不建议坐飞机旅行，除非万不得已。飞机里的空气是反复循环的，乘客都暴露于飞机上携带的病毒之中。尤其在冬季，北半球的 12 月到 4 月，流感和呼吸道合胞病毒（RSV）流行。

6 周以下的婴儿一旦发烧，医生就必须要对他抽血化验做败血症的检验，做腰椎穿刺检验排除脑膜炎，还要在医院进行两天静脉注射抗生素。而前6周只要避免暴露于病原环境下，这一切就都可以免于发生。

第 *5* 章

2月龄常规体检

父母们总喜欢把自己孩子的这些数据和所谓的"标准值"进行比较。对别人是标准的，对你的孩子未必标准。生长发育图重要的是生长的趋势，而不是特定的数字。

"你好啊海莉，近来不错吧？"我和海莉打招呼，给了她一个大大的微笑。

海莉穿着黄色的背心裙，光秃秃的小脑袋像颗台球，咧着没牙的嘴朝我笑。

海莉满 2 个月了，是和爸爸妈妈来我这里做 2 月龄常规体检。

"你长大不少了。"我和海莉说着话，把她的爸爸妈妈暂时丢在一边。

海莉"啊啊啊"地回应我。

这个年龄的婴儿喜欢和人交流互动。

海莉的父母，凯拉和科尔比，脸上带着那种新爸爸新妈妈所特有的光芒，充满了欣喜和期待。

和海莉简短的交流互动表面上看起来很好玩，像是在做游戏，实际上是对孩子发育评估中很关键的一部分。2 月龄常规体检时，我会观察孩子对我声音的反应，听他们发出的呢喃的声音（这是开始说话的前奏），观察孩子社交性的微笑，这种微笑是不分国家、文化，所有婴儿都会有的。

虽说如此，但是如果你的孩子天生比较严肃，对外界采取一个比较严谨的态度，你也无须担心，并不是所有的孩子所有时候都爱笑，有些孩子天生更谨慎一点。

科尔比抱着海莉的时候，我分别绕到海莉的两侧，观察她眼睛向两侧的移动。我可以确定海莉两只眼睛可以同时跟随我移动。

我还观察了她头部的控制。她大大的头抬久了还是有点累。2 月龄婴儿能够好奇地抬头看东西，然后又垂下来靠在你肩膀上。孩子们就是通过这样的动作，使脖子的肌肉以及协调能力得到发展的。

我把手指放到海莉的手中，检查她的抓握反射。婴儿天生具有自动的抓握反射能力，这种能力会持续到 5~6 月龄。之后的抓握动作就是主动的，不再是自动的。

可以看出来，海莉的发育一切正常：她的手用力握住我的手指，头部控制很好。她还拥有人的社交本能，能够对我发出喃喃的声音作为回应。对于这个才刚刚独立呼吸 56 天的婴儿来说，她身体的这些功能都运行得很顺畅。

我接下来检查的是她的头、耳、眼、鼻、喉、肺、心脏和腹部。做这些检查的时候，婴儿需要把衣服全部脱掉。我先检查股动脉搏动，这个腹股沟区域的脉搏跳动反映了心脏跳动的情况。如果股动脉跳动弱，儿科医生有时候就做主动脉瓣狭窄检查，这是一种较为罕见的心脏问题。10%~15% 的婴儿在真正发展为主动脉瓣狭窄之前就已经被检查出来了。这种心脏问题会随着孩子逐渐成熟而逐渐恶化。

接下来排查髋关节脱位。髋关节脱位是指髋关节发育不正常。先天性髋关节发育不良的发病率大概是 1000 人中不到 1 例，发现得早的话比较容易治愈。但如果漏诊，也有个别孩子会终生都有髋关节问题。有些支持积极干预的儿科医生会建议进行多次 X 线检查——将婴儿置于有害的辐射之下，以及对身体部位进行石膏固定，甚至会建议用手术进行纠正。 这些方法只应在极端病例中使用。如果你的医生向你推荐上述治疗方法，你应该再多听听别的意见。对身体部位进行石膏固定会对小孩子造成循环问题、肌肉萎缩以及情绪上的问题。大部分情况下髋关节的问题会自行解决，特别是如果用婴儿背带把孩子背在胸前或背后的时候把他的腿向旁边展开，就更有所帮助。千万不要用襁褓把孩子的腿紧紧地绑在一起，让腿笔直地伸着。

和海莉玩了一阵以后，我把她头围、身高和体重增长的生长发育图从电脑中调出来给她的爸爸妈妈看。父母们总喜欢把自己孩子的这些数据和所谓的"标准值"进行比较。对别人是标准的，对你的孩子未必标准。生长发育图重要的是生长的趋势，而不是特定的数字。《怎样养育一个健康的孩子》这本书的作者，已故的罗伯特·曼德尔森博士甚至认为，我们应该完全摒弃生长发育图。他是有一定道理的：这种图表的目的是为了发现某些罕见的病例，比如头围因为脑积水而增长太快（我的诊所里还从未有过这种病例），或者颅缝早闭症（这个我从业生涯中也只见过几例而已）。生长发育图偶尔能帮助我们发现某个孩子营养不良、发育不够理想。我告诉海莉的爸爸妈妈，没必要和别的孩子比较这些曲线上的数值，只需要关注生长发育曲线的趋势。

"海莉发育正常吗？"就诊将要结束的时候海莉的爸爸科尔比问我。

"当然，她棒极了！"我回答。

2 月龄孩子的母乳喂养

2 月龄的例行体检时，身高和头围的数据通常都不是问题，体重有时候需要关心，特别是对 2 月龄时体重增长刚刚达到标准线的孩子。

每天喂奶的次数越多，每次喂奶乳房排得越空，你就会分泌越多乳汁。也正因为这样，双胞胎、三胞胎的妈妈们才能够同时喂养这么多的宝宝。道理很简单：如果乳房里的乳汁没有排空，你的身体得到的信号就是不需要更多的乳汁，于是就会停止分泌更多。还有一件事情需要提示：乳房的大小和分泌多少乳汁没有关系！

和之前一样，你需要确保从全食物中摄入足够的能量、足够的水（饥饿和缺水会导致乳汁停止分泌），还要有足够的休息。脱下上衣，让宝宝只穿纸尿裤，抱着宝宝，最好是在床上。手边再准备一篮子健康食物、过滤的水以及几本好看的书，这些补给都会使你的身体产出大量的乳汁。但对于哺乳的妈妈而言，抽出时间休息是件很难的事。外婆、奶奶的建议是不是孩子睡着了你也睡一下？聪明的医生也是这样建议你的。我知道这不大可能做得到（我妻子也表示不可能做到），尤其是家里还有大孩子需要你跟在屁股后面照看，或者有全职工作要做，但还是要尽量在孩子睡觉的时候躺下来，哪怕只是闭上眼睛小憩一会儿。

我在前面一章讲过，在孩子完全培养起母乳喂养的习惯之前不要过早使用奶瓶喂养，避免孩子混淆妈妈的乳头和奶瓶的奶嘴。前 40 天最好是完全母乳喂养。到 2 个月的时候，之前完全母乳喂养的孩子现在可以时不时地用一下奶瓶，比如说一天一次，同时也不放弃母乳喂养。海莉的爸爸妈妈跟我分享了他们的经验：科尔比每天晚上带海莉，睡前给她喂一瓶提前吸好的奶，这样凯拉能早一点上床睡觉。有的家庭里是爸爸去上班之前先给孩子喂一瓶奶，这样妈妈能多睡一会儿。

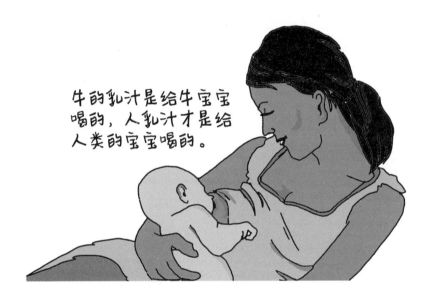

牛的乳汁是给牛宝宝喝的，人乳汁才是给人类的宝宝喝的。

宝宝的大小便

　　没有孩子前你大概斩钉截铁地说过绝不会关注些屎尿屁的事，有了孩子后，没有哪个父母对孩子的大小便不心心念念地挂念，起码我没见过。你得时常换尿片，孩子的大小便是你 24 小时都在考虑的事情。整体医疗理念的医生也会告诉你，从一个人的大便中可以看出他的健康状况。

　　2 月龄母乳喂养的婴儿可能每两周才会有一次爆炸式的大便，也可能会一天大便几次，这都非常正常。母乳喂养的孩子大便形态也可能差异很大，不过通常会是某种黄色，有时候会有一点绿，里面有一些凝块，样子看起来像炒鸡蛋，或是凝乳，闻起来稍带甜味。

奶瓶喂养的婴儿大便颜色更深、更硬，闻起来也更——怎么说呢，更像大便。曾经有一个妈妈描述说这个味道像发霉的味噌汤。真是太准确了！奶瓶喂养的婴儿大便会在尿片上留下污渍，而母乳喂养的婴儿大便则通常不会。

小婴儿什么东西都会放到嘴巴里去，你的头发、树叶、狗狗的尾巴。如果你在他的大便里看到了什么奇怪的东西，比如一根草，也不用惊慌。只要宝宝没有表现出昏睡或烦躁不安，大便里没有血，大便时也没有疼痛的迹象，就不用担心。科学家们发现，所有这些用嘴来进行的探索其实都是婴儿免疫系统健康发展的一种重要方式。

如果你的宝宝是纯母乳喂养，那就无须担心宝宝便秘，即使是他一周都没有大便也没问题，之后它会报复性地发生。另一方面，便秘却是配方奶粉喂养婴儿常见的消化问题，也许表明孩子对牛奶不耐受，或是对目前食用的品牌的奶粉不耐受。

如果你怀疑孩子便秘，请咨询医生。但不要让医生给你开一些快速解决问题的处方药或者非处方泻药。找出便秘的原因最重要，不要只是简单地处理症状。

你的宝宝一天要尿湿好几片尿片。如果你用布尿片或者用婴儿便盆，就能准确知道孩子一天尿了多少。如果用的是塑料尿片，就比较难。无论你用哪种尿片，最好还是尽量多的时间让孩子不用尿片。与用尿片相比，皮肤直接接触空气能预防尿布皮炎（红屁股）。如果孩子一天换尿片少于 4 次，同时体重增长不足，可能是孩子每天喝的奶不够。

尿布皮炎

尿布皮炎通常分三类。最常见的是接触性红疹，称为接触性皮炎——涉及尿片接触皮肤的区域。原因可能是因为大便具有刺激性，这种情况我诊所每周都能见到几例。有一个小男孩，每次只要大便接触到皮肤，几分钟之后整个屁股就会发炎、疼痛。这种立即发作的皮疹往往是妈妈的饮食结构导致，只要妈妈改变饮食内容，问题就会迎刃而解。尿布皮炎也还可能是因为尿片上的合成化学物质、染料、香料等过多（你肯定不愿意孩子娇嫩的肌肤长期接触这些东西）造成的过敏反应。如果孩子得了尿布皮炎，要避免使用婴儿湿纸巾，因为这类东西可能有刺激性，并且还在皮肤上留下一层膜。用温水清洗并用布擦干。让孩子坐在浴盆中，不用肥皂，水里放 1/4 杯小苏打，这种方法会有帮助。无论哪种尿布皮炎，尽量减少穿尿片的时间总是没错的。给孩子涂上一层厚厚的婴儿护臀膏能够在皮肤上形成一层保护膜，使皮肤与刺激性的粪便之间形成一道阻隔。我发现白色的含氧化锌的护臀膏效果最好，不过几乎所有的护臀膏都会有一定作用。

尿布皮炎的常见诱发原因之二是酵母菌。这种皮疹常见于大腿沟和股沟。酵母菌疹通常在边缘有红色的小肿块，称为卫星状的小丘疹。如果保持这个区域清洁干燥，让孩子多接触新鲜空气、接受阳光照射，这种皮疹就能自行消失。如果这样没有效果，你可以换着使用几种非处方的抗真菌的霜。不过酵母菌可能非常顽强。珍妮弗的女儿膝盖下方有一块酵母菌疹，抗真菌的霜没有效果。朋友帮她配了一款精油，用薰衣草精油、茶树精油和乳香精油各 8 滴混合，最后加上分馏椰子油（椰子油的一种精炼后的形式，在室温下可以以液体形式存在），装在一个滚珠瓶子中。涂抹之后皮疹第二天就消失了。来我诊所的妈妈们中现在很流行使用精油，从我本人的医学背景出发，我对此持一定的怀疑态度，不过我对她们使用的效果很有兴趣，正在观察之中。

第三类皮疹颜色赤红，位于肛门周围。这可能是肛周链球菌感染。是的，你没记错，就是导致脓毒性咽喉炎的链球菌（在这里是 A 组 β 溶血性链球菌）。其症状包括肛周搔痒及疼痛，1/3 的病例会出现大便带血的症状。皮疹可能会发展到外阴或阴茎。这种皮疹较难诊断，因此往往没有得到相应治疗，也会导致一些链球菌引起的并发症出现。以上提到的都是坏消息。好消息是口服抗生素通常就能很快将其消灭。如果你本来就保持一个富含益生菌又低糖的饮食习惯，你的孩子可能一开始就不会出现这种皮疹。我每周都要接诊很多例接触性皮炎，每天都会遇到酵母菌型皮炎，但大概一年只遇到一例肛周链球菌感染性皮炎。

我以前以为所有的婴儿都会得尿布皮炎。一位叫乔伊的奶爸带着儿子阿伦来做婴儿例行体检，阿伦大腿肉的褶皱和尿片区域的皮肤上都完全没有皮疹。乔伊告诉我，他和妻子曾经读到一篇文章，里面讲越南的爸爸妈妈通过吹口哨来训练婴儿大小便，于是他和妻子决定训练孩子用婴儿便盆。在阿伦大便时他们就模仿婴儿大便时发出的那种哼哼的声音。和妻子观察了几周后，弄清楚了阿伦大小便的规律，现在他们能成功预料阿伦大小便的时间，迅速拿掉尿片，发出哼哼的声音，然后阿伦就能顺利把便便拉到马桶里！乔伊告诉我，阿伦这个月只有 2 次是把便便拉在尿片里，大部分的时候都能拉在马桶里。我盯着乔伊，无法置信，暗暗觉得乔伊和他妻子可能有点夸张。

但是我妈妈是位从业 30 年的注册护士，她告诉我，津巴布韦农村里的婴儿完全不用尿片，即使是今天的非洲，农村女性把婴儿背在背上，婴儿也都是不用尿片的。妈妈对孩子的反应很敏感，当孩子在背后开始有些扭来扭去，用他们的身体语言表示要大小便了，妈妈就把孩子从背上放下来，抱到公厕或者树旁边去。

非洲妈妈们的这种做法在现代城市生活中比较难以仿效，但是美国现在有一种叫作"排泄沟通"的方法在乔伊这样的父母中流行，网络上你能找到很多这方面的信息。

后脑勺扁平

大部分的家长都知道孩子睡觉时需要仰卧，这样可以减少婴儿猝死综合症的发病率，但是很多家长没意识到，婴儿醒着的时候其实需要很多时间趴着，也需要很多时间与父母亲近，比如依偎在父母的臂弯里，或是趴在父母身上。

现在那种可以安装在汽车上作为儿童安全座椅的婴儿提篮很流行，但是我不推荐使用。这种提篮实际用起来比看起来要笨重费力得多。我还告诉父母们不要把孩子放在摇椅中太长时间。

为什么？虽然有些婴儿不喜欢趴着，但是这是他们学习头部控制和提高肌肉张力的重要方式。趴着玩还有助于学习身体协调和各种新的技能。比如不喜欢趴着的婴儿会努力地学习翻身，当他们能够用躺着的姿势舒服地欣赏这个世界时，他们会为自己感到惊喜又骄傲。

婴儿被抱着的时候能够感到舒适和安全，因为这种姿势可以让他感觉到你的心跳，闻到你的气味。研究显示，用婴儿背巾把孩子挂在胸前能够降低孩子的吵闹、哭泣，提高孩子的视觉和听觉的敏锐度，加强亲子关系。

想象一下，当别人拥抱你的时候，在他的臂弯里你觉得多么安宁。婴儿被抱在怀里或者背在背上时，也是同样的感受。

如今，不能让婴儿醒着时总躺着的一个重要原因是避免使婴儿的头型不正，形成"煎饼头"，学名叫"体位性扁平颅"。越来越多的父母们选择让婴儿仰卧，这种问题就越来越常见。现在 7~12 周年龄段中有 47% 的婴儿有后脑勺扁平的问题。

只要孩子的头围处于正常范围内，头型等到一两岁的时候就会恢复到正常。现在如果你的孩子后脑勺稍稍有点平、有点不对称，无须担心，这是一个信号，说明孩子仰卧的时间可能太多。如果后脑勺扁平很严重，有些儿科医生会让孩子戴一个特制的头盔。我不建议这么做。荷兰一项设计严谨的研究发现，这种昂贵的头盔会带来一些副作用，给人造成不适，比如出汗、疼痛、异味，也不方便父母搂抱孩子，特别是，它并没有带来什么显著效果。

再来谈谈维生素

婴儿需要维生素 D 来辅助钙的吸收，促进骨骼生长、维持骨骼强健。维生素 D 在免疫系统中发挥着重要的作用，能帮助身体抵抗感染，对神经细胞也非常重要，保证其在大脑和身体间传递信息。如果你户外活动时间少、住在偏北的地区，或者是阴雨天较多的地方（如我住的俄勒冈州的波特兰），或者居住的城市高楼林立、空气污染严重阻隔了太阳光，那么，你的孩子可能得不到足够的维生素 D。虽然维生素 D 能通过母乳有效传递给孩子，但大部分妈妈因为缺乏足够的日照，自身就缺乏维生素 D。

每天把宝宝带到户外，接受阳光照射 10~15 分钟，这很重要。而且这还不够。母乳喂养的妈妈们应该自己做一个维生素 D 水平检测，也给孩子检测一下。1000 国际单位（IUs）的维生素 D 滴剂对维生素 D 缺乏的 2 月龄婴儿很有益处。2004 年的一项研究表明，母乳喂养的母亲每天摄入 2000~4000 国际单位（IUs）的维生素 D 能安全地提升母亲和婴儿的维生素 D 水平。

在婴儿能食用包含有益菌的"鲜活食物"（如乳酸菌发酵的泡菜，乳酸菌发酵的纯酸奶）之前，高质量的益生菌对婴儿大有帮助，尤其对配方奶粉喂养的婴儿和有肠绞痛的婴儿。母乳中含有许多天然健康的细菌，所以母乳喂养的妈妈也应该尽量吃一些发酵类的食物。

关注自闭症，从现在开始

作为 2 月龄孩子的父母，你也许从没想到过自闭症的问题。可是，你需要考虑了。对于自闭症的发病原理和发病时间目前尚无确定说法，但是接触过自闭症儿童的整体医学医生怀疑，自闭症多发于天生就较为脆弱的孩子，以及母体中或出生后几年里暴露于有毒环境中的孩子。美国的自闭症发病率呈稳定上升趋势。2015 年 4 月，美国圣弗朗西斯科湾区自闭症学会发布了一项研究，其数据来自加利福尼亚发展服务部（DDS），这被认为是全美国最为精确的患病率跟踪系统。研究报告显示，严重自闭症病人正呈指数式增长。1987 年全国仅报告 2701 例自闭症，但到了 2015 年超过 7.6 万例。在美国每 6 分钟就有 1 例自闭症儿童被确诊。我真希望这一切不是真的。

我们对于自闭症的诱因还没有确定的答案，但像我在第 1 章中所说，我们已经有令人信服的研究揭示了可能导致自闭症的罪魁祸首。我们的孩子现在所处的环境与以前相比有太多的有毒物质，而美国的孩子与欧洲国家的孩子相比，暴露于神经毒性物质环境下的可能性更大。

我们已经懂得，暴露于这样的环境之下会导致表观遗传改变（又称基因外改变），对 DNA 外在的改变会使某些基因表达或不表达。

我们也懂得，我们虽然不能改变与生俱来的基因蓝图，但是能轻松减少我们暴露于有毒物质的概率。

让我们比较一下挪威和美国的自闭症发病率。2013 年发表在《美国医学会杂志》的一项挪威的研究对 85176 名儿童进行调查，发现有 114 名儿童被诊断为自闭症，56 例亚斯伯格症，100 例待分类的广泛性发展障碍（PDD-NOS，待分类，这个词指的是具有与自闭症类似症状）。全部数据加起来，也就是说，85176 名挪威儿童中有 270 名儿童处于自闭症范围内，比例是 0.3%，换句话说，也就是每 1000 名儿童中有 3 名儿童属于自闭症范围内，或者说是每 333 名中有 1 名。

我们看到的关于美国的统计数据各有差异，根据这些统计数据，在美国，自闭症的发病率比挪威高 3~6 倍。为什么会这样，挪威和美国的做法有什么不同？

挪威最近在婴儿疫苗方案中给 6 周龄的婴儿增加了一个轮状病毒口服疫苗，除此之外，挪威的婴儿在 3 个月之前不接种任何其他疫苗。孕妇只需在妊娠 18 周的时候接受一次超声波检查，费用由国家医疗保健系统支付（虽然很多孕妇仍会自费进行多次检查）。挪威也是世界上剖宫产手术率最低的国家之一，这意味着，挪威的婴儿出生时获得了健康的肠道有益菌，能够帮助他们抵御感染，建立健康的免疫系统。大部分（99%）的挪威婴儿从出生后就开始进行母乳喂养，并且第一个月为纯母乳喂养。

美国孩子现在的自闭症发病率正以史无前例的速度增加，我们需要对美国的儿科护理标准进行安全的改革，这样才能力挽狂澜控制当前的神经损伤问题，直到找到问题的确切答案。同时，我们要尽所能来保护我们降生才 2 个月的宝宝，不使其暴露于任何含有有毒物质的环境中。对于 2 月龄的婴儿，美国疾病预防控制中心推荐了 6 种疫苗。我们的保护就从选择这些疫苗开始。

2 月龄婴儿的疫苗接种

按照美国疾病预防控制中心的推荐，建议 2 月龄的婴儿应接种 6 种疫苗，用以预防 8 类疾病。

- 乙型肝炎疫苗（第 2 剂。共 3 剂，第 1 剂为出生第一天注射）。
- 轮状病毒疫苗（第 1 剂。共 2~3 剂，视疫苗品牌不同而有差异）。
- 脊髓灰质炎疫苗（第 1 剂。共 4 剂）。
- b 型流感嗜血杆菌疫苗（第 1 剂。共 4 剂）。
- 无细胞百白破三联疫苗（第 1 剂。共 5 剂）。
- 肺炎链球菌疫苗（第 1 剂。共 4 剂）。

当然，以上内容仅为建议，选择接种哪些疫苗，什么时候接种，最终还需与医生商议后再做决定。如果你认为需要取消或者推迟某些疫苗的接种，请在宝宝 2 周的时候就事先和医生进行沟通，全面考虑每个宝宝的个体情况。

一方面，我们要保证宝宝可以通过疫苗接种而免于受到这种预防疾病的侵害；同时我们也要尽量降低疫苗中的有毒物质对大脑、内分泌系统、免疫系统以及长期健康造成损害。

轮状病毒

轮状病毒是一种影响消化系统的常见病毒，澳大利亚的一组研究者于 1973 年率先发现了这种病毒。轮状病毒主要引起儿童腹泻，还会导致胃痉挛、胃痛以及发热等症状。轮状病毒很容易通过携带病菌的粪便传染（我们称之为"粪口传播途径"，手接触到感染了轮状病毒的粪便，然后借由手接触到的物体，通过口腔进入人体），其潜伏期通常为 2 天。在美国，儿童在冬天更容易感染轮状病毒。虽然轮状病毒感染是比较轻微的疾病，但对于免疫系统尚不健全的婴幼儿，则可能导致严重腹泻或呕吐。轮状病毒（包括所有的腹泻）可能引起的最大问题是身体脱水，这对营养不良的儿童和热带地区的儿童来说尤其危险。

轮状病毒最常出现在 3 个月到 3 岁之间的儿童身上。3 个月以下母乳喂养的婴儿体内会有母源抗体的保护，不易感染轮状病毒。即使感染，症状也十分轻微不易察觉。而到了 5 岁之后，大部分儿童都已拥有健康的免疫系统，具备了对轮状病毒的免疫能力。

轮状病毒疫苗

世界上第一支轮状病毒疫苗"轮盾疫苗"于 1998 年获得许可投入美国市场销售，但第二年就被勒令下架，因为它导致了肠套叠病例的显著增加。肠套叠是指一段肠道像望远镜一样滑入另一段肠道，造成肠道重叠，导致肠道阻塞。肠套叠是一种严重的疾病，如果不立即进行灌肠或手术移除被阻塞的组织，可能会有生命危险。

"轮盾疫苗"投入市场销售后的 14 个月内，美国疫苗不良事件报告系统中收到了 98 例得到证实的肠套叠病例，其中至少 1 例死亡。2006 年默克公司研发的一种新的抗轮状病毒疫苗"轮达停"在美国获批销售。2008 年葛兰素史克公司生产的轮状病毒疫苗"罗特律"获得美国食品和药品管理局许可。这两种疫苗都是口服疫苗，将添加甜味的活疫苗液体喷入婴儿口中。

轮状病毒疫苗安全吗？

目前，"轮达停"和"罗特律"在全世界 77 个国家使用，被认为是安全的疫苗。不过，目前已有一定数量证据表明新一代的轮状病毒疫苗也会导致肠套叠甚至死亡。以前，肠套叠是较为罕见的疾病，自从轮状病毒疫苗引入后，其发病率显著上升，导致的死亡病例也有所增长。但在发展中国家，轮状病毒疫苗显著降低了因呕吐和腹泻导致的死亡率，而其引起的肠套叠所造成的死亡率也有一定增长。

"罗特律"内含猪圆环病毒，"轮达停"内含狒狒反转录病毒。其他动物物种的病毒对人类健康存在未知的风险，因此，在将这些疫苗应用到儿童身上之前，我们必须要有足够的证据保证其安全性。我还有一个担心，那就是，这些活体病毒疫苗，它们有时候也许不仅不能预防疾病，反而会诱发这种疾病。

我的同事约翰·特瑞纳是佛罗里达州杰克逊维尔市的一位医生，5 个孩子的父亲，妻子也是一位医学博士。他在对 5000 名病人的行医过程中掌握了轮状病毒疫苗副作用的第一手资料。特瑞纳说："我的孩子，不止一个，在接种了轮状病毒疫苗后腹泻超过 1 周。我告诉我孩子的儿科医生，这种疫苗比疾病本身还糟糕，我不会接种这个疫苗了。"此后，特瑞纳再也没有向别人推荐过这种疫苗。

早期对轮状病毒疫苗进行的安全试验已经发现，疫苗会在大龄儿童身上产生严重反应，所以现在规定，轮状病毒疫苗的开始接种时间不晚于出生后 15 周，并且必须要在婴儿 8 个月之前完成所有注射。

新一代的轮状病毒疫苗从未在超过 8 个月大的婴幼儿身上进行过试验，这也让我感到很担心。这种对一两岁的孩子都非常危险的东西，我们为什么要用到免疫系统都还没有成熟的婴儿身上去呢？

轮状病毒疫苗有效吗？

根据美国疾病预防控制中心的报告，在轮状病毒疫苗广泛使用之前，美国每年有 20~60 例幼儿死于轮状病毒感染的病例。而自从疫苗广泛使用之后，没有 1 例死亡病例。基于此，人们说轮状病毒疫苗是有效的。但是这些死亡的病例数据是基于对 1968—1991 年间与腹泻相关发病率的回顾性研究，数据为一个估计值，不够准确，也有误导性。轮状病毒一直到 1973 年才被发现是致病性感染源，直到 2006 年医院才开始对腹泻病人进行轮状病毒的常规检验。要知道，导致腹泻的因素有很多，可能由病毒（如肠道病毒、诺如病毒以及其他病毒）引起，也可能由细菌（如沙门氏菌、志贺氏菌、弯曲杆菌、梭状芽孢杆菌等）引起。这些病毒或细菌中，有很多引起的腹泻比轮状病毒引起的腹泻要严重得多。如果将这么多年的腹泻病例单纯地归结于轮状病毒感染，难免过度夸大了轮状病毒疫苗的有效性。我无法告诉你轮状病毒疫苗有多有效，但我可以告诉你，根据我近几年临床的观察，接种轮状病毒疫苗之后，呕吐和腹泻的数量并未表现出与之前有明显的差异。

如果仅看轮状病毒感染的住院率，那接种这种疫苗似乎是一个物美价廉的干预方法。根据美国疾病预防控制中心的数据，自从 2006 年使用轮状病毒疫苗之后，任何原因导致的 5 岁以下儿童急性胃肠炎住院率，到 2008 年下降了 31%，到 2012 年下降了 55%。

但这一监测结果没有考虑到，这一住院率的降低也许和疫苗关系很小，甚至是一点关系也没有。我做儿科医生有 25 年了，我遇到的因腹泻和呕吐而需要住院的儿童数量一只手都可以数得过来。自从我 2008 年自己单独行医以来，我手里没有一个孩子接种过轮状病毒疫苗，而单独行医的 7 年中，仅有一个孩子因为严重脱水而入院治疗。那些没有接种过轮状病毒疫苗的孩子，要么是没有感染过轮状病毒，要么是病情非常轻微无须干预。轮状病毒导致的腹泻和呕吐，使用有效的止吐药物后，极少需要入院治疗。因此，使用有效的止吐药物可能才是住院率降低的真正原因。文献中将入院率的降低归功于疫苗，其真正的功臣可能应该是更好的止吐药物。

我对轮状病毒疫苗的态度

2 月龄婴儿

在美国，大部分感染轮状病毒的儿童，症状都比较轻。出现呕吐或者腹泻严重时，现有的止吐药物就能治疗。我的经验表明，只要家庭保持良好的卫生状况，饮用洁净的水，孩子脱水需要静脉注射时附近有医疗服务机构，轮状病毒疫苗是不必要的。而住在农村地区，附近没有医院或者要离开美国到偏远地区旅行的家庭，则接种轮状病毒疫苗可能会有帮助。总而言之，对于美国的婴儿来说，轮状病毒疫苗是不必要的，没有什么理由必须接种它。

脊髓灰质炎疫苗（小儿麻痹症疫苗）

20 世纪中期的时候，脊髓灰质炎，俗称小儿麻痹症，对于美国父母们来说是一种可怕的疾病。通常在炎热的夏季出现感染的儿童，常常在公共游泳池传播。著名的美国电视连续剧《陆军野战医院》中的演员阿伦·阿尔达 7 岁时就曾患过脊髓灰质炎。其初始的症状是流鼻涕，接着开始呕吐，然后出现颈强直。

阿尔达在 2005 年出版的回忆录《永远别让你的狗狗吃撑了》中说："一开始似乎不怎么厉害。我住在医院里，每天有源源不断的玩具从好莱坞的玩具商店送来：魔术卡片、魔术硬币、魔术吸管。"从医院回家后他的父母给他按摩僵硬的肌肉，每隔几个小时就要把热得烫手的毯子放在他身上，以防出现永久性的瘫痪。这些治疗方法让阿尔达疼得直叫。

今天，如果你开车沿着尼日尔首都尼亚美崎岖的街道前行，每个红绿灯和转弯的地方你都能看见许多乞丐，他们中很多人四肢扭曲变形，这些人就是脊髓灰质炎的幸存者。脊髓灰质炎毁灭性的后果让父母们闻之色变。

看到脊髓灰质炎如此致命和恐怖，你会惊讶地发现：其实在脊髓灰质炎病例中，大多数病人可能没有任何症状。而出现症状的病人中，不到 1% 的人会留下终身瘫痪。因脊髓灰质炎导致瘫痪的儿童中，死亡率是 2%~10%，主要是胸部或喉部麻痹瘫痪。大部分的儿童和成人，即使感染了最严重的脊髓灰质炎，也能够恢复，不会留下长期的后遗症。

脊髓灰质炎有三种类型。其中的 II 型野生脊髓灰质炎病毒现在看来在全球范围内已经消灭。自 2012 年以来也没有 III 型的新发病例出现，表明也处于被消灭的边缘。I 型还没有完全消除。

脊髓灰质炎疫苗

1953 年，一直致力于开发脊髓灰质炎疫苗的年轻医生乔纳斯·萨尔克宣布，他给自己、妻子和三个孩子都注射了这种疫苗，以此证明其安全性和有效性。一年后大范围的脊髓灰质炎疫苗试用在美国展开。父母们，尤其是中上阶层的父母们，争先恐后给孩子注射疫苗，毕竟那个时候脊髓灰质炎夺去了太多年幼的生命。

一位叫阿尔伯特·萨宾的科学家开发了一种口服疫苗，将导致瘫痪的三种病毒（其中包括脊髓灰质炎病毒）减活后合并。这种口服疫苗在 1961 年获得批准。这种口服脊髓灰质炎减毒活疫苗（俗称糖丸，OPV）被认定为弊大于利，于 2000 在美国不再推荐使用，2004 年在英国不再推荐使用，但在世界其他国家仍在使用中。

灭活脊髓灰质炎疫苗（IPV）瑷珀（IPOL）由赛诺菲集团生产，是美国目前使用的脊髓灰质炎疫苗中唯一一种单苗。

其他还有 3 种包含脊髓灰质炎疫苗的联合疫苗。

（1）Kinrix（葛兰素史克公司）。

（2）Pediarix（葛兰素史克公司）。

（3）潘塔赛（Pentacel，赛诺菲集团）。

脊髓灰质炎疫苗安全吗？

灭活脊髓灰质炎疫苗（IPV）似乎是安全的。在 25 年的行医生涯中我注射过数以千计的这种疫苗，除了注射部位局部发红外，没有见过一例发生任何其他反应。灭活脊髓灰质炎疫苗（IPV）不含汞或铝，不过含有甲醛。虽然我会毫不犹豫给病人注射这种疫苗，但即使微量的甲醛，还是让我有点担心。

而对于包含脊髓灰质炎的多合一联合疫苗，我的使用体验都不太好。我诊所一位儿科护士的丈夫是当地的儿科医生，他在镇上一家大的儿科诊所工作，他诊所在用潘塔赛（Pentacel，这种联合疫苗中包含无细胞百白破疫苗、灭活脊髓灰质炎疫苗和 b 型流感嗜血杆菌疫苗）。这种联合疫苗可以让婴儿少打好多针。护士说丈夫的诊所还没有发现使用后有什么副作用。我之前供职的诊所曾经短暂地使用过联合疫苗，发现出现的不良反应有所增加，包括发热、四肢酸痛，有的孩子变得特别吵闹，家长们第二天纷纷打电话来咨询。最近我又再次尝试使用，又开始接到孩子家长的电话，说孩子烦躁吵闹很难安抚，经常还有发热的情况。电话一个个接踵而至，2 周后我不得不再次停用了这种联合疫苗。

潘塔赛中含有 330 微克铝，Pediarix 中的铝含量是 850 微克，Kinrix 含有 600 微克的氢氧化铝。我不推荐这些联合疫苗。

脊髓灰质炎疫苗有效吗？

美国的瘫痪性脊髓灰质炎发病率从 1952 年的 2.1 万例降到了 1961 年的 900 例。全球消灭脊髓灰质炎的努力似乎很有成效，这很大程度上归功于脊髓灰质炎疫苗。消除脊髓灰质炎的整个历史过程其实有一些复杂。

今天我们把脊髓灰质炎发病率的急速下降归功于疫苗的效果，其实这种想法是有问题的。有人认为这是公共游泳池进行氯化消毒的结果，这一举措的广泛实施限制了脊髓灰质炎的传播，是发病率下降的因素之一。1957 年，哈佛大学医学院预防医学系主任大卫·鲁茨坦博士在《大西洋月刊》上发文指出，脊髓灰质炎发病率的降低不能完全归功于疫苗。

1947年没有任何明显原因的情况下，那一年的发病率降到大约10000例。接下来又有好几个发病率高的"大年"，其中1952年达到峰值，为57879例，而紧接着1955年发病率降了大约一半。这些不同年份的发病率波动没有得到解释，而且不仅出现在美国，也出现在世界上很多其他国家。比如很有趣的是1955年和1956年，在英国和威尔士都出现了脊髓灰质炎发病率的大幅下降，这些国家只有20万儿童接受了一两次疫苗注射，并且从1956年春末才开始注射。所以1955—1956年美国出现的脊髓灰质炎发病率大幅下降是疫苗接种的结果还是疾病本身的正常发病规律，也很难说。

弗吉尼亚州的一位肾病学家苏珊·汉弗莱博士指出：美国公共卫生部修改了脊髓灰质炎的定义，于是之前属于脊髓灰质炎范畴的一些瘫痪，定义修改后就不再属于这个范畴，其结果是导致脊髓灰质炎疫苗的功效被夸大。汉弗莱博士的观点也可以这样理解：就好像大部分与流感症状（如发热、头疼、不适）相似的疾病并不是由流感病毒引起的一样，大部分传染性的瘫痪（麻痹）疾病（我们现在有更精确的衡量方法得知）实际上也不是由脊髓灰质炎病毒引起的，而是其他传染性疾病所致。

急性弛缓性麻痹（AFP）这种瘫痪我们现在认为仅仅与脊髓灰质炎相关，但实际上它可以由许多其他鲜为人知的病毒类型和感染导致，如格林－巴利综合征（美国总统富兰克林·德拉诺·罗斯福的腿部瘫痪可能就是这个原因，而不是脊髓灰质炎）、肠道病毒性脑病以及霍乱。1955年之前这些病都被混在一起当作是脊髓灰质炎，之后脊髓灰质炎定义得到修改，能更精确地反映病毒的传播。如果我们比较1955年前后脊髓灰质炎发病率，就如同在把猕猴桃和柚子这样两个不同的东西拿来比较。鲁茨坦博士指出，虽然疫苗在遏制脊髓灰质炎的传播中确实起到了重要的作用，但它的功效很可能被过分夸大了。

不管是否全得益于大规模疫苗接种，在美国，脊髓灰质炎的发病率极低。

美国没有停止大规模脊髓灰质炎疫苗接种，而是在2000年投入使用了一种重新改造过的疫苗。

我对脊髓灰质炎疫苗的态度

2 月龄婴儿

2014 年有 9 个国家报告了 359 例野生脊髓灰质炎病毒（脊髓灰质炎病毒野生株）感染病例：巴基斯坦 306 例（85%），阿富汗 28 例（8%），尼日利亚 6 例（2%），这三个国家的脊髓灰质炎一直没有完全清除。

之前没有脊髓灰质炎病例，2014 年又出现病例的国家包括赤道几内亚、喀麦隆、索马里、埃塞俄比亚、伊拉克和叙利亚。

世界卫生组织已经宣布脊髓灰质炎的国际性传播是一个公共卫生

突发事件，因此，如果你打算去以上有感染病例的国家的话，需要遵守新的法规。如果你在上述之一的国家居留超过 4 周，无论你过往是否免疫，你需要补充接种（在你离开那个国家之前）。

从未接种过的儿童和成人可以在接种灭活脊髓灰质炎疫苗（IPV）第一剂后 4 周接种第二剂，再 4 周之后接种第三剂。如果有充足的时间，儿童可以在第三次之后最少 6 个月后再接种第四剂。

b 型流感嗜血杆菌疫苗（Hib）

b 型流感嗜血杆菌疫苗（Hib）是一种由 b 型流感嗜血杆菌引起的疾病，主要影响 5 岁及以下的儿童。这些细菌通常存在于人类的鼻子和喉咙，当数量特别多或者当儿童的免疫力降低的时候，细菌就会感染呼吸道（会厌炎）、大脑（脑膜炎）、肺部（肺炎）或血液（脓毒病）。和我年龄相当的医生应该都记得，曾经医院里挤满了患脑膜炎的孩子，呼吸道急诊全是会厌炎的孩子，也一定还记得 1985 年 b 型流感嗜血杆菌疫苗改变这一切的奇迹。我们亲眼看见这些严重的疾病在短短几年内全部消失。现在未知的是，如果我们停用疫苗，这些疾病是否还会卷土重来。我怀疑可能会的，因为这种细菌仍然在成人和儿童的鼻子里活得好好的。

b 型流感嗜血杆菌疫苗

第一支对抗 b 型流感嗜血杆菌的疫苗在 1985 年首次采用，其改良后的疫苗于 2 年后获得许可。

现在有 5 种 b 型流感嗜血杆菌疫苗供人们选择。

（1）安儿宝（ActHIB，赛诺菲集团）。

（2）贺新立适（Hiberix，葛兰素史克公司）。

（3）普泽欣（PedvaxHIB，默克公司）。

（4）潘塔赛（Pentacel，赛诺菲集团）。

（5）门贺新立适（MenHiberix，葛兰素史克公司）。

另一种疫苗 Comvax（默克公司）已经停用，最后一批疫苗已于 2015 年初过期。

因为采购费用和储存方法的限制，大部分儿科医生通常只会选择其中某一个品牌的疫苗。家长们也许不知道，选择采购哪个品牌通常是基于价格和利润两个因素，或是取决于采购商的安排，或是基于哪种疫苗利润更高。

我不想责怪医生，谁都想让自己的诊所效益更好，毕竟儿科诊所的运营经费很高。但我个人对疫苗的采购选择是哪一种疫苗能够使我的病人少摄入一些有毒重金属，如铝和汞。我的诊所使用的是不含有汞的疫苗（尤其是那种每剂中含有 25 微克汞的流感疫苗）。

b 型流感嗜血杆菌疫苗安全吗？

虽然曾有一个小型的研究表明接种过 b 型流感嗜血杆菌疫苗的儿童中 1 型青少年糖尿病的风险有轻微升高，但大型的研究没有发现这两者之间有关联。

根据品牌的不同，b 型流感嗜血杆菌疫苗可能是市场上最纯的疫苗。不要通过联合疫苗来给孩子接种 b 型流感嗜血杆菌疫苗，联合疫苗会让孩子摄入危险剂量的铝（请参考第 1 章中关于尽量避免铝的原因）。安儿宝（ActHIB）的 b 型流感嗜血杆菌疫苗不含汞、铝或动物制品，只含有极少量的甲醛。

b 型流感嗜血杆菌疫苗有效吗？

疫苗注射后的跟踪研究显示，1989—1991 年，感染 b 型流感嗜血杆菌的 5 岁及以下儿童数量下降了 71%；1985—1991 年，b 型流感嗜血杆菌诱发脑膜炎的数量下降了 82%。人们认为，单这一种疫苗就预防了 1 万多例脑膜炎。美国 2011 年一年仅有 14 例严重的 b 型流感嗜血杆菌感染，而非 b 型流感嗜血杆菌和其他未知类型的流感嗜血杆菌引发的侵袭性疾病均少于 250 例。

我在前言中提到，这种疫苗是在 20 世纪 90 年代末引入的，我们见证了当时脑膜炎和严重的嗜血杆菌感染疾病（如会厌炎、脓毒症）患病儿童大幅减少。如果孩子不停流口水、吞咽困难，怀疑有会厌炎，会迅速将其推进手术室进行X线检查，以及插气管。这曾经是每周都会出现的情形，而疫苗出现后才学医的年轻医生对会厌炎都不太熟悉。以前如果你在华盛顿大学山谷医疗中心或者弗雷斯诺儿童医院的病房走廊走过，你会看到患有严重脑膜炎的儿童，这些儿童即使经过抢救幸存下来，神经系统也很难恢复到正常状态。过去的这些场景与现在对比，也印证了这种疫苗的成功之处。

我对 b 型流感嗜血杆菌疫苗的态度

b 型流感嗜血杆菌疫苗益处极大，副作用极小，因此我推荐你根据美国疾病预防控制中心的方案，在第 2 个月、第 4 个月、第 6 个月以及第 12 个月给孩子接种这种疫苗。我更倾向于推荐安儿宝（ActHIB）这个品牌，它不含汞和铝。

白喉、破伤风和百日咳

有一种疫苗可以覆盖 3 种细菌性疾病：白喉、破伤风和百日咳，这就是无细胞百白破三联疫苗（DTaP）。

白喉由白喉棒状杆菌引起，通常导致喉咙痛、疲劳和嗜睡。作家莫德·哈特·拉菲蕾丝在她的自传体小说《贝齐，泰丝和提卜》（Betsy-Tacy and Tib）中写到，当红头发的小泰丝患白喉恢复后，房子用烟熏消毒，她也被解除隔离，她的两个朋友也欣喜若狂。泰丝的妈妈"从房里出来，站在门廊上看着她们，她在笑，却看起来好似想哭"。凯利太太之前完全不确定女儿是否可以活下去。白喉曾经是致命的疾病，一度被称为"扼杀孩子的天使"，现在在美国已经几乎完全消灭，最少有 35 年没有出现过儿童因白喉死亡的病例。感染白喉的概率小于一亿分之一。

破伤风是一种严重的疾病，由破伤风梭菌引起，通常会导致脖子发僵、吞咽困难和肌肉痉挛。破伤风梭菌在土壤、动物粪便和尘土中都存在。破伤风不传染。美国过去 11 年间统计的破伤风病例为平均每年 29 例（2009 年的记录为历史最低，18 例），其中 49% 出现在 50 岁以上人群，他们之中的很多人是静脉注射毒品人员，而吸毒人员，尤其是海洛因吸食者是破伤风感染高风险人群。

1989 年报有 2 例儿童患破伤风病例。

而 25 年来 5 岁以下儿童感染破伤风的病例为 0。

百日咳由百日咳鲍特杆菌引起，是一种呼吸道疾病，通常引起持续的咳嗽。百日咳发病起初和普通感冒相似，之后发展为剧烈咳嗽。病人咳嗽时感觉喘不过气，成人和大一点的儿童在一阵咳嗽结束时紧跟着深吸气，发出鸡鸣样喘气声。婴儿和低龄儿童可能没有这种典型的喘气声，但咳嗽仍非常剧烈。幼小婴儿咳嗽后可能发生典型的呼吸暂停，若不急救可能会窒息死亡。

虽然已经有了疫苗，但现在百日咳在美国乃至全世界仍是常见病。近期的数据显示，过去几年中百日咳的发病率有所增加，2013 年和 2014 年都有近29000 例。

在我记忆中近期百日咳最严重的一年是 2012 年，美国患病人数有 48277 例。有 15 名 3 个月以下的婴儿死亡，1 名 3~12 个月的儿童死亡，2 名 1~4 岁儿童死亡，2 名超过 55 岁的成人死亡。

2013 年，3 个月以下年龄段死亡 12 人，1~4 岁年龄段死亡 1 人。

2014 年，3 个月以下年龄段死亡 8 人，3~11 个月年龄段死亡 1 人，1~4 岁年龄段死亡 2 人。

百日咳的潜伏期 5~21 天不等，所以婴儿从染病到发病之间的时间可能会很长。儿科医生发现幼儿咳嗽时应非常谨慎，不能简单推断为细支气管炎，需要检验排除百日咳，检验方法是用拭子从鼻腔采集标本进行黏液的聚合酶链反应检验。24 小时就能出结果。如果结果呈阳性，医生就需要采用抗生素治疗，这对于患百日咳的幼儿来说可是性命攸关的举措。

无细胞百白破三联疫苗

我学医以及后来在波特兰的伊曼纽尔医院当儿科医生的时候，我们用的是全细胞百白破三联疫苗，这是当时美国在这方面唯一的疫苗。日本曾用过无细胞百白破疫苗，我们后来也改为使用这种疫苗，报告显示使用 7 年间，与全细胞百白破三联疫苗相比，无细胞百白破三联疫苗使用后的副作用显著降低。我记得以前每次使用全细胞百白破三联疫苗时我都非常不安。儿童接种后几乎都会出现发热症状，痉挛也比较常见，甚至有时还出现死亡病例。

让问题更为复杂的是，20 世纪 90 年代初阿司匹林受到冷落，接种疫苗后医生常规会推荐父母们在打针时或打针前 1 小时给孩子服用对乙酰氨基酚（泰诺的主要成分），用以缓解孩子出现的发热和痉挛。而我们在第 1 章谈到，对乙酰氨基酚会增加神经系统损伤的风险。

虽然对无细胞百白破三联疫苗的副作用非常担心，但是我也亲眼看见患百日咳的孩子在重症监护病房喘不上气时的痛苦挣扎，听到同事们提到哪个孩子死于百日咳。两者间权衡后，我选择疫苗。

20 世纪 90 年代中期，我们选择了更安全的无细胞百白破三联疫苗，到 1997 年，市场上已经没有全细胞百白破三联疫苗出售。

目前美国儿科使用的主要是下列 5 种无细胞百白破三联疫苗。

（1）Daptacel（赛诺菲集团）。

（2）Infanrix 英芬立适（葛兰素史克公司）。

（3）Kinrix（葛兰素史克公司，无细胞百白破与脊髓灰质炎疫苗合并）。

（4）Pediarix（葛兰素史克公司，无细胞百白破、脊髓灰质炎和乙型肝炎疫苗合并）。

（5）潘塔赛（Pentacel，赛诺菲集团；无细胞百白破、脊髓灰质炎和乙型肝炎疫苗合并）。

无细胞百白破三联疫苗安全吗？

无细胞百白破三联疫苗相对来说是安全的，在我的诊所会使用，百日咳非常难治，而且会导致婴幼儿死亡。因此，我推荐使用美国疾病预防控制中心疫苗方案，接种这种疫苗。

无细胞百白破三联疫苗有效吗？

最近的数据表明，现在无细胞百白破三联疫苗对百日咳的预防效果比几年前要弱。澳大利亚人口 2400 多万，虽然这个国家婴儿疫苗接种率非常高，但是 2008—2012 年间还是有超过 15 万例百日咳病例。研究者推测，澳大利亚疫苗已接种人群中仍有如此高的百日咳患病率，这表明细菌已经进化，而现有的疫苗不能够作用于目前的菌株。

2015 年华盛顿州进行的一项研究，对已经完成免疫接种的青少年人群进行调查，研究发现，百白破三联疫苗在注射 1 年后，其有效性下降到原有的 73%，2~4 年后的有效性仅有 34%。研究认为"疫苗缺乏长期的有效性可能是导致青少年百日咳患病率增长的原因"。另一项发表于 2016 年的研究发现，2013 年 10 月到 2014 年 1 月间佛罗里达州一个幼儿园百日咳集中性暴发，而患病的孩子中竟有近 50% 是接种过全部疫苗的。幼儿园全部 117 名儿童中只有 5 名没有完全接种，这 5 人中 2 人最少接种过 1 剂百白破三联疫苗，但没有完成全部接种，2 人均感染百日咳（1 人入院治疗）。另外 3 人完全没有接种疫苗却没有感染百日咳。如此多的学龄前儿童，均已接种了百白破三联疫苗，仍然感染百日咳，这说明疫苗并没有如预期的那样阻止百日咳的传播。同时似乎也说明已经完成疫苗接种的儿童也在传播这种疾病。

虽然百白破三联疫苗能够提供一些保护，但还很不完美，它似乎正在逐渐失去其药效。有些科学家认为，通过疫苗接种获得的免疫力会随时间减弱。如果是这样的话，我怀疑我们可能会看到世界范围内百日咳病例的显著增长。因此当前更为紧迫的是，除了提供疫苗，我们还要尽一切别的力量来强健孩子的免疫系统。

宅居

小于 3 个月的婴儿是百日咳并发症的高风险人群，这是我为什么推荐父母们要让新生儿宅居在家的原因。孩子出生后的前几个月要避免飞机旅行、避免和很多人或病人共居一室，确保照顾孩子的人和家里的大孩子都处于健康状态。可以考虑让照看孩子的人接种无细胞百白破三联疫苗，但是也不要以为接种后就可以高枕无忧，以为从此对这种病都能够免疫。百日咳经常在学龄儿童（无论是否接种）中传播，所以让孩子相互之间不要距离太近，避免婴儿与年龄较大的儿童过多接触，并尽一切可能提升家人的免疫力。

我对无细胞百白破三联疫苗的态度
2 月龄婴儿

可能因为百日咳菌株的变异，百日咳感染率有所上升，显然我们需要更好的疫苗。而除疫苗之外，我们也需要用其他方法强健我们的免疫系统来抵御传染。此外，让 2 月龄的婴儿，以及密切接触和照顾婴儿的人，还有大孩子接种无细胞百白破三联疫苗则可以降低婴儿百日咳的死亡率。尽管我很希望看到更为有效的疫苗出现，但我建议你遵照美国疾病预防控制中心的疫苗方案，在孩子 2 个月、4 个月、6 个月和 8 个月的时候给孩子接种无细胞百白破三联疫苗，并且在 4 岁时增加 1 剂以加强免疫效果。

肺炎链球菌

自 1985 年 b 型流感嗜血杆菌疫苗引入后，5 岁以下儿童患脑膜炎的首要原因就是肺炎链球菌。可引起感染的肺炎链球菌有 90 多种菌株，这些不同种类的菌株会导致血液感染（脓毒症）、肺部感染（肺炎）、耳朵感染（中耳炎）、鼻窦感染（鼻窦炎）和眼睛感染（结膜炎）。肺炎双球菌引起的感染会发生在眼睛周围（眶周蜂窝织炎）、乳突骨（乳突炎）、心脏（心内膜炎或心包炎）、骨头（骨髓炎）、关节（关节炎）以及广泛的组织感染（蜂窝织炎）。

2014 年一年美国侵袭性肺炎链球菌感染病例为 2.8 万例，5 岁以下儿童感染近 2000 例，其中 3 名儿童死亡。虽然肺炎链球菌感染可以通过抗生素治疗，但有些婴儿尚未送医前病情就已很严重。幼儿更容易发展为脑膜炎和脓毒症，导致大脑损伤甚至死亡。

肺炎链球菌疫苗

第一支疫苗，7 价肺炎链球菌疫苗于 2000 年开始使用，针对的是最危险的 7 种菌株。7 价肺炎链球菌疫苗使用了大概 10 年。在开始使用这种疫苗后几年，医生和研究人员就开始注意到，还有一些可引起严重感染如脑膜炎的菌株并未涵盖在疫苗中。于是疫苗制造商在疫苗中加入了更多的菌株。2010 年，能防疫更多菌株的 13 价肺炎链球菌疫苗取代了 7 价肺炎链球菌疫苗。

肺炎链球菌疫苗安全吗？

这种疫苗含有 125 微克铝，是所有含铝疫苗中含量最低的。多少铝我认为是安全的呢？没有才是最安全！那该怎么办？仍然是权衡利弊。

13 价肺炎链球菌疫苗还包含 100 微克聚山梨醇酯 –80，这是疫苗和食品中常见的添加剂（作为乳化剂添加，使芥末酱更容易涂抹，让冰激凌更光滑细腻）。2015 年的一项研究发现，啮齿类动物摄入聚山梨醇酯 80 会扰乱肠道菌群的构成，导致轻度炎症和肥胖。一些消费者保护团体担心聚山梨醇酯 80 可能是肠道疾病增加的罪魁祸首。不过，目前对于注射聚山梨醇酯 80 安全性方面的信息还几乎没有。虽然食品和疫苗制造商以及美国食品药品管理局都认为它是安全的，但 2005 年的一项个案研究发现，注射聚山梨醇酯 80 可能会诱发过敏性休克，这是一种严重的过敏反应。

肺炎链球菌疫苗有效吗？

研究表明，最易感染的人群为 5 岁以下儿童，从 1998 年（疫苗使用之前）到 2007 年，这一群体中侵袭性肺炎链球菌感染率下降了 76%。肺炎链球菌疫苗非常有效地降低了侵袭性疾病（脑膜炎和脓毒症）的发病率，并且在降低中耳炎发病率上有一定的效果。作为肺炎链球菌疫苗时代的执业儿科医生，我可以说，肺炎链球菌疫苗显著降低了脑膜炎和中耳炎。但是随着人群接种疫苗形成免疫，这一组细菌似乎也开始变异。所以我们需要继续改良疫苗来与细菌同步。

我对肺炎链球菌疫苗的态度
2 月龄婴儿

如果你有自闭症、免疫缺陷或亚甲基四氢叶酸还原酶缺陷的家族病史，最好避免含铝的疫苗。对于没有免疫功能低下家族病史的儿童，我认为肺炎链球菌疫苗的益处大于其风险。不要与此疫苗同时注射其他含铝疫苗，并且注射前后都应避免服用对乙酰氨基酚。

这种疫苗含有 125 微克铝。因为无细胞百白破三联疫苗也含有铝，我推荐孩子 3 月龄时注射第一剂 13 价肺炎链球菌疫苗，第 5 个月注射第二剂，第 7 和第 9 个月之间注射第三剂。按照这种安排孩子就不会同时注射 2 种含铝疫苗。

丢掉泰诺，尤其在接种疫苗之后

海莉在注射无细胞百白破三联疫苗和 b 型流感嗜血杆菌疫苗的时候，妈妈将海莉抱在怀里喂奶。一边大腿注射一针疫苗。只哭了几秒钟，海莉就恢复了她快乐的笑容。

"可能接下来几天她会比平常哭闹多一些，也可能因为对疫苗有反应稍微有点低热。"我向海莉妈妈解释，"如果发热超过 38.8℃，就用湿毛巾敷在孩子额头和身体上，给她降温。如果你实在觉得孩子需要使用止痛药物，千万不要使用泰诺。"

我比较喜欢使用的降温止痛药布洛芬，不能给小于 6 个月的儿童服用，这就导致大部分医生推荐对乙酰氨基酚药物。

我们在第 1 章讨论过，对乙酰氨基酚这种成分的止痛药存在于 600 多种非处方药和处方药中，是儿童使用的常用药。越来越多的证据显示，对乙酰氨基酚与自闭症有关联。它会大量消耗身体里的谷胱甘肽，而这种身体自身制造的简单分子是一种强大的抗氧化剂，能够帮助身体清除有害有毒物质。

但是儿科医生仍然继续向家长们推荐对乙酰氨基酚，有时候在疫苗注射前服用对乙酰氨基酚作为预防疫苗反应的手段。在婴儿接种疫苗后，你最不应该做的就是削弱孩子身体清除有毒物质的能力。

2 月龄时你需要为孩子考虑什么？

很多欧洲国家 2 个月大的婴儿不需要接种任何疫苗。丹麦、瑞典和冰岛这三个国家的婴儿死亡率位于全世界最低之列，这三个国家的孩子 3 个月前不接种任何疫苗。欧洲的医疗卫生管理机构较少受到制药工业的影响，并且倡导母乳喂养——而不是早期疫苗接种，才是宝宝健康的关键。

婴儿的身体能够同时对多种抗体（疫苗中具有传染性的部分）产生反应，这可能不错，但是我们给婴儿注射的疫苗中可能也伴随一些有毒物质（佐剂）。

我的一些病人经常谈到欧洲的婴儿健康水平如何高，也不希望孩子很小的时候就开始接种疫苗。

这是你作为父母该做的选择，但父母也同样有责任在做决定之前已经全面、彻底地权衡利弊，尤其是在决定不接种或推迟接种某种疫苗这个问题上。而且你可以承受任何选择带来的后果。

如果你的孩子很不巧染上了传染病或者有不好的疫苗反应，你的心情如何？

如果你不给孩子接种无细胞百白破三联疫苗，但你的孩子最后不幸成为二十年一遇的那个死于百日咳的孩子，你可以承受吗？

如果你按照美国疾病预防控制中心的推荐接种了每一种疫苗，但孩子出现一些不良反应甚至损伤，你可以承受吗？

当然这些问题很难回答。两种情况都很罕见，但这两方面都需要考虑。

如果你想孩子一次只接种一种疫苗，该怎么办？

我诊所的有些父母觉得只能接受孩子一次注射一种疫苗。我很赞成这种想法。其好处在于如果孩子对某种疫苗有不良反应，你可以明确知道问题的根源。

如果你希望调整我的疫苗方案，每次只接种一种疫苗，可以第 2 个月注射无细胞百白破三联疫苗，2 周后再来接种 b 型流感嗜血杆菌疫苗，再 2 周后，也就是 3 月龄常规体检时，接种肺炎链球菌疫苗沛儿（Prevnar）。

每次仅接种一种疫苗的缺点在于比较耗时、不方便，需要多次来诊所就诊。最后一句忠告：孩子正在生病的时候我不会给孩子接种疫苗。即使孩子能同时承受疾病和疫苗反应，但何必冒这个险呢？给生病的孩子接种疫苗易引起孩子发热，却无法分清楚是疾病引起的还是疫苗的不良反应引起的。

保罗医生的建议
2 月龄婴儿

1. 接种无细胞百白破三联疫苗和 b 型流感嗜血杆菌疫苗（3 个月时再接种肺炎链球菌疫苗）。总的来说，细菌性脑膜炎和严重感染需要预防。b 型流感嗜血杆菌疫苗的副作用非常小。无细胞百白破三联疫苗含有少量铝，有自闭症或免疫问题家族病史的家庭以及 C699T 亚甲基四氢叶酸还原酶缺陷纯合突变（意味着基因缺陷来自父母双方）的儿童应该避免接种。肺炎链球菌疫苗能预防肺炎链球菌中最有害的菌

株，也就是导致脑膜炎和严重感染的菌株。

2. 母乳是最好的。继续进行纯母乳喂养，这是宝宝最好的食物，也是孩子健康人生的起点。

3. 每天补充 1000 国际单位维生素 D。补充液体形式的维生素 D。过去 10 年间我检测了数千名孩子，99% 的孩子缺乏维生素 D，大部分严重缺乏。如果可以的话我建议妈妈也检测一下，确认孩子是否缺维生素 D，是否需要额外补充。如果你希望孩子通过自然方式摄取维生素 D，那需要摄入很多的鱼油或者得到很多的阳光照射（这又会增加皮肤癌的风险）。防晒霜在保护皮肤的同时也阻碍了大部分维生素 D的生成。

4. 把孩子"戴"在身上。有证据显示，把孩子用背巾挂在身上能提升母子间的联系、幸福感以及使孩子平静而机敏。你不会把孩子宠坏的！抱着他，和他说话，尽可能地与他互动。

5. 俯卧时间。醒着的时候让孩子俯卧（趴着）能帮助孩子发展身体协调性、肌肉张力和解决问题的能力。

6. 仰卧睡觉。这个年龄段的孩子仰卧睡觉是最安全的。不过他可能已经有了自己的独立思维。如果他已经学会自己翻身，愿意趴着睡，你好像也没什么办法。只要确保孩子睡在比较坚实的表面，不要有太多的毯子、枕头或毛绒玩具，这些易导致窒息。

7. 温柔相待。为人父母的转变过程需要时间、耐心和爱。在逐渐了解孩子的过程中，你也在逐渐了解作为父母的自己。对自己好一点，对别人好一点，尤其是对你的伴侣。

父母最常问的六个问题

2 月龄婴儿

关于母乳喂养

1. 母乳喂养的婴儿需要喝水吗？

答：20 世纪 70~80 年代，大家流行给婴儿喂水喝。其实我们不需要给母乳喂养的婴儿喝水。只要确保你自己水分充足，你的孩子就能从你的乳汁中获取足够的水分。

关于牙齿

2. 我的宝宝在长牙吗？

答：婴儿在任何时候都可能长牙，不过第一颗牙出现的时间平均是第 7 或者第 8 个月。有的孩子也可能会比这个时间早，大约在第 2~4 个月间。正在长牙的婴儿流口水比较多，喜欢把东西放到嘴巴里，什么东西都喜欢咬，包括咬你。第一颗牙从牙龈中破土而出时，孩子可能会有点吵闹。你可以买天然材料的磨牙圈，也可以用冰或者母乳做成冰棒给孩子咬。

关于大便

3. 我的孩子一天大便 7 次，是不是腹泻?

答：孩子大便比较稀，大便次数多，这都是母乳喂养的正常情况。你也许一天需要换 10~12 次尿片。只要孩子没有表现出嗜睡、没有精神或者发热，那就不是腹泻。配方奶粉喂养的孩子更容易腹泻。如果大便颜色不正常或者孩子表现得不舒服，就带他去看医生。

关于生病

4. 婴儿第一次感冒是什么时候?

答：大概是 6 个月以后。我很少在我诊所看到小于这个年龄的孩子患感冒。如果你是纯母乳喂养，你的孩子从母乳中获得了你的抗体，被动地得到了你的抗体的保护。婴儿当然也会得感冒。除了母乳外你给孩子最好的保护是让孩子远离生病的人。也需要避免乘飞机旅行，避免和很多人共处一室，特别是在冬天。如果家里有大孩子在幼儿园或者学校上学，那小孩子前两个冬天可能会得上几次感冒。

5. 我想孩子可能发热了，我该怎么办?

答：虽然我通常不会建议家长，孩子一发热就送去看医生，但如果孩子不到 2 个月，发热超过 38℃，这个时候你该马上联系医生。如果孩子表现得病恹恹的（嗜睡，没有食欲），请立即去医院进行检查。发热本不是很需要担心的事情，但对于很小的婴儿来说，则可能是某些严重问题的表现。已经 2 个月大的婴儿，只要表现正常，吃和睡都很好，低于 39℃，就不需要担心。实际上，发热是身体对抗感染的天然方法，这个我们将在第 6 章进一步讨论。

观察孩子，而不只是看体温计! 如果孩子表现得病恹恹的，显得虚弱无力，不好好吃奶，或者有其他表现让你担心（父母们知道什么样子是有问题），立刻去看医生。

6.2个月的婴儿会得哮吼吗?

答：哮吼的咳嗽听起来像是海豹的咆哮，得了哮吼的孩子会声音沙哑，发出吸气性喉鸣。哮吼通常由副流行性感冒病毒引起，常常发生在6个月到2岁年龄的孩子身上。在大一点的儿童和成人身上，其表现比较像普通感冒。对于哮吼没有特效药治疗，医生也通常不会为这个做什么检查。可供判断的就是其标志性的咳嗽声。如果严重的话，我推荐使用加湿器。如果孩子表现出恐惧害怕、呼吸困难，那就带去看医生。如果很严重，医生可能会开类固醇类药物以控制呼吸道的炎症。

第 *6* 章

前 9 个月的健康保护

对于孩子的生长曲线图，我们最应关注的是孩子生长的趋势，而不是每个数值。两次常规体检期间曲线陡然下降，就是亮起红灯，意味着可能有什么问题。

"我们去划船吧。"我们的儿科护士朱莉兴高采烈地逗着伊森，领着他们朝办公室的体重秤走来，4 个月大的伊森，光着屁股，被爸爸抱在怀里。我们通常让 1 岁前的孩子光着屁股称体重，这样读数比较准确。

"砰"的一声臭屁之后，伊森就这么站在体重秤上尿了出来。

伊森的爸爸显得有些尴尬，其实完全没必要。宝宝们常常尿在我们的体重秤上，我们对清理体重秤这种事情已经习惯了。每次你的衣服被孩子尿湿，你的新爸爸新妈妈袖章上就又添加了一颗新星。

孩子每次来体检首先都需要测量，这一项对父母和医生来说可能都会是一个大问题。母乳喂养的孩子、配方奶粉喂养的孩子、不同种族背景的孩子或者是唐氏综合征的孩子，生长情况都各不相同。如果父母个头小于平均值，孩子的身高和体重通常也不会偏高。

如果你明白，所谓正常是一个很大的范围，那么我才能告诉你平均值是多少。从 4 个月到 1 岁这段时间，婴儿会长高约 15 厘米，1 岁孩子的平均身高是接近 76 厘米。从 4 个月到 1 岁，孩子的体重大约会增加约 3.6 千克，1 岁孩子的平均体重约为 9.5 千克。但是对于孩子的生长曲线图，我们最应关注的是孩子生长的趋势，而不是每个数值。两次常规体检期间曲线陡然下降，就是亮起红灯，意味着可能有什么问题。

我们给孩子量身高通常是把孩子放在诊床上，诊床上垫一个带刻度的垫子，或者旁边放一个带刻度的棍子。有时候我们在诊床上垫一张纸，用笔在上面画线——头顶那里画一道，脚底那里画一道，这个时候婴儿几乎都是在上面扭来扭去。如果孩子的身高有反复，无须紧张，有时候他的身高位于前 75%，下一次又降到了 25%，没关系，这极有可能是人工误差，对这么一个不能自己站直、也无法保持不动的小家伙儿，要得到一个精确的高度太难了！

我们在常规体检时也给孩子量头围，用一条布带子或者纸带子在眼睛和耳朵上面——头颅最大的地方绕一圈。护士朱莉把带子绕在伊森头上的时候，伊森好奇地抬起眉头，想知道在干什么。有的孩子会立即号啕大哭，也有的孩子把头转来转去，不喜欢有东西在头上。测头围不会让孩子难受，几秒钟就完成。到孩子2岁之前我们都会给他测头围，确保大脑在正常发育。2岁以后头的发育变缓。

对 4、6、9 月龄的婴儿来说，母乳仍然是最好的

4个月之前的宝宝应该纯母乳喂养，即使已经开始添加固体食物，母乳仍应是主要食物。母乳喂养的时间尽量长一点，目标是最少1年。如果你已经母乳喂养了6个月，你已经达到了美国母乳喂养时间的平均值。继续加油！母乳喂养时间越长，婴儿肥胖的概率就越小，孩子就会越聪慧、更有抵抗力，也会感到更幸福。

我知道，说起来容易做起来难。我妻子母乳喂养的时候也经历过比较难的时候，我们有一个孩子吃奶的时候特别难缠。有时候妈妈的饮食结构做个小小的改变，比如改变每天喝牛奶的习惯，对食物敏感的孩子来说，就是巨大的改变。

如果你不想让孩子喝你自己的母乳，我推荐别人捐献的母乳。有的家庭自己做一种基于全食物的"婴儿配方奶粉"。据我所知，现在还没有对自制婴儿配方奶粉的科学研究，希望将来会有。在缺乏研究数据的情况下，美国食品药品管理局不推荐父母在家自制婴儿配方奶粉。而对于市场上的婴儿配方奶粉，研究表明，配方奶粉喂养的婴儿身体内铅含量水平超标严重，肠道菌群遭到破坏，更容易感染慢性疾病，患婴儿猝死综合征的风险也更大。我对美国食品药品管

理局针对自制配方奶粉的怀疑态度也有疑虑。我诊所里见过有的孩子是母乳和家庭自制配方奶粉喂养,也长得很好;我还认识几个孩子,妈妈不在家的时候就喝未加工的羊奶(不是商店买的那种配方羊奶)代替母乳,他们也长得高大健壮。20 世纪 80 年代早期加利福尼亚州奥克兰和伯克利地区很多父母都这样用母乳和羊奶搭配喂养。

如果你已经从孩子生下来 4~6 个月都用配方奶粉喂养,那么请不要使用以大豆为主的配方奶粉。如今美国大部分的大豆都是转基因食品,而且大部分大豆为主的配方奶粉中铝含量很高。2010 年英格兰斯塔福德郡的研究人员测量了多种婴儿配方奶粉中的铝含量,得出结论:"多种知名品牌的婴儿配方奶粉中的铝含量处于较高水平,尤其是一款早产儿专用产品和一款为牛奶不耐受以及过敏的婴儿设计的大豆为主的产品。最近的研究已经说明,婴幼儿早期的铝暴露会对孩子造成伤害,这警告我们迫切需要尽可能地降低婴儿配方奶粉中的铝含量。"如果有什么原因你不得不使用以大豆为主的配方奶粉,请至少确定你购买的是有机食品。虽然价格贵一点,有机食品还是更明智的选择。

工作和母乳喂养可以兼顾

艾米丽是一位性格开朗的新妈妈,在计算机行业工作,孩子 4 月龄常规检查时她告诉我:"保罗医生,我已经重新开始上班,感觉我的母乳不够。"

"你平时用吸奶器挤奶吗?"我看了一眼乔伊的发育图表,他一切正常,身高体重都处于前 50% 之列。

艾米丽回答:"恢复上班后我就中午午餐时间挤奶,每次 110~140 克,但晚上喂完乔伊,我觉得他好像还没吃饱。"

很多人都会遇到这个问题,要解决这个问题,最好在重返职场前就着手为将来做准备。准备一个储存母乳的冰箱,预先就挤一些奶储存起来。挤奶能够刺激乳房分泌更多的乳汁,另外,对挤奶的方法熟练了也能让你重返职场之初从容一点。在美国,雇主需要为有 1 岁以下孩子的女雇员提供隐私的场所和合理的休息时间，无论是全职雇员还是兼职雇员。紧张和压力会对挤奶造成影响，如果可能的话，你可以提前和老板谈一谈。欧洲、加拿大以及世界上其他一些国家给予职场妈妈最少 4 个月的带薪产假，美国应该加入这个 21 世纪大潮中来了。

饮食规则：什么时候、怎样开始吃固体食物

没有什么比看宝宝第一次吃固体食物更有趣的事情了。他通常睁大眼睛，噘起嘴巴，不知道该把嘴巴里这种不熟悉的怪东西怎么办。他也许会吐出来，谁把这个怪东西放到嘴巴里的就吐到谁的身上。他也许会把食物在嘴里滚来滚去，口水流得比纽芬兰犬还多。也有的孩子把小拳头举到勺子旁边想多放点食物进去。真的是千姿百态。父母们对孩子第一次吃东西的经历也会表现得兴致很高，拍照录像不亦乐乎。

也有些父母感到有些紧张，不知道该给孩子吃什么，怎么喂。他们想给孩子健康的、对发育有利的、美味的食物，但从网上看到的，朋友、家里长辈那里听到的信息相互矛盾，常使他们感到无所适从。

最重要的规则最简单：给宝宝吃真正的食物

下面将会讲宝宝的初始食物该吃什么，不过让我们先来谈我们现在及以后不应该给宝宝吃什么。不要给宝宝吃方便的包装"食品"或者那些包装上印着胖乎乎的小婴儿的麦片（西方早餐时加上牛奶一起吃的麦片）。不要吃罐装、瓶装食品。罐装、瓶装食品因为需要在货架上存放好几个月的时间，经过了深加工和消毒，原本食材中的营养物质所剩无几。正如法国儿科学会营养委员会所说的那样："食用深加工儿童食品所能获得的营养微乎其微。"对父母们进行广告轰炸的婴儿食品和其他产品（包括非处方药、磨牙饼干、电解质水）常常都含有石

油基人造色素、过量的钠等添加剂，还有糖或其他甜味剂。婴儿食品制造企业投入大量资金，试图说服父母和医生们他们的"食品"是科学的，经过检验证明能够对婴儿和幼儿提供最好的健康保证，这都是假的。

你大概还没意识到，从你怀孕开始，婴儿食品制造企业就开始向你推销，网络广告、杂志广告、"免费的"各种券等。千万别被他们糊弄了！

美国儿科学会的推荐还是6月龄开始吃固体食物。但是有一个研究表明，在孩子4~6个月之间开始引入固体食物能够降低婴儿过敏的概率。新的证据显示，早一点开始引入像花生这样的食物能够减少过敏的发生。如果我们早点知道这个，4个月的时候就给我的孩子们添加固体食物，我想我们当时也许就能避免使用婴儿配方奶粉。固体食物让家庭为孩子提供营养有了另一种途径，也让别人可以帮助你喂养孩子——只是要记得一开始就完全食用有机产品，让孩子从中获得植物营养素、维生素和矿物质，进而提升免疫力。

开始添加固体食物的时候，每次只添加一种，每次一点点。刚开始，喂下去的可能都会吐出来，宝宝不知道怎么使用自己的舌头，可能几周甚至更长的时间之后才能掌握吞咽的技能。我最喜欢给宝宝喂食的方法是吃饭的时候让宝宝面对桌子坐在我的腿上。

不要强迫或者诱骗孩子吃东西。如果孩子把头转向一边不看勺子，那是他在用身体语言告诉你：吃饱了。你要尊重这一点，这很重要。孩子身体里面有一个内置的"指南针"，什么时候吃饱了，信号会被发送到大脑，大脑告诉这个"指南针"，"指南针"告诉他。如果他们已经表示不想再吃了，父母们还是强迫孩子"再吃一口"，就会无形之中给孩子在吃的问题上留下负面影响，甚至会为将来的肥胖问题留下伏笔。孩子什么时候饿了会告诉你，什么时候饱了也会告诉你。你的任务是关注孩子发出的信号，而不是因为他吃了多少而烦恼。

观察你的孩子，而不是研究育儿手册

每个宝宝各不相同，但几乎所有的宝宝4~6个月的时候都会表现出对食物的兴趣。我的建议是，观察你的孩子，而不是研究育儿手册。如果他不再出现呕吐反射（把嘴里的东西用舌头顶出来），能够稳稳地坐在你的腿上，自己抬起头，表现出对食物的兴趣，那么你开始喂固体食物就没问题。

　　如果 6 个月的宝宝母乳喂养很好，体重增长正常，身体比较茁壮，但还没有表现出对食物的兴趣，那你就安心地继续自己的健康饮食，孩子准备好了吃固体食物的时候自然就会开始。

给孩子吃新鲜的食物、
全食物、真正的食物。

糖，无论是换成什么名字，都还是有害。要让人脑健康发育和正常运转，我们需要给它稳定地供应一种糖，这种糖叫葡萄糖。婴儿不需要加工过的糖或加工过的任何甜味剂，这些会为将来的糖尿病、肥胖、代谢紊乱、酵母菌增生以及龋齿等一系列健康问题留下隐患。相反的，全食物中含有天然糖分，像红薯、枣子等天然新鲜食物，都富含维生素、膳食纤维等营养素，这些对于我们的小小"食客"来说是很好的。

食品制造商在产品中添加糖的方法很多。要避开糖，一种方法是避开所有包装食品。不过父母们应该做有鉴别能力的消费者，学习阅读产品成分表。如果你在打算买的婴儿食品的成分表里面看到有下列成分中的任何一种，请把它放回货架。

★脱水甘蔗汁　　★麦芽糖浆　　　★大麦芽

★麦芽糊精　　　★甜菜糖　　　　★黄糖（德马拉糖）

★麦芽糖　　　　★糙米糖浆　　　★葡聚糖

★糖浆　　　　　★红糖　　　　　★乙基麦芽酚

★黑砂糖　　　　★甘蔗汁　　　　★浓缩甘蔗汁

★红砂糖　　　　★甘蔗汁晶体　　★果糖（左旋糖）

★焦糖　　　　　★葡萄糖（右旋糖）★粗糖（原蔗糖）

★角豆糖浆　　　★葡萄糖浆　　　★蔗糖萃取物

★玉米甜味剂　　★金黄色糖浆　　★砂糖

★玉米糖浆　　　★高果糖玉米糖浆★糖蜜（糖浆）

★玉米糖浆干粉　★原糖（粒糖）　★麦芽提取物（麦芽膏）

★黄砂糖

人生第一餐

几乎所有的全食物都可以作为婴儿的初始食物：压成泥的有机香蕉、熟的有机红薯、牛油果、熟胡萝卜泥、青豆泥、苹果泥。让孩子试试你喜欢吃的食物！给婴儿喂食应该是件很有意思的事情，而不是一桩苦差事。

听说在欧洲，父母们认为水果好消化一些，通常先逐一添加水果，然后再逐渐添加蔬菜。而在美国，我们倾向于先从黄色蔬菜开始，然后是绿色蔬菜，再然后才是水果，这样做的理由是如果从水果开始，婴儿会更习惯于吃甜的东西，那么就会抗拒接下来的蔬菜。但是谁会喜欢黄色蔬菜呀？！（我这本书的合著者最不喜欢吃的就是西葫芦）

我不太赞成美国的这种添加顺序，这个国家的儿童肥胖率太高了。根据美国疾病预防控制中心的数据显示，过去的 30 年间，美国儿童肥胖率翻了 1 倍，10 岁以上青少年肥胖率是 30 年前的 4 倍。

我发现，大洋两岸的婴儿都可以很开心地吃家庭自制的婴儿食品。如果对营养感兴趣，尤其是打算自己给孩子做吃的，我推荐露丝·亚龙的《婴幼儿辅食圣经》，这本书提供了很多方法，一定能为你准备宝宝辅食提供灵感。

不要给宝宝吃生蜂蜜（原蜜），蜂蜜里面携带有肉毒杆菌，有肉毒杆菌中毒的危险。

防呛防窒息

婴儿喜欢把东西塞进嘴里，长大一点后更是能一边爬，一边从地上捡东西往嘴里放，口水直流。他们就像是勇敢的小科学家，立志用他们的嘴巴探索这个全新的世界。其实他们这是在用一种健康的方法来培养自己的免疫系统。研究者现在开始意识到，婴儿吃土的时候，免疫系统能从中获益！

这些小冒险家们太喜欢用嘴巴冒险，所以要特别注意他们的玩具上不要有可以剥离的部件，把可能使宝宝呛住的东西放在他们够不到的地方。这对于只有一个孩子的父母来说还比较容易做到。如果房子里还有大一点的哥哥姐姐，家里就会有乐高这种小部件构成的玩具，再小心谨慎的父母也不可能每分每秒都盯着孩子。

在美国，每 5 天就有 1 个孩子不幸死于食物造成的窒息，每年有超过 1 万名孩子因为食物呛进气管这类事故送往急诊。花生、爆米花、硬糖或者小块的火腿肠这样硬的块状食物对于缺乏吃东西经验的婴儿来说都是很危险的，因为这类东西不能溶解，也不能化成小碎块，一旦卡在气管中，就会阻断婴儿的呼吸道。

刚开始学习吃东西的孩子需要学习如何协调舌头和牙床（或牙齿）让自己咀嚼的同时还能呼吸，所以家长们需要格外警觉。

孩子一旦呛住，你需要马上确定他是否还能呼吸。如果能，气管只是部分被堵住，你不要自己去清除，你可能把事情弄得更糟，请立即把孩子送往医院。

如果孩子不能呼吸或者无法发出任何声音，说明气管已经完全被堵住，你需要自己立即展开急救。先看孩子的喉咙里能否看到阻塞物，尝试用手指把它弄出来，但是你必须事先确定不会把物体推得更深。

如果够不到物体，抓住孩子的脚让孩子头朝下，或者把孩子脸朝下放在你的腿上，头和肩膀垂下，有时候在重力的作用下堵住的物体或者食物能够自行掉出来。如果还没有，用你的手掌根部拍打孩子两个肩胛骨中间位置，多次拍打，能够使阻塞物移动或者诱发孩子将物体咳出。不要在孩子呈站姿或坐姿的时候拍孩子的后背，这会让呛住的物体从喉咙往下滑得更深。

1 岁以下婴儿呛入异物的情况非常常见，我建议每一位父母都要学习一些急救的知识和技能。

宝宝早餐吃什么？

美式早餐是最不健康的饮食之一。美国称为早餐的盒装早餐麦片是一种实验室的创造，不应该给孩子吃。我建议给刚开始吃固体食物的宝宝用有机原粒麦片或者碾压麦片做的燕麦粥或者无添加有机酸奶做早餐。你愿意的话也可以用糙米煮粥给孩子吃。香蕉和麦片粥很配。

你还可以加入各种健康食材，比如熟的蔬菜泥、豆泥和肉泥。当发现孩子可以吃果仁酱了，就可以加在早餐中。我很擅长做软软的炒鸡蛋（最好用散养鸡生的蛋）、梅子酱和苹果酱（苹果泥）。

此外，我有个对大人小孩都有益的秘密分享给大家：早晨根本没有必要非要吃所谓的"早餐食品"。日本是世界上肥胖率最低、寿命最长的国家之一，在那里，无论大人小孩早上都经常吃大米粥、米饭、加了碎海带的味噌汤、纳豆（发酵的大豆）、海草沙拉、烤鱼、酸菜、白萝卜丝或其他时令蔬菜，以及其他全食物。为什么不这样做呢？正餐剩余的食材是很好的早餐原料。美国人通常认为的午餐或晚餐早上吃也很不错。

宝宝的零食

我对自己的孩子感到最遗憾的就是他小的时候，我把加工食品作为零食给他们吃，而我在波特兰这个美食之城每天看到的情境也都是这样。婴儿吃的任何东西都应该以全食物为基础，即便是"零食"。

那些零食在包装和广告上极力宣称自己是全天然的，导致很多人都被蒙蔽，选择了这些加工食品给孩子作零食。各种饼干类零食都不是真正的食物！虽然包装上画着鱼、水果或者蔬菜，而实际上都是以小麦为基础的垃圾食品。所谓的"水果味"实际上不过是含有一些高果糖的玉米糖和色素。不要被包装上标写的有机、天然、无麸质或者水果这样的字眼所骗，这些不过是加工食品营销的策略，造成消费者的错觉，以为这些食品是"健康的"。

可以选择切成小块的软软的水果、捣碎的烤土豆或牛油果泥作为孩子的零食。无添加牛奶发酵的原味酸奶含有益生菌，即使是乳糖不耐受的孩子也能够耐受。香蕉也不错，因为它自带包装。在你随身的小包里带一个茶匙，你会发现用到的时候太多了!

如果你忘记给宝宝带软的食物,可以买健康的食物,然后自己帮孩子嚼碎。世界上很多国家的父母都会帮孩子把食物嚼碎,美国人可能觉得这有点"恶心",其实真正恶心的是那些充满有毒物质的假食物。

随着孩子对吃越来越有经验,牙齿也越来越多,食物呛进气管的危险大大减少,胡萝卜条、黄瓜、青豆、花菜、苹果、橙子、有硬核的水果、各种坚果(核桃、杏仁、开心果、榛子)以及没有添加甜味剂的水果干都可以作为孩子健康方便的零食。

喂格雷特福吃东西

我幼时好友艾莫的孙女格雷特福天生唇腭裂。这是婴儿在 6~10 周胚胎期时上腭、鼻子和嘴没有正常合拢造成的。美国每年有 4400 名有颌面缺陷的婴儿出生,发展中国家数量更大。在美国,如果孩子出生唇裂、腭裂或唇腭裂,可以在全身麻醉状态下进行手术修复。而在有些国家或地区,没有这样的医疗条件,孩子出生唇裂或腭裂就意味着终身进食困难,还会被人嘲笑,受到排挤,感到羞耻。在津巴布韦,格雷特福这种情况还会被人认为是智障。艾莫在格雷特福出生后几个月给我打电话,他的声音悲伤沉重。在津巴布韦没有人有修复唇裂的能力。

麦达和我知道,我们必须帮助他们。我安排波特兰的圣地兄弟会医院免费做这个手术,邀请格雷特福和她的妈妈沙米苏在医院还没安排好前住在我家。

但是有个问题。格雷特福因为天生缺陷,出生后喂养困难,个头很小,还不能安全地手术。她来的时候只有 6 个月大,机灵、可爱,大大的眼睛,细瘦的胳膊和腿。医院告诉沙米苏,格雷特福需要先增加体重才能做手术,否则就有危险。我们的任务是把她喂大一点。

我从橱柜中拖出一个食物料理机,把熟的红薯加上水搅拌做红薯泥给格雷特福吃。沙米苏深吸了一口气,觉得有点不可思议。虽然格雷特福唇腭裂导致母乳喂养困难，幸运的是她喜欢用勺子吃东西。我们给她吃熟的捣成泥的胡萝卜、红薯、花菜、青豆、菜豆，还把准备晚饭要吃的肉做成肉泥加到蔬菜泥里给她吃。几个月的时间格雷特福就强壮起来了，可以进行手术了。手术进行了8个小时，几天之后格雷特福就从医院出院回到家里。我真希望当年我也像这样给我的儿子们做东西吃。格雷特福使我意识到，对于婴儿来说吃真正的食物是多么自然多么容易。沙米苏和格雷特福回津巴布韦的时候，格雷特福才刚过1岁，已经能够用她胖乎乎的两条腿走路，会对着每个人微笑，嘴唇和上腭也已经完全恢复。

如果家里有人食物过敏怎么办？

为了避免食物过敏的问题，我们过去是建议父母们避免给婴儿吃易引起过敏的食物，如鸡蛋、花生和鱼。现在伦敦的研究者对食物过敏有了新的研究成果。他们对一组过敏高风险儿童进行盲测，研究发现，对花生有过敏倾向的婴儿，在出生后4~11个月期间给他们食用花生能让他们对花生脱敏，防止过敏进一步发展。

如果家族中坚果过敏情况比较多，我还是建议谨慎行事。如果你想在婴儿食物中加入坚果酱，先蘸一点坚果酱涂在孩子的手腕处，如果手腕处出现发红或其他可见的过敏反应，那就不要给婴儿吃坚果酱。如果没有反应，也请从一点点（1/4茶匙或更少）开始，如果婴儿出现了严重的皮疹或者呼吸、吞咽困难，请做好去看医生或看急诊的准备。如果过敏反应严重，在去医院的路上请带上抗过敏药（苯海拉明）以备不时之需。

先与你的医生确认一下上述提到的吃的方法，这是一种新的技术，现代社会，信息和科技进步很快，儿科医药也是一样。

麸质的问题

对食物过敏可能对婴儿的健康带来不良影响，比如胃部不适、腹泻或便秘、湿疹、皮肤干燥以及烦躁等。整体医学、功能医学、骨科医学和自然疗法等方面的医生会让病人做免疫球蛋白（IgG）过敏测试，我也让我的病人做这方面的食物过敏原测试。免疫球蛋白食物过敏原测试是检测血样中针对 100 多种不同食物的抗体。由于身体要在接触到食物后才会形成免疫，所以我很少对 1 岁以下婴儿进行测试。我联系的检测公司只需要在手指尖扎一下，取几滴血就可检测。15~20 年前，只有很少的孩子，通常是有严重湿疹的孩子，才会在对麸质过敏反应检测中出现免疫球蛋白水平升高的情况。而现在，我送去检测的样本中 50% 显示对麸质有反应。

过去的 20 年间，很多事情都发生了变化。相比过去，我们的肠道不再能够将小麦麸胺蛋白阻挡于免疫系统之外，才造成对麸质的有害免疫反应。严重的麸质不耐受就是乳糜泻，这是一种自身免疫性疾病，摄入麸质后免疫系统开始攻击自身组织。常见症状是腹胀、腹痛、体重减轻、腹泻、口疮、皮疹以及易怒等。据估计，成人每 141 人中有 1 人患乳糜泻，不过大部分病人自己并不知情。儿童患病数量没有可靠的统计数字，而且只有在婴儿开始吃固体食物后才能确切诊断，通常是 6 个月到 2 岁之间。

我认识一位很棒的自然疗法医生艾瑞卡·泽尔凡德博士。自然疗法医生是经过严格医学训练的医生，自然疗法的理念是整体的积极预防加上传统的治疗方法。持证自然疗法医生需要在自然疗法医学院学习 4 年，除了和普通医学生一样接受基础的科学教育之外，还要学习临床营养学、顺势疗法、草药学，甚至还要学习如何提供咨询。我问艾瑞卡为什么她自己选择无麸质饮食。艾瑞卡博士告诉我："我在医学院学习免疫学的时候，教授问我们谁是无麸质饮食，有 1/3 的同学举手。教授说，'你们其他人是不是等着得自身免疫性疾病，所以吃麸质？'"

为什么越来越多的人麸质不耐受？神经病学家戴维·帕尔玛特博士是佛罗

里达州那不勒斯一家私人诊所的医生，也是畅销书《谷物大脑》的作者。在《大西洋月刊》对他的采访中他指出，谷物的升糖指数高，意味着摄入谷物一个半到两个小时之后，血糖升高，这会对大脑造成损伤。他的观点是，脑部炎症一部分是由麸质（谷蛋白）引起，与注意缺陷多动障碍、痴呆、性欲减退、慢性头疼、焦虑以及癫痫都有潜在关联。

美国麻省理工学院的高级研究员史蒂芬·塞内夫博士指出麦田中会常规喷洒草甘膦。荣是我的病人，家里三代都是农场主，种植麦子，他是第三代。荣告诉我，麦子中麸质的含量一年比一年高（农场从公司购买经过改良的种子，这些种子就是要生产出麸质含量更高的作物），麸质含量越高，麦子就能卖出越高的价。换句话说，也就是农民在经济利益的驱使下被迫使用高度杂交的种子来生产麸质含量更高的产品。实际上，美国人现在吃的麦子和几十年前的麦子相比，只能称得上是远亲了。

预防心脏病学家威廉·戴维斯医生在密尔沃基行医，畅销书《小麦肚子》的作者。他说："小麦能深入肠道、肝脏、心脏和甲状腺甚至大脑，实际上我们的身体没有哪个器官没有受到小麦的潜在损害。"

我开始相信，美国的小麦已经极大程度地经过杂交和改良，构成对人类免疫系统的一大挑战，我们应该完全避免食用。我已经不再摄入麸质，不过你家可能还能忍受。如果你仍然继续食用麦子和其他含麸质的碳水化合物，我建议选择有机谷物和全谷物，特别是发芽谷物。你也可以尝试原种谷物，如一粒小麦、二粒小麦等。我不能确定这样是否能够让你免于麸质对免疫系统造成的威胁，不过我猜测是可以的。鉴于当前较高的麸质不耐受和乳糜泻人群比例，避免给婴儿食用含麸质食物是完全合理的。

孩子正常发育的关键在于孩子怎样发育

孩子4月龄、6月龄和9月龄常规体检时，我们会评测孩子的粗大运动技能、精细运动技能、语言习得和社会性发展状况。你需要知道，所谓"正常"的阈值是非常宽的。婴儿通常在 4~6 个月之间学会翻身。但有些性急的宝宝可能 6 个月都能走路，而有些宝宝这时候则什么也不会。我知道正是因为我们这些儿科医生总是有很多问题，总是拿出长长的数值表格进行对照，使得父母们感到担心。医生和家长都需要注意的一个问题是：不要太过纠结于每个阶段的参考数值。同时，如果作为父母的本能（而不是哪些表格或者发育曲线）告诉你哪里有问题，那就需要注意并提醒医生注意。

我的一个儿子，小时候把他放在婴儿弹力摇椅上时他就感到很舒服满足，把他放在地上趴着——尽管我们应该多多这样做——就不开心。他 7 个月的时候才学会翻身，这应该是比较滞后的。但是 18 个月的时候他就能说出完整的句子，这又是比较超前的。事后回顾我能明白，那时他精力更多地集中于语言习得上，而粗大运动技能发展则晚一点。把自己的孩子和别人家的孩子比较只会让人烦恼，增添不必要的焦虑。

婴儿第一个粗大运动技能是自主把头抬起。这个技能和双手撑地、抬起上半身这两个技能通常是要到 4 个月左右才能学会。如果你扶着他们站立，这个年龄的婴儿腿部通常能承受一定重量，还能翻身，少数孩子能向两个方向翻滚。

6 个月的时候大部分孩子能向两个方向翻滚，如果放他们坐着，常常能坚持短短的一会儿，能用手扶着向前倾斜。我不建议刻意让孩子坐着，或者把孩子长时间放在婴儿弹力摇椅、跳跳椅上。你需要让孩子经历自然发展的各个阶段，因为这些阶段，对于你能观察到的粗大运动技能基础上的脑部发展也起到重要作用。给孩子充足的时间待在地上，大部分孩子在坐直之前能学会翻滚和爬行。

到 9 个月时候，婴儿能够坐稳、会爬。这个时候的孩子能够通过扶着东西站立，并且开始借助家具或者大人的手臂四处走动。这时候你需要根据孩子给出的示意尽量多和他互动。这个时候孩子可以和你进行精彩的无语言交流，9 个月的孩子常常很有幽默感。你可以试试把一根面条扔向墙壁，或者假装吃饭时嘴巴没接住食物，你就知道我的意思了。但千万不要急于让孩子学走路或任何别的技能。对于婴儿来说手脚着地的爬行对于发展很有益处。有些婴儿还会发明自己独有的爬行方法（比如用屁股挪动），还有的会直接跳过爬行这个阶段。有人说没有经历爬行阶段的孩子阅读会有困难，但没有什么好的研究证明这一点。有些国家（非洲一些国家、印度尼西亚和巴布亚新几内亚）故意不让孩子爬行，似乎那里的孩子发展得也很正常。

每次例行体检中，医生都会检查孩子肌肉张力。不管孩子处于哪个发展阶段，我们都希望孩子有很好的肌肉张力。肌肉张力低下可能和神经问题或发育问题相关。

4、6、9 月龄的精细动作技能

4 月龄的婴儿即使有精细动作技能，也是比较粗糙的。他们能够把两只手在胸前中线部位合拢，喜欢用手去够取物体并且塞到嘴巴里去。不过这个时候婴儿还没有学会指尖抓握（食指和拇指拿），这项技能通常要等到 9 个月时才能掌握。

6 月龄的婴儿通常能够将一只手里的东西传递到另一只手上，能够摇动拨浪鼓。

到了 9 个月，孩子能够指尖抓握，也就是能用食指和拇指相合捏起一小颗麦片。有些孩子能够非常努力地用两根手指捏起小的食物，而你也会看到有些孩子没这个兴趣，还是用整只手抓握（或者完全放弃用手，而是趴在桌子上直接用嘴巴吃）。这个阶段可以给孩子一些成熟的水果和熟的蔬菜拿着玩，当然大部分都会掉到地上。这个阶段的孩子开始想自己吃东西——由他们去吧！他们肯定会搞得乱七八糟，但更重要的是，他们其实是在练习精细动作技能。

没什么能比得上婴儿和幼儿学习新技能的毅力。我们大人在做有价值的事情的时候如果能有这样的毅力该多好！谁见过孩子放弃学走路的？我从没见过。他们最后都能学会。

4、6、9 月龄婴儿的社会性发展和语言发展

4 月龄的婴儿能够咿呀说话，能够给出社会性的微笑，可能是对别人的微笑给出回应，也可能是主动微笑希望得到回应。我很喜欢这个年龄段的孩子，我常常夸耀，这么大的孩子我每一个都可以逗笑。我从业生涯中也见过几个很不容易逗笑的孩子，不过没失败的。有些孩子你和他们玩游戏的时候，他们会发出"呸"的声音或者"叭叭啵啵"的声音，也能够放声大笑。你可以对着孩子问个问题，然后停下来等他回答，你能发现孩子能回应你的问题，表现出社交的能力。等他长到青少年时期可能都不会这么健谈。

6 月龄的孩子大部分都喜欢被抱着，很多孩子这时候能够静静地坐在你腿上听你读绘本故事。能够用他自己的语言说话，发出很多种声音。我的女儿娜塔莉自己发明的语言一直用到大概 2 岁。她能用不知道什么语言讲一大堆话，同时还辅以手势。没人懂得她要说什么，不过我们都假装能听得懂。这个阶段的孩子仍然表现出对别人的兴趣，可能也开始会对陌生人产生焦虑感，日常密切接触之外的人会给他带来威胁感和恐惧。

到 9 个月的时候，很多孩子会显示出对陌生人的恐惧，不过我的孩子没有一个如此。到这个年龄的时候我的孩子经历过好几个人照看，所以他们习惯了身边照顾他们的成人发生变化。如果家里有一个全职照顾孩子的人一直和孩子在一起，这样的孩子最容易产生对陌生人的害怕，但这种害怕是健康的。你会拥抱一个从未见过的人吗？所以孩子这样没什么错，这完全正常。

9 个月的婴儿会对分离产生焦虑，当你把他留给别人照看时他也许会流眼泪。

对于需要整天工作的父母来说，孩子这个时期会表现出不需要他们，父母们常为此感到难过。一位经常需要出差的爸爸乔治告诉我："我想伊娃可能不喜欢我，我一靠近她就哭，不让我抱她。"说着，乔治的眼睛就湿润了。

有些孩子会直奔你而来，而有些孩子需要时间和空间来慢慢适应。我建议乔治："伊娃在地上玩的时候，你就尽量躺在地上，时间长了，她最后就会爬到

你身边来的。"下一次带孩子来常规体检时，伊娃和乔治已经是亲密无间了。

9个月的婴儿大部分能够咿咿呀呀地说话，能发出"mama""dada"这样的声音，但他们其实不知道这些声音是什么意思。很多时候"dada"是孩子说出的第一个词，因为这个声音比"mama"好发音一些。对于这个年龄段的孩子来说，重复的声音指向的是一种类型的事物，而不是特定的人，当然也有些语言能力发育早的孩子能够赋予某些特定事物特定的词。9个月大的孩子通常能够挥手说"拜拜"，能够玩躲猫猫，也能够模仿一些声音。这个时候喊他们的名字他们会有反应。

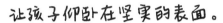

让孩子仰卧在坚实的表面。

你真的需要把一个健康的婴儿带去看医生吗？

这里我要发表一个很多人不爱听的言论：对于一个国家或地区来说，只要孩子像我们前面描述的那样发育正常，我们完全可以砍掉儿童4~9月龄的常规体检，这样能节省一大笔医疗经费。在这个年龄段的体检中，我几乎没有发现任何问题是2周龄或2月龄常规体检时没有发现的。当然，继续跟踪记录孩子的体重、身高和发育状况也不错，但是4~9个月期间的常规体检真正的原因只是让儿科医生进行疫苗接种。

把一个健康的孩子带到挤满患病儿童的诊室，对此我持保留意见。爱荷华州卡佛医学院的一组研究和我观点一致。他们分析了1996—2008年84500多个家庭的健康信息，发现在去医院进行常规体检后，6 岁以下儿童及家庭因流感症状再次看医生的比例增加了 3.2%。专家估计，这个比例就意味着每年增加 70 万例原本可以避免的感染病例！虽然这项研究的研究者并没有直接建议不要去做常规体检，但他们呼吁医生提升候诊室的卫生条件，包括多洗手、勤打扫诊室。他们也建议不要在流感暴发期安排婴儿常规体检。我的诊所设置了两个候诊室，一个是健康婴儿常规体检候诊室，另一个是生病的患儿候诊室。

1 岁以下的孩子来诊所做常规体检，我们都尽量安排在前半天，因为到了将近中午，预约到同一天的患儿来了以后，诊室的空气难免就被普通感冒、流感、细支气管炎、细菌性肺炎以及偶尔还有百日咳等疾病污染。

总而言之，最安全的办法是尽可能远离医生的诊室，特别是冬季的时候！说了这么多，其实有些话是我不应该说的。如果你的医生只有一个候诊室，你带着幼小的孩子和一群生病的儿童坐在一起是非常可怕的事情。你应该找一个能提供安全就医环境的地方做常规体检。

美国健康保险计划中有根据医疗质量给医生评级的系统。可惜对儿科而言，大部分衡量的指标与接种了多少疫苗、有多少儿童在你的诊所做常规体检这两方面相关，两者都是很武断地衡量医生是否有能力遵守规则要求，而非是否最好地提升了儿童健康、保障了多少儿童和家庭的健康。

睡眠问题

对于 4~6 个月婴儿的父母来说，最大的问题可能就是睡眠。你只有睡眠不好的时候才知道它有多重要。对父母们来说，睡眠不足会导致抑郁。我见过平时非常积极乐观的父母，睡眠不足时看起来简直像要崩溃。

那么，我从业几十年以来有什么秘诀可以分享呢（医生在医学院其实没学到什么跟睡眠有关的知识，你从儿科医生那里了解到的都是基于医生自己的经历和医生所处文化背景对此的推测）？首先要认识到孩子是一个独特的个体，因此要调整你的育儿方式来适应孩子。有些孩子睡得好、入睡也快，而有些孩子则不需要那么多睡眠，不容易安定下来，对世界充满了好奇，到了夜里也不肯睡，睡着了也很容易醒，生怕错过了什么新鲜事。这样的孩子让父母们很崩溃。有时候你用当初父母养育你的方法养育自己的孩子，或者用养育老大的方法养育老二，效果不错，有时候又不奏效。所以如果孩子抗拒你哄睡的方法，需要调整的是父母。

在畅销书《卡普新生儿安抚法》一书中，作者哈维·卡普指出，出生后最初的几个月是孩子非常娇弱的时候，建议父母们尽量模仿胎儿在母体中感受到的声音和运动方式来帮助孩子睡眠。

孩子一哭你马上就给孩子反馈，老一辈的人会告诉你这样会把孩子宠坏，其实我们有足够的证据表明，在孩子1岁前你这样做是完全不会的。尽管让孩子多与你相处，用背带挂在身前也好，待在他身边也好，孩子想吃就给他吃（胎儿在子宫里就是通过脐带不停地吸收养分），尽你所能地对孩子温柔疼爱。如果可能的话夫妻两人轮流照顾孩子，尤其是夜里，这样两人都能有充足的睡眠。如果妈妈学会了侧躺哺乳，会非常有帮助，这样孩子在吃奶的时候妈妈就可以休息甚至睡一觉。

在津巴布韦我长大的那个村子里，都是全家人睡在茅草棚里，只有一间房，晚上孩子只要想吃奶了妈妈就喂给他吃，这种方法似乎也不错。不过我告诉你，我家的几个儿子，性格特别活跃，如果像津巴布韦那样全家睡一间房，那一家人谁都别想休息好。

对于育儿的方法你并不需要将某一个方法全盘照搬，你可以根据自己的情况选择可行的部分。比如可以在孩子很小的时候让他睡在自己身边，大一点后再放到单独的房间。也可以刚出生时放在单独的房间，等他到学步期或是某个特别胆怯的时期陪他睡。

如果你决定把孩子转到单独的房间睡觉，那么什么时候开始呢？我了解到很多父母的做法是：孩子2~3个月白天睡觉时，把孩子放在婴儿床上睡，晚上先不放，在孩子特别瞌睡但没睡着的时候把他放到婴儿床上，这样让他学会自己入睡，而不是被哄睡。从安全角度考虑的话，最好不要给婴儿床加上床围。

如果孩子刚放下去的时候有点不安分，可以轻轻拍拍他的背，给他唱歌，除非他变得很不安分，否则尽量不要抱起来。

如果到了 6 个月的时候你还没有让孩子单独睡觉，等到孩子大一点了，情况可能就是他在婴儿床里哭着喊着叫你去解救他。你当然不愿看到这样的情形，你希望自己睡觉的时候能够安静地睡一会儿，也希望孩子的婴儿床能成为他的快乐天地。我不建议你放任孩子哭而完全不管他。有些医生建议让孩子哭，即使孩子哭得呕吐也别去管，关上房门，12 个小时后再开门进去。这么做无异于在告诉孩子，无论你多么害怕，无论你感觉多么难过，不会有人在乎，也不会有人来安慰你。我认为这种感觉是任何人都不应该尝试的。

即使是很小的孩子，连贯性和可预见性也会给他们带来安全感，让他们感受到关心照顾，特别是接近晚上睡觉的时候。所以建立一个可预见的睡眠流程，每次都按照同样的顺序进行：刷牙（或者孩子还没牙的时候刷牙床），接着洗澡（当然你也不一定非要每天给孩子洗澡），然后给孩子读书（每天晚上读同样的书可能会让你兴趣全无，不过孩子却很喜欢），做一点小小的按摩（我们家称之为"睡眠按摩"），最后唱催眠曲。

有些孩子自己就很容易学会睡觉，而有些孩子一旦单独待着就很害怕。如果你的孩子对于分离特别抗拒，那就让他在你附近。毕竟他还有一辈子的时间来学习独立。

孩子发热怎么办？

阿什丽的两个孩子一个 3 岁一个 5 个月，在爷爷奶奶家待了 2 天后阿什丽就接到电话说两个孩子都得了流感。阿什丽的烦躁可不是一点点。"我当时简直要气疯了。"回忆起当时自己的反应，阿什丽感到很好笑，"当时我在电话里斥责了孩子的爷爷奶奶，'现在正是流感季节，你明明自己不舒服还假装很好，非要把孩子接去，想要享受你们的天伦之乐！'"于是很快哥哥布里杰就病了，而布里杰很喜欢把自己的手指放到妹妹葵儿的嘴巴里去，第二天 5 个月大的妹妹开始发热，身上滚烫滚烫。

阿什丽给葵儿量体温，39.7℃。

"她太小了，我真的特别紧张！"她一边让丈夫去药店买退烧药，一边在网上联系有育儿经验的朋友寻求建议。朋友建议阿什丽和孩子皮肤贴皮肤来帮助孩子降温，于是阿什丽把葵儿和自己的衣服脱下来，让葵儿趴在她身上吃奶。20 分钟后再量体温，葵儿的体温降到了 38.7℃，开始安静下来，不再烦躁和哼哼，并且睡着了。

对于 4 个月以上的孩子发热，我告诉父母们的第一件事情是，发热是健康的免疫系统正在发挥作用的标志。引起婴儿发热最常见的原因是普通感冒。发热也是疫苗接种、出牙或其他细菌性和病毒性感染后的常见反应。日晒时间过长、中毒、药物（包括抗组胺剂和抗生素）等也会引起发热。药物副作用引起的发热称为药物性高热。虽然医生都知道可能会有这种情况发生，但没人知道具体的概率。

孩子大部分的发热能够自行消退，无须药物治疗。孩子发热时，父母关键要弄明白是什么问题——将发热当作有用的线索来找出原因，而无须担心发热本身。如果孩子额头温度偏高但没有表现出嗜睡或者不舒服的样子，也有可能就只是穿得太多。别笑，有时候事情就是这么简单。

如果我告诉你发热时体温的高低和病情的严重程度并没有实际的联系，你一定感到很惊讶。但如果孩子发热时伴随嗜睡（或者无精打采），吃奶不正常，或者哭个不停，就需要看医生。小婴儿发热应该引起注意，因为小婴儿特别娇弱，尤其是 2 个月以内的婴儿，如果直肠温度超过 38.4℃，就需要马上去看医生。只有在发热超过 40℃或者体温变化很快的时候才会因发热本身引起热性惊厥。

并不是每个孩子的正常体温都是 37℃，有些孩子比别人更容易发热。量体温可以使用腋下温度计，也可以使用直肠温度计。直肠温度计量体温更精确，不过通常只是在孩子 2 个月之前使用。用直肠温度计时先将温度计润滑，插入肛门约 1 厘米深。

如果发热是细菌感染或者病毒感染引起的，那么治疗的最好办法通常就是不管它。也许没有医生跟你说过这样的话？因为发热是身体在制造更多的白细胞并使其加速活动来攻击致病的细菌或病毒，从而达到消除感染的目的。发热还能够帮助减少血液中的铁，从而使病菌的生存环境变得更困难。

对相关文献的系统回顾可以发现，在实验室对动物的实验中，发热时进行降温处理会增加感染性疾病的死亡率。另外的研究表明，对于出水痘伴随发热的孩子来说，人工降温会延长瘙痒的时间；对疫苗接种后发热的孩子来说，人工降温会对免疫反应造成负面的干扰，延长病毒排出体外的时间。既然发热能帮助免疫系统更有效地工作，而发热时降温则可能会延长流感、带状疱疹发病的时间，所以对于不严重的发热，最好的应对措施、也许是医生最少推荐的方法，就是让其自然发展、痊愈。

4、6、9 月龄常规体检时的疫苗接种

美国疾病预防控制中心推荐下列疫苗。（大部分的州强制）

4 个月时

- 无细胞百白破三联疫苗（第 2 剂，共 5 剂）
- b 型流感嗜血杆菌疫苗（第 2 剂，共 4 剂）
- 脊髓灰质炎疫苗（第 2 剂，共 4 剂）
- 肺炎链球菌疫苗（第 2 剂，共 4 剂）
- 轮状病毒疫苗（第 2 剂，共 3 剂）

6 个月时

- 无细胞百白破三联疫苗（第 3 剂，共 5 剂）
- b 型流感嗜血杆菌疫苗（第 3 剂，共 4 剂）
- 肺炎链球菌疫苗（第 3 剂，共 4 剂）

- 轮状病毒疫苗（根据疫苗品牌不同，可能需要注射第 3 剂）
- 流感疫苗（开始于第 6~12 个月之间，先每隔 1 个月注射 2 剂，然后每年 1 剂）

9 个月时（或 6~18 个月之间）
- 乙型肝炎疫苗（第 3 剂，共 3 剂）
- 脊髓灰质炎疫苗（第 3 剂，共 4 剂）

把目前的这一版美国疾病预防控制中心疫苗方案与以往的疫苗方案比较一下。1983 年的疫苗方案在 2 个月、4 个月和 6 个月的时候仅仅推荐了无细胞百白破三联疫苗和脊髓灰质炎疫苗，乙型肝炎疫苗也只推荐给来自乙型肝炎流行国家的移民和性生活混乱的成人接种。

4 个月和 6 个月的婴儿，我建议继续接种无细胞百白破三联疫苗、b 型流感嗜血杆菌疫苗和肺炎链球菌疫苗沛儿（Prevnar 请参考前一章的详细讲解）。这里再来简要回顾一下这三种疫苗。

- 无细胞百白破三联疫苗帮助婴儿免疫三种疾病：白喉、破伤风和百日咳。百日咳是一种细菌感染的疾病，在当今美国仍然是一个问题，每年有超过 3.1 万人感染。死于百日咳的主要人群是 3 个月以下的婴儿（这意味着大一点的孩子患上百日咳的概率并没有减少，减少的是其导致的致命的并发症）。全部的百白破三联疫苗共有 5 剂，似乎是目前能够提供的最好的保护。注射 3 剂之后其有效率为 80%~85%。百日咳是一种比较难对付的疾病，现在也没有一种单独的针对百日咳的疫苗。当百日咳的抗原和白喉、破伤风抗原组合在一起的时候其效果最好，这是为什么我们用的是这种三联疫苗。白喉在 19 世纪传播很广泛，现在美国已经基本消灭，好几年才出现一例。破伤风是一种急性细菌感染。这种病不会在儿童间相互传染。这种病通常是由于较深的穿刺伤口（钉子或者机械设备造成）、被污染的针头或动物排泄物导致。一旦婴儿开始爬行和走路，就会有接触到破伤风梭菌的风险。美国 3 亿人中每年有大约 29 例破伤风病例。

- b 型流感嗜血杆菌疫苗和肺炎链球菌疫苗沛儿（Prevnar）很重要，能够防疫侵袭 5 岁以下儿童的大部分细菌性脑膜炎。20 世纪 80 年代我还在做住院实习医生的时候，急诊科里患脑膜炎的孩子太多了，治疗的病例太多，导致我闭着眼睛仅凭感觉也能做腰椎穿刺——将一根长长的针插入腰部相邻腰椎之间，可见脑脊液流出。而现在的儿科住院医生在整个 3 年期间可能只做一两例，因为疫苗已经有效地预防了这类疾病。

婴儿流感疫苗

流感疫苗病毒株每年都在变化，因此美国疾病预防控制中心推荐儿童从 6 个月开始每年接种一次流感疫苗。第一年接种流感疫苗，如果孩子年纪小于 9 岁，美国疾病预防控制中心的建议是注射 2 剂，中间间隔 4 周。流感疫苗可以注射（流感针剂），2 岁以上的儿童也可以向鼻子里面喷疫苗（流感喷雾）。

流感疫苗的成分每年都在变化，以使其与当年流行的最具感染性的流感病毒株相匹配。

正在写这本书的时候刚刚获批了一种 3 价流感疫苗（免疫 3 种流感病毒），名字叫 Fluzone IIV 3（赛诺菲集团生产），针对 6 个月以上儿童。

6 个月以上儿童的流感疫苗还有一种 4 价疫苗（免疫 4 种流感病毒），名字叫 Fluzone Quadrivalent（赛诺菲集团生产）。

还有一种推荐 2~8 岁儿童使用的流感疫苗鼻喷雾剂（免疫 4 种流感病毒），名字叫 FluMist（流感鼻喷雾疫苗，美国医学免疫公司生产）。

2015 年 2 月美国疾病预防控制中心的免疫实践咨询委员会投票决定，推荐每一位 6 个月及以上的儿童每年接种流感疫苗。其理由是：大量 5 岁以下儿童因为流感并发症入院就医。美国疾病预防控制中心同时也指出 2013—2014 年有 100 多名儿童死于流感相关疾病。

这些流感疫苗安全吗？

因为流感疫苗的成分每年都会变化，所以很难评估其安全性，也很难检验其长期安全性。虽然如此，过去 25 年间我的诊所一直在给孩子接种流感疫苗，还没有出现任何严重的并发症。必须注意的是，应尽量使用单剂疫苗，避免汞摄入。多剂量的疫苗中每一剂中都含有 25 微克汞（硫汞撒），这肯定是不安全的。流感鼻喷雾剂 FluMist 是一种活病毒，对于有免疫缺陷的儿童来说是不安全的。活病毒流感疫苗接种后一段时间内，无论成人或儿童，体液中都存在活体病毒。

流感疫苗有效吗？

流感疫苗的有效性每年差异很大，因为我们无法准确预测将会流行的流感病毒株，所以流感疫苗是我们有效性最差的疫苗之一。

6 月龄婴儿需要流感疫苗吗？

每年流感季的时候，药品生产企业都会投入大量资金用来劝导美国人接种流感疫苗。在商店、药店、报纸、网络、甚至机场里到处都是流感疫苗广告。我不能接受利益集团这种铺天盖地打广告的行为，也不相信药品制造企业这种广告行为是从大众健康角度出发。

我建议存在大的潜在健康问题或者有哮喘的儿童接种流感疫苗，他们与拥有健康免疫系统的儿童相比，患上流感而致死亡的风险大得多。我的诊所里，只有 1/4 的家庭选择给孩子接种这种疫苗，大部分的工作人员也接种，我也推荐工作人员接种。有趣的是，我诊所有些护士没接种流感疫苗（不听我的建议），但也没有得过流感。拥有健康的免疫系统似乎和接种疫苗一样有效，或者比疫苗更有效。

可能很多人并不知道，美国疾病预防控制中心每年报告的流感病例数字其实不是指经过检验确定的流感病例，而是所有报告上去的类似流感的病例。对于出现类似流感症状的孩子，医生很少会让他们去做检验确定是否是流感，所以就很难将流感和其他病毒感染区分开。和其他医生不同，我们诊所会对疑似流感的孩子进行检测，发现其中只有 20% 最后确定是流感。我们诊所的 1.1 万多名儿童中，虽然只有不到 10% 的孩子接种了流感疫苗，每年却只有不到 20 人确认染上流感。过去的 8 年间，我们没有一例因为流感并发症住院就医的病案。大量类似流感的疾病其致病因素并不是这些疫苗针对的流感病毒，而是其他病毒。

我的同行劳伦斯·帕列夫斯基博士是长岛的一位私人诊所的医生，他在一次访谈中说道："普通大众不知道，大部分类似流感的疾病其实并不是由流感病毒导致。只是每次有人出现类似流感的疾病症状，大家就认为是流感病毒引起。"

流感疫苗的有效性变数很大，常常是非常低效的。一些年份里疫苗中的病毒和当年实际流行的流感病毒不匹配，疫苗的有效性可能低至 10%。根据美国疾病预防控制中心的统计，疫苗有效性从 10% 到 60% 不等。2015 年，英国、美国和中国的研究者共同进行的一项研究显示，儿童每 2 年才会感染 1 次由流感病毒引起的流感，30 岁以上成人每 10 年只会感染 2 次流感病毒引起的流感。

流感疫苗除了效果不好之外，对于 6 月龄儿童或者幼童来说，疫苗的安全问题更重要。美国疾病预防控制中心建议，婴儿接种流感疫苗的第一年需要注射 2 剂，中间间隔 1 个月，但是并没有科学依据证明这个建议是可以保证安全的。我们缺乏研究来观察这么小的孩子间隔 1 个月接种同一种疫苗的风险、获益和对健康造成的长期影响。我们也需要有研究来比较接种疫苗与未接种疫苗儿童的健康情况，以及有选择地接种疫苗和完全不接种疫苗儿童的健康情况。就我个人而言，鉴于流感疫苗有效性低，长期的副作用未知，我认为还是跳过这种疫苗为好。不过最好还是由父母来决定是否给自己的孩子接种。

如果你的孩子存在

自体免疫性疫病或自闭症方面的患病风险，
更安全的做法是推迟疫苗接种

如果你的家族存在下列任何一种疾病史，我建议孩子 1 岁前不要接种任何疫苗。

自闭症

艾迪生病

乳糜泻

皮肌炎

弥漫性毒性甲状腺肿

桥本甲状腺炎

多发性硬化症

重症肌无力

恶性贫血

反应性关节炎

类风湿关节炎

干燥综合征

系统性红斑狼疮

1 型青少年糖尿病

关于疫苗接种，你改变主意了怎么办？

如果有些疫苗你以后会选择不给孩子接种，而现在已经开始了这一系列疫苗中的一些，你该怎么办？不要有压力。任何时候停止接种都不晚。只是对某些疾病你的孩子将会缺少一些保护，这是你必须承担的风险。如果你愿意，也可以在以后任何时候让孩子补种。

保罗医生的建议

4、6、9月龄儿童

1. 继续进行母乳喂养。人类的母乳仍然是你孩子最好的食物。

2. 观察你的孩子。而不是研究育儿手册。孩子显示出对食物的兴趣时就可以添加固体食物。

3. 新鲜食物。给孩子吃新鲜的全食物（捣成泥或打成酱），最好是有机食物，不要给孩子吃罐装食物或者加工的早餐麦片。

4. 学习急救知识。孩子什么东西都会往嘴巴里放，刚开始学吃固体食物的孩子很容易被食物呛住。学习一些相关的急救知识吧，让照顾孩子的人或家庭其他成员也加入学习。

5. 接种无细胞百白破三联疫苗、b型流感嗜血杆菌疫苗和肺炎链球菌疫苗。这三种疫苗能让孩子免于这些非常严重疾病的侵扰。

6. 对流感疫苗和轮状病毒疫苗说"不"。这些疫苗是不必要的，而且流感疫苗常常无效。目前市场上的几种流感疫苗含有汞，这是一种有毒物质，不该存在于孩子体内。

7. 继续避开对乙酰氨基酚。像我们在第1章说过的那样，这种常用的儿科止痛药对正在成长中的婴儿肝脏有致毒性，会造成谷胱甘肽的流失。谷胱甘肽是我们身体里天然的拖把，帮助我们清除掉有毒物质。

8. 睡眠是头等大事，对你自己和宝贝都是这样。孩子在连续的睡眠中茁壮成长，父母们也一样。尽量多睡觉。

9. 唯一不变的就是变化。你刚适应孩子现在的情况，转眼他又学会了新技能，是不是觉得很惊奇？告诉自己，唯一不变的就是变化。

10. 相信自己的本能。你比医生、你的婆婆、岳母或任何人都更了解你的孩子。如果你觉得有些不妥，但别人说你"过分紧张"，那就找个愿意听你说话的医生。如果你确定孩子没问题或者你觉得某个检查可以不做、某个疫苗可以不打，不必被牵着鼻子走，不要被迫接受你不想接受的。

父母最常问的七个问题
4、6、9 月龄儿童

关于饮食

1. 我们该什么时候开始吃固体食物？

答：在农场长大的孩子或者身边有动物的孩子长大后很少对动物和干草过敏。这样看来，如果免疫系统早一点接触一些东西，它就会适应和接受这些东西成为它世界中的一分子。最近的研究显示，孩子早一点开始吃花生就会降低对花生过敏的可能性。为什么不让免疫系统接受我们的日常饮食呢？我建议，只要孩子显示出兴趣，可以在孩子 4~6 个月之间开始添加固体食物。

2. 最先该引入哪种固体食物？

答：新鲜的、有机的、非加工全食物！蒸红薯、压成泥的香蕉和牛油果都是很好的初始食物。露丝·亚龙的《婴幼儿辅食圣经》和吉尔·拉普来的《宝宝主导断奶》这两本书都很好，能帮助你开始自制婴儿食物。无论你选择首先给孩子吃什么，都要避免所有的加工食品、精白面粉食品、添加糖或其他甜味剂的食品、人工食用色素以及其他人造成分。

3. 婴儿该避开什么样的食物？

答：因为蜂蜜内含肉毒杆菌的问题，婴儿在 1 岁前不应该吃蜂蜜。

要非常小心避免会呛住孩子的食物，如花生、葡萄、葡萄干、爆米花以及火腿肠片等。所有的加工食品都要避开，包括那些标称"蔬菜"的各种麦片，很多父母们认为适合当作零食的食物其实都是不合适的。除了鲜榨果汁，其他所有果汁都要避开。至于我为什么不推荐罐装果汁，请阅读第1章的内容。

关于睡眠

4. 孩子和父母同睡好吗？

答：孩子该在哪里睡觉，这个问题没有对或者错。你应该采用对你和全家最合适的方法。有些国家里全家人都睡在一间房，很多美国家庭父母和孩子同床睡觉，或者两兄弟同睡一张床，两姐妹同睡一张床。父母和孩子同睡的好处是晚上喂奶更方便，尤其是妈妈学会了躺着喂奶后就更轻松。但如果孩子可以一个人安稳地睡在独立房间，那么和孩子分开睡可能对彼此都是最好的。无论怎么睡，只要睡得好一家人都会更幸福。无论孩子睡在哪里，都要确保他睡在坚实的平面。如果你和孩子同睡，考虑将孩子隔开一点，确保排除一切会使他窒息的可能。

关于出牙

5. 孩子什么时候长第一颗牙？

答：孩子长第一颗牙的平均时间是7~8月龄，但早的可以在第3个月就开始出牙，晚的会晚到18个月。实际上，越晚长牙越好，因为长得晚，就越不容易出现蛀牙。少数情况下还有孩子生下来就有牙齿。如果是这种情况，请咨询儿科牙医，有时候这些牙齿需要拔掉。

关于生病

6. 怎么做孩子才能不生病?

答：母乳喂养的婴儿比奶瓶喂养的婴儿更不容易生病。母乳喂养的时间越长，你吃得越健康，孩子的健康状况就越好。日托中心、幼儿园，还有儿科医生的诊室（是的，我没说错）都是病菌聚集地，幼儿很容易染病。如果你能和孩子待在家里，或者家里请一位住家保姆，你的宝宝患病的概率会小一些。为了加强孩子的免疫系统而在头几年故意让孩子染病，我觉得是毫无意义的。家里的访客如果生病了，可以礼貌地请他离孩子远一点，即使只是一个小小的感冒。大人或者大孩子身上很轻微的感冒在婴儿身上可能会转成细支气管炎或哮喘。请避免乘飞机旅行，尤其是北半球的 12 月到次年的 4 月间（这是呼吸道合胞病毒和流感高发期，更不用说还有百日咳）。给孩子接种疫苗防疫百日咳和其他两种能导致脑膜炎的主要疾病（b 型流感嗜血杆菌疫苗防疫 b 型流感嗜血杆菌，肺炎链球菌疫苗防疫肺炎链球菌），也能帮助孩子保持健康。

关于皮肤问题

7. 皮肤干燥和湿疹有什么区别，我能做什么?

答：如果孩子皮肤比较干燥，但是用天然油脂（如橄榄油、椰子油、乳木果油或芝麻油）能够有效滋润，那就仅仅是皮肤干燥的问题。如果润肤也没有效果，那么孩子可能是得了湿疹。湿疹是一种自身免疫性疾病，通常由过敏导致，这时需考虑改变你自己和孩子的饮食。引起婴儿湿疹的首要诱因包括婴儿配方奶粉中的某些成分，如麸质（谷蛋白），奶制品和鸡蛋。如果改变饮食也无济于事，儿科医生可能会指导你去看过敏症专科医生。

第 7 章

宝宝1岁了

当你看着孩子成长为一个能走、能说、能和人交流的小大人，你会意识到，真正的任务是放手让他们自己长大。

今天是甄妮尔 1 岁的生日，她穿着漂亮的新衣服来诊所做 1 岁常规体检。她的妈妈海瑟和我一起在看甄妮尔的生长曲线图，身高、体重、身体质量指数以及头围。甄妮尔个头偏小，位于后 25% 之列，对于她的年龄来说体重也偏轻，位于后 10%。

甄妮尔的妈妈海瑟说："她和我小时候一样，我一直到高中以后才开始猛长。"

体检过程中我观察甄妮尔的运动技能发展。1 岁的儿童这时候应该能够爬，能够扶着东西站立，很多孩子这时候开始能够行走。大部分的孩子 18~20 月龄时能够行走，有一些甚至早到 6 月龄时就可以。我常常对孩子们学习走路的毅力感到惊叹，他们真的是不知疲倦！

行走依赖于肌肉力量、协调性以及性情。有些孩子就是天生好动，有些孩子喜欢坐着不动。孩子什么时候开始走路，时间早晚没有关系，研究发现几岁学会走路和智力没有关系。

我也观察孩子的精细动作技能发展。到这个年龄段，指尖抓握（用拇指和食指捏起小的东西）应该已经使用得很自然。1 岁的儿童应该能够两手抓握，并且能够同时将物体拍在一起。如果你还没开始的话，这时开始给孩子看纸板书非常好，大部分孩子到这个年龄段能够坐下来看图片。

这个年龄段语言继续发展，大部分的孩子听懂的比会说的要多。典型的例子是，经常听到 12 个月大的孩子喊 "mama" "dada"，有时候指的是自己的妈妈、爸爸，有时候不是。

我前面提到过，我女儿发明了一种自己的语言，她有很多话要说，可是我们都听不懂她说的是什么。1 岁以后的大半年时间，她的交流方式是手势、咿咿呀呀地胡言乱语、抑扬顿挫的语调和各种面部表情。我有两个儿子到 18 个月的时候才开始说第一个字，而他们的哥哥 18 个月的时候已经能进行半成人式的对话了。这说明儿童的发育、发展存在个体间的巨大差异，所以激发孩子很重要，但如果和一般的发育模式有点出入也不必紧张焦虑。尤其语言的发展更加因人而异。

孩子的社交能力也在继续发展。1 岁儿童应该能够和人进行目光接触，能够和别人进行交互式的社交互动。能挥手说"你好"，拍手，能指向自己感兴趣或者想要的东西，能表示出自己想去的方向，你在看哪里他也能和你一起看向同样的方向。每次 1 岁儿童常规体检结束时，几乎所有的孩子都能够对我挥手说"拜拜"。

父母一边盼着孩子长大，一边也会开始怀念孩子过第一个生日时的样子，有时候就是这个原因，于是就有了第二胎、第三胎。当你看着孩子成长为一个能走、能说、能和人交流的小大人，你会意识到，真正的任务是放手让他们自己长大。

是的，孩子需要我们，现在，永远。

是的，我们生养他们，指引他们，保护他们，爱他们。

但是，总有一天，一切顺利的话，他们会迈开他们胖嘟嘟的、柔软的、我们恨不得吻上一口的小短腿，从我们身边走开。

1 岁儿童该吃什么？

应该给 1 岁儿童吃真正的水果、蔬菜，不含化学物质的红肉、鸡肉，处于食物链底端的鱼以及优质蛋白质。也可以让他们开始吃果仁酱、煮得软烂的豆子和全谷物。枣子、红薯以及其他有自然甜味的食物也适合这个年龄的孩子，但不需要给孩子吃任何添加糖的东西（1 岁生日蛋糕需要甜味的话，不妨尝试用苹果汁、菠萝汁或红枣来代替糖）。

一天早上九点，我在伊曼纽尔医学中心门诊坐诊时，一个蹒跚学步的孩子走进来，一手拿着一瓶可乐，一手捏着一个甜甜圈。

我问孩子父母："孩子为什么吃这个？"

孩子的妈妈笑着说："哦，因为他只肯吃这个。"

我感到很错愕，甚至是感到恐惧，这么小的孩子竟然吃这么不健康的食品。但几年之后我才意识到，我自己的儿子每天早晨坚持要吃甜麦片，每顿饭要喝苹果果汁。他特别喜欢喝苹果果汁，以至于他第一次见到大海，看到大海中冒着泡的蓝色海浪，开心地叫着"冰（苹）果果汁！"，而且对所有的液体他都称为"冰（苹）果果汁"。我妻子和我对视一眼，皱起眉头，后来我们认真地聊了聊，本来我们对这方面了解更多，但是怎么就会让这种坏习惯失了控？

和其他父母相比，在这方面我更没有借口。我不在美国长大，小时候也没有吃深加工的食物或者添加人造甜味剂的食物。我们那时候早餐吃的是自己家里做的燕麦粥、玉米粥；零食是番石榴、番木瓜、杧果、香蕉以及本地水果火龙果、枣子、李子；正餐是肉和蔬菜加米饭或者土豆、萨扎（一种津巴布韦的主食，原料是煮得很稠的玉米，可以用手抓着吃）。新鲜水果之外的甜点只有特别的场合才会吃，而且一点一滴都是自家自制。我自己的孩子则没这么幸运，父母两人都要上班，全家都掉入了"方便"的陷阱。

"他只肯吃这个"成了父母们放任孩子不健康饮食的借口，另一个借口是"他不喜欢吃 ＿＿＿＿"（空格里可以填入各种健康食物，如糙米饭、不加糖的酸奶、乳酸菌发酵的德国酸菜）。

这些也是我们家常用的借口。我妻子和我给了小孩子们太大的权力，好像他们拥有最后的发言权。我需要给当年那位妈妈道个歉，为我当时心里对她的武断偏见，我自己还不是也和她一样！我儿子的确喜欢垃圾食品和"冰"果果汁，也常常拒绝吃别的东西，但是，是我们放任他这么做，是我们去商店采购的那些食物，导致他养成这种不良习惯。于是后来我们不再购买加工食品和果汁味饮料，而是给孩子吃新鲜的全食物、喝水。转变很艰难。我会打开冰箱，告诉他："全没了"，可怜的小家伙无比失望，开始号啕大哭。我觉得孩子很可怜，但没有让步。

在甄妮尔常规体检过程中，我很高兴看到海瑟给孩子的零食是装在玻璃饭盒中切碎的草莓和葡萄。商店的那些袋子里装的加工婴儿食品标称"有机""纯天然"，那都是噱头，不要被它们骗了。即使里面没有添加糖或者石油基食品色素，那些营养耗尽的食物也是装在会析出化学物质的塑料容器中。商店货架上放了几个月的果汁、果泥、蔬菜汁、蔬菜泥还会释放出甲醇，而人体会将甲醇转变为甲醛。你一定不希望孩子吃到这种东西（关于更多甲醛和甲醇的内容，请参考第 1 章）。

小心不要给你家 1 岁的孩子吃转基因玉米和大豆。虽然美国官方没有认证种植的转基因小麦不做销售所用，但美国大部分非有机玉米和大豆作物都为了能耐受"农达"而经过了基因改良。"农达"，即草甘膦，是一种内分泌干扰素，能干扰人体的益生菌菌群，并导致其他一些健康问题。我在第 1 章已经有相关叙述。

如果你给 1 岁孩子吃含淀粉食物或者早餐麦片，请避免食用转基因小麦。美国农场种植的小麦几乎都是同一种，而其营养物质已经一代不如一代。植物原本应该生长在多样化的生态系统中，与其他植物、昆虫、动物、真菌、土壤中的各种微生物共生，其生长的土壤应该是一个更加生物性的环境而不仅仅是岩石颗粒。小麦原本应该在生态系统中进化，而现在，其生长的环境里往往只有一种生物，而且土壤是含有化肥的死的岩石颗粒。

请选择有机小麦和有机谷物，如果可能的话，请尝试原种的一粒小麦、斯佩尔特小麦、二粒小麦或卡姆小麦，一些健康食品商店和传统超市有售。发芽的全谷物最有营养，也最容易消化，是最佳选择。我的客户里，一些更注重健康的家庭常常选择减少普通小麦的食用，转而购买有机小麦和原种小麦。有些家庭甚至完全不吃小麦。

有些家庭则不食用麸质，这是一种存在于小麦、大麦、斯佩尔特小麦、黑麦中的蛋白质。麸质对孩子的健康损害很大。"乳糜泻（Active celiac disease）"是一种由麸质诱发的自身免疫性疾病，会造成骨骼脆弱、生长停滞、腹泻腹痛等严重健康问题。乳糜泻影响的人群不到 1%，这个数量听起来似乎不大，但另一个健康问题——麸质不耐受则普遍多了。麸质不耐受是免疫系统过度活跃和功能障碍的标志，大众对其认识还很少。

儿童麸质不耐受的症状包括头疼、偏头痛、痤疮、关节痛、湿疹以及腹泻。麸质过敏的孩子如果做食物过敏测试，常常对含麸质的谷物显示出抗体水平高。我建议父母们可以给孩子的饮食做日常记录，同时记录出现症状的时间和严重程度，这种过敏反应可能会在食用麸质后数小时甚至数天后才出现，接下来最少 1~3 个月的时间内剔除饮食中的麸质，看症状是否消失。我的诊所中麸质不耐受的儿童远比想象的多。麸质不耐受可能会导致肠瘘症，从而引发其他免疫问题，有时候还会影响大脑发育。饮食中剔除麸质对这些问题都很有帮助。不过如果家族中没有出现过麸质不耐受的情况，而你的孩子看上去对麸质的耐受性很好，那就无须担心。

如果你开始给孩子引入奶制品，请给他吃发酵的全脂原味酸奶，不要找任何借口给孩子买添加了糖、阿斯巴甜代糖或其他人工甜味剂的酸奶，即使是商品上标称儿童食品。如果你阅读产品成分表，你会发现这些加糖酸奶中添加的糖不比果冻少，甚至比果冻里的糖还多。其实没有糖的酸奶孩子也一样会爱吃，你可以给大一点的孩子在酸奶中加入切块的水果来增加甜味。如果家族中遗传乳糖不耐受或奶制品过敏，则不要让孩子吃奶制品。他完全可以从牛油果、优质初榨橄榄油、椰子油、亚麻籽油、果仁酱、豆子、鸡蛋和肉类中获取足够的健康脂肪。

如果你打算让孩子食素，那就要确保给孩子补充服用液体维生素 B_{12}（喷到舌下），要特别注意从以上列出的食品中获取多种蛋白质。

胎儿及婴儿的大脑发育比任何时候都需要更多的 DHA（二十二碳六烯酸），这是一种欧米伽 3 脂肪酸，其主要来源是母乳和鱼类。如果孩子不再吃母乳，也没有吃足量的鱼，请确保给孩子添加亚麻籽粉、亚麻籽油或精制鱼油。

零食也是食物，
所以，孩子的零
食也要健康。

1 岁儿童该喝什么？

母乳和过滤水！我们的身体超过 70% 都是水，水对我们的生命至关重要。1岁大的孩子能够从母乳、食物、水和其他液体中摄取水分，从 1 岁开始你也可以给孩子喝牛奶，如果孩子乳糖不耐受，羊奶、骆驼奶也都是健康的选择。

第 2 章中我们提到过，我们的市政供水系统现在还无法做到除去日常自来水中的杀虫剂、某些有毒物质。给孩子喝水时，如果孩子不愿意喝不需强制孩子，身体会告诉他是不是渴了。如果你和我一样特别纠结于准确数字，那可以告诉你，喝的水大约是体重的 1/16。水里可以加一片柠檬或者橙子，让水更有味一点。椰子水也是补水的好东西，孩子可以爱喝多少喝多少。

广告到处宣传各种"较大婴儿配方奶粉"能够给这个年龄段孩子"最优营养配方"，别被这些措辞骗了，看一看配方表，这些听起来高端而昂贵的配方奶粉不过是经过深加工、充满了转基因产品和糖的垃圾食品。

1 岁儿童的母乳喂养

母乳是 1 岁儿童超级好的食物，我鼓励任你意愿，母乳喂养多久都可以。也许有人说"这么大的孩子"不需要母乳了，别听他们的。英语中有个说法是："如果孩子大到可以开口要奶吃，那就说明他已经不需吃奶了"，这完全是胡说八道。每个新生儿都索要自己需要的东西，虽然不是通过语言，而是通过身体语言、哭声或者咿咿呀呀的声音。母乳喂养能给孩子提供营养、提高免疫力、提升幸福感以及依恋带来的安全感。母乳喂养与高的智商、较低的肥胖率以及以后较低的心脏病发病率相关联。母乳喂养期间，孩子会一直受益。

睡吧，睡吧，我的好宝宝

你有没有注意到，好多儿童绘本故事的最后一页都有一个甜甜酣睡的小宝宝。如果真实的现实生活也是这样就好了，每一位父母都知道，对这么大的孩子来说，睡眠可能是一个挑战。睡觉前无休无止地讲故事，一会儿要喝水，一会儿肚子饿，有些爸爸妈妈简直不胜其烦。也有些家庭睡觉前还不错，顺利地建立起愉快的睡前仪式，可是早晨却被搞得疲惫不堪，因为 1 岁多的小家伙总在天刚蒙蒙亮就一骨碌爬起来，用他们胖胖的小手扒开爸妈的眼皮。

有些家庭的解决方法是孩子和爸爸妈妈一起睡，我认识不少家庭这样做，很奏效，早晨起床大家神清气爽。但对有的家庭来说却不行，比如我家两个超级活跃的儿子，如果我们和他俩睡一张床，那谁也别想休息好。这在他们几个月大的时候就一目了然了。

如果你的 1 岁大的孩子还没形成有效的入睡模式，那他可能会是一个老练的谈判家，终极目标就是要得到爸爸妈妈更多的时间。对这个年龄的孩子来说，脑子里没有睡觉这个词，他们想到的都是你，醒着的你（还有周围这个有趣的世界。时间太少，需要探索的太多！外面这么黑，真有意思！）！

我发现睡眠问题和父母白天做得好不好没有关系，而且其实方法也无所谓对错，只是对你家来说哪种方法奏效。无论选择哪种方法，务必父母两人站在一条战线上，否则不会成功。我给你最好的建议是，对孩子和自己态度好一点，温柔一点，耐心一点。这个阶段会过去的。

如果你不喜欢带孩子怎么办?

"你喜欢甄妮尔吗？"我问甄妮尔的妈妈。这个简单的问题常常会打开一扇门，父母们常常就会开始滔滔不绝地谈带孩子的挑战。也许你会觉得儿科医生问这样的问题很奇怪，但是作为父母，你的自我感觉如何，你怎样和孩子互动，甚至你对他们感觉如何都对孩子的健康有影响。

我们都爱自己的孩子，但是并不是所有时候都享受跟他们在一起。根据孩子的性情和你处于哪个人生阶段，1岁的孩子对于父母来说可能是非常难缠的。带孩子这个"工作"常会比我们没有孩子之前想象的要困难得多。有些新爸爸妈妈似乎不大费力，而有些则不堪重负。海瑟看起来有条不紊，成竹在胸，可是现在，却突然崩溃大哭。

"我什么都做不好，我不是一个好妈妈。"她告诉我他们和家人住得远，丈夫经常出差，即使不出差也常常回家很晚，所以很多时候都是海瑟一个人独自在家带孩子。她放弃了之前成功的事业，做了全职妈妈。虽然外人看来她什么都做得很好，给孩子做健康零食，出门时的婴儿包总是整整齐齐，孩子总是穿得漂漂亮亮、甜甜地笑着，可是她自己总感觉烦躁无趣，毫无成就感。

我安慰她："不是所有的人都天生擅长带孩子的这些事情。"

我接着听海瑟的讲述，问她是否考虑重返职场，她瞬间被点亮了一般，接着咬了下嘴唇，"我们已经决定自己在家带孩子，不想把孩子放在日托中心让别人带。"她叹了口气，光芒从她脸上褪去。

和孩子待在家里当然很好，不过也意味着一定程度地与社会隔离。带孩子需要很多生活上的支持和帮助。你可以去一些儿童游乐场所，互助团体或者图书馆组织的活动，这样就能和同龄孩子的父母们聚会交流。不要因为请保姆或自己出去放松一下而感到内疚，也无须为自己重返职场有负罪感。快乐的父母是养育快乐孩子的最好基础，所以不要忽略自己的需要。

1 岁儿童的血液检验

如果你家住在老房子里，那么墙壁上的涂料可能含铅，水管也可能含铅，会危害孩子的健康。如果现在还没有给孩子做铅含量筛查，请给孩子检查一下身体里的铅含量水平。

我常常还会给孩子做贫血筛查。这个年龄段的孩子缺铁的情况让人出乎意料，缺铁的后果就是贫血。我们通常在 9 月龄和 1 岁的时候给孩子做铁缺乏和铅暴露的筛查，如果父母提出要求的话任何时候都可以做。

若孩子血液中铅含量太高（超过 5 微克每升），那么你需要系统地检查你家和孩子生活的环境，找出铅暴露的根源并且将其移除。铅暴露最常见的源头是含铅涂料产生的含铅粉尘，以及含铅涂料溶解污染房子周围的土壤。窗户上的油漆含铅，开关窗户会造成铅暴露，学步的孩子可能会把窗户上剥落的油漆放到嘴巴里，这也是最主要的铅暴露之一。如果你住的房子比较老，老水管可能也含铅，所以不要喝未经过滤的水，也不要用未过滤的水做饭。你可以把水送去检测。任何含量的铅对身体都是有害的。

儿童铁缺乏可能导致智商低、生长缓慢、贫血以及一长串其他症状，如疲劳、皮肤苍白、虚弱、气短、头疼、异食癖（吃一些非食物的东西，如土）、手脚冰凉以及整体健康状况不佳。如果我们做血液检查，实际上几乎每个人的铁含量水平都不同程度偏低。含铁量高的食物包括红肉、鸡蛋和绿叶蔬菜。现在有一些补铁的早餐麦片出售，不过我还是倾向于让孩子吃自然的全食物。避免缺铁的最好方法是保持健康全面的全食物饮食。

朗读能够培养孩子对书的喜爱。

1 岁常规体检时的疫苗接种

1 岁常规体检是疫苗接种的重要时期。在讨论有哪些疫苗，我推荐哪些疫苗之前，让我们停下来，先谈一谈那个大家都避而不谈的问题。也许大部分的孩子能够承受同时接种好几种疫苗，但对于一些未成熟的免疫系统来说，这个量是无法承受的。

我们来看看 1 岁儿童常规体检时会遇到哪些疫苗。这次有 8 种疫苗，用以预防 10 种疾病，其中包括 4 种或者 5 种活病毒疫苗（是 4 种还是 5 种要看你选择注射哪种流感疫苗）。

（1）乙型肝炎疫苗（第 3 剂，建议 6~18 个月期间接种）。

（2）b 型流感嗜血杆菌疫苗（第 4 剂，建议 12~15 个月期间接种）。

（3）肺炎链球菌疫苗（第 4 剂，建议 12~15 个月期间接种）。

（4）脊髓灰质炎疫苗（第 3 剂，建议 6~18 个月期间接种）。

（5）流感疫苗（每年接种）。

（6）麻疹－腮腺炎－风疹疫苗（三联活病毒疫苗，第 2 剂，共 2 剂，建议 12~15 个月期间接种）。

（7）水痘疫苗（活病毒疫苗，第 1 剂，共 2 剂，建议 12~15 个月期间接种）。

（8）甲型肝炎疫苗（第 1 剂，共 2 剂）。

前一章中，我介绍了乙型肝炎疫苗、b 型流感嗜血杆菌疫苗、肺炎链球菌疫苗、脊髓灰质炎疫苗和流感疫苗的信息，并给出了我的建议。下面是关于麻疹－腮腺炎－风疹疫苗、水痘疫苗和甲型肝炎疫苗的信息，并针对怎样接种才能更为安全提出建议。

麻疹

麻疹，又称英国麻疹（与德国麻疹相区别，下面将会讲到），由麻疹病毒引起，这种病毒传染性非常强，触摸麻疹病人触摸过的物体，或者几个小时后进入麻疹病人曾在其中咳嗽过的房间，就有可能被传染上。其主要的传播渠道是咳嗽或者喷嚏的飞沫。它比较容易辨别，感染者感染后全身会出现红色的疹子。感染这种病毒通常会造成儿童发热、鼻塞、咳嗽、红眼病，随之出现红疹，先出现在脸部，然后扩展到全身。年龄特别小的儿童以及免疫系统较弱的儿童更容易因为麻疹而发展为肺炎，或者发展为脑炎，而脑炎有千分之一的死亡率。患麻疹的儿童在疹子出现的数天前即具有传染性，所以这种疾病很容易传染，也很难控制。其感染的潜伏期从 7 天到 21 天不等。

暴露于麻疹环境的人，如果之前没有感染过或者没有免疫过，90% 会受到传染。这是坏消息。好消息是，感染过麻疹的儿童终身对麻疹具有免疫力。它不像脊髓灰质炎，脊髓灰质炎感染者痊愈后可能会留下令人痛苦的、有时候是致残的综合症状，麻疹似乎没有长期持续的不良影响，相反，感染麻疹与过敏风险的降低有相关性。

麻疹会让人感觉很难受，但是这种疾病（以及伴随出现的疹子）通常只持续一周时间。虽然麻疹没有特效药进行治疗，但待在较暗的房间休息（光线往往会对感染者的眼睛造成刺激）、大量补充液体、减轻疹子造成的皮肤瘙痒等措施能让病人好受一点。用玉米淀粉或燕麦片进行坐浴对皮肤瘙痒有一些缓解作用，也可以局部施用炉甘石洗剂或芦荟汁（芦荟里的天然凝胶对其他皮肤疾病，包括晒伤，也有治愈效果，我建议你在家种一棵芦荟）。

从全球来看，缺乏维生素 A 的儿童更容易感染麻疹。2005 年出版的考科蓝评——医学分析里最具公信力的黄金标准，发现给麻疹病人 2 天以上高剂量维生素 A 能够有效降低死亡率。

大部分感染麻疹的病人都能痊愈，尤其是在卫生、营养条件较好，能获得清洁水源的国家。正常、健康、具有高功能免疫系统的儿童很少会因麻疹引起并发症或造成死亡。但是，问问你的父母或者祖父母，你会很惊讶以前有那么多人感染过麻疹。

虽然 20 世纪 60 年代的时候，我大部分朋友和我都感染过麻疹，但都健康痊愈没有留下什么问题。美国疾病预防控制中心病毒性疾病司的报告说，10 多年来美国没有发生过麻疹导致的死亡病例，但是我知道麻疹可能致命。我在前言中讲过，我津巴布韦的玩伴——他的名字叫陶莱，就是死于麻疹并发症。

腮腺炎

腮腺炎是一种病毒感染，初始表现为没有食欲、头痛和肌肉痛。病毒出现在人的唾液中，通过空气传播——主要是通过打喷嚏、咳嗽或者呼吸被病毒污染的空气。这种疾病通常持续一周。医生是通过观察面颊、耳下和下巴的位置是否出现肿胀来进行判断。腮腺炎可能会让人很难受。没有某种药物可治疗腮腺炎，目前的方法只是缓解症状，让病人多休息。

过去腮腺炎是一种儿童常见疾病，现在美国已经很少见到腮腺炎的病例。2014 年报告了 1223 例，而 2013 年只有 584 例。腮腺炎是一种症状比较轻的儿童疾病。它会导致失聪（大约 2 万例中有 1 例）和脑水肿（6000 例中有 1 例）。

美国疾病预防控制中心说腮腺炎导致死亡的病例"极其罕见",并且更容易发生在成人身上。尽管最近几年发生过大学校园内的几起众所周知的腮腺炎暴发事件(宿舍和近距离接触环境是腮腺炎暴发的温床),也很少有学生感染,更没有出现死亡病例。

风疹(德国麻疹)

风疹也是一种由病毒感染引起的症状轻微的疾病。风疹引起的红疹看起来像是较为轻微的麻疹,通常 3~5 天就会消退。50% 的风疹因为症状较轻,病人往往都没有意识到自己已经感染。其症状也还包括低热、流鼻涕以及皮疹出现前的腺体肿大。风疹有轻微传染性,通过咳嗽以及其他分泌物传染。

最近一次风疹大暴发出现在 50 年前,1964—1965 年。现在报告的风疹病例极其罕见。2004 年一个公共卫生独立机构和传染病专家组认为美国已经消灭了风疹,2011 年另一个独立专家组重申了这个观点。

发生在儿童身上的风疹比较轻微,而对于青少年来说则危险得多,尤其是对于孕龄的女性。患风疹的孕妇在第一孕期(怀孕的前 3 个月)流产的风险高达 25%。孕妇感染风疹即使没有流产,也可能导致胎儿出现"先天性风疹症候群",造成严重健康问题,如失聪、失明、先天性心脏缺陷、发育迟缓等。年轻女性感染风疹可能会出现颈部后方腺体肿大以及历时数周的关节痛。风疹导致的严重并发症包括脑部炎症和慢性关节炎。

麻疹疫苗

最早的两种麻疹疫苗于 1963 年开始投入使用,美国对麻疹 – 腮腺炎 – 风疹疫苗(MMR)的常规接种开始于 20 世纪 60 年代末,但灭活病毒疫苗 4 年后因为没有效果(而且还会导致非典型的麻疹)而从市场上撤回。活病毒疫苗因为会造成发热和麻疹样皮疹,于 1975 年被撤回。第一代麻疹疫苗还与脑病变和一种叫亚急性硬化性全脑炎的致命性并发症相关。麻疹本身也可能诱发这两种疾病。

20 世纪 80 年代早期改良后的第二代麻疹－腮腺炎－风疹疫苗（MMR Ⅱ）开始投入使用。2009 年之前市场上都还有单独的麻疹、腮腺炎、风疹疫苗，全部由默克公司生产。但 2009 年，默克公司宣布不再制造这些单独剂量的疫苗。在我现在写这本书的时候，美国和加拿大都没有单独的麻疹疫苗、腮腺炎疫苗和风疹疫苗出售，这就意味着想要对这三种疾病中的任何一种进行预防都必须接种三联活病毒疫苗。

目前美国儿童可以接种两种麻疹－腮腺炎－风疹疫苗，全都由默克公司生产。

MM Ⅱ：一种减毒活疫苗，获准给予 12 月龄以上儿童或需要到麻疹高风险地区旅行的 6 月龄及以上儿童接种。根据美国疾病预防控制中心的推荐，1 岁前接种了麻疹－腮腺炎－风疹疫苗的婴幼儿到 1 岁和 4~6 岁时仍需分别再注射 1 剂。

ProQuad：这种疫苗可以预防 4 种病毒感染，麻疹、腮腺炎、风疹和水痘，用于 1~12 岁儿童。理论上来说这种疫苗比较方便，注射一次，免疫 4 种疾病。但是，我不推荐这种疫苗，因为与之相关的痉挛发生率非常高。

麻疹疫苗安全吗？

像其他活病毒疫苗一样，这种疫苗也有副作用，常见的是儿童接种不久后出现低热，接种一两周后出现麻疹样红疹。其他副作用包括发热、易怒、不舒服、充血以及咳嗽。接种后父母们要注意亚急性硬化性全脑炎，这是一种急性，有时候甚至会致命的疾病，有报道反映其出现在麻疹－腮腺炎－风疹疫苗接种之后。这种并发症非常罕见，也可能伴随野麻疹出现。

最严重的退化性自闭症似乎出现在 12 月龄与 36 月龄之间。没有人真正明白为什么发育正常的孩子会在 12~15 月龄的时候发展成严重的自闭症。也许是因为这个年龄段暴露于环境中的致毒物质之下，特别容易造成大脑和免疫系统受损？我怀疑是这样。我猜测，到了 3 岁之后，大脑网络已经很完备，即使暴露于有害环境也不会造成自闭症。

麻疹－腮腺炎－风疹活病毒疫苗对某些易感染儿童来说有问题。如果孩子的身体情况较特殊，最安全的做法是推迟疫苗接种，到孩子大一点、能说话、不存在明显神经问题的时候再接种。到孩子 3 岁时，你就能确定孩子的语言能力和发展是否正常。

麻疹－腮腺炎－风疹疫苗有效吗？

这个问题对于流行病学家和研究者来说都是很难回答的问题。虽然麻疹发病率的直线下降应该归功于麻疹疫苗，但 1989 年和 1991 年又出现了不明原因的回升，在美国，据记录有 5.5 万人感染麻疹，创下美国历史记录，并因此导致 120 人死亡。这让卫生部门非常困惑，当时美国麻疹疫苗接种率超过 95%，这也促使美国疾病预防控制中心 1989 年又追加了第二剂麻疹疫苗，给 4~6 岁年龄段儿童注射加强。

我发现麻疹－腮腺炎－风疹疫苗推迟到 3 岁后接种，比 12~15 月龄期间接种效果更好，可以产生对麻疹很好的免疫。孩子 3 岁后接种麻疹－腮腺炎－风疹疫苗的效果非常好，通常不需要第二次接种（美国疾病预防控制中心最近推荐 4~6 岁儿童第二次接种麻疹－腮腺炎－风疹疫苗）。我诊所里只接种了一剂麻疹－腮腺炎－风疹疫苗的近 500 名儿童中，98% 显示出对麻疹病毒产生免疫。这些孩子中约有 1/3 是在 3 岁后接种，99%（172 人）显示出对麻疹的免疫能力。在接种疫苗平均 3.5 年后进行的麻疹免疫球蛋白血检显示，麻疹疫苗能提供持久的免疫能力。

这个数据表明，可能不必要多次接种麻疹疫苗，特别是如果将接种麻疹－腮腺炎－风疹疫苗的时间推迟到孩子 3 岁或 3 岁以后。儿科医生可以开血检单给孩子去做麻疹病毒抗体效价（血液中麻疹抗体的水平）检查，看是否有足够的抵抗麻疹的抗体。如果有，那就无须补接种麻疹－腮腺炎－风疹疫苗的加强剂。当然，具体的接种时间还应该结合孩子的实际情况和当地的疫苗接种规定来决定。

水痘

1989 年，当时我在波特兰的伊曼纽尔儿童医院的非上班时间诊所工作。一个 8 岁的孩子因典型的水痘症状送来就医，诊断为严重型水痘。孩子整个脸、头、手臂和身体上有 100 多个红色的疙瘩，有些疙瘩里有清澈的液体，有的上面结了一层皮，还有些是新出的小红疙瘩。孩子表情非常痛苦，父母告诉我孩子前一天出现了高热 40℃。心跳为 160 次 / 分，几乎是正常心跳的 2 倍。

快速地看了看孩子，我知道他必须要住院治疗。

孩子被直接送到了重症监护病房。

悲剧的是几天之后孩子因为感染无法控制而死亡。

2 周后这个孩子的弟弟也因为同样的病，水痘，送来就诊，接诊的医生还是我。我安慰他们闪电不会两次击中同一个地方，但你可以想象这对父母有多担心害怕。

他们的第二个儿子虽然病情也很严重，但是痊愈了。水痘很少致命。在水痘疫苗发明使用之前，一年大概有 370 万水痘病例，其中大概 100 例死亡（实际上，水痘因为太过常见，病情比较轻微，很多病例都没有上报记录）。死亡病例中有一半以上是成年人，水痘造成的死亡主要是因为病人免疫系统较弱。回顾和反思前文所提病例，我现在认为那个 8 岁孩子死亡一定是因为存在未被诊断发现的免疫缺陷，很有可能是一种家族遗传性的免疫缺陷，他弟弟也因水痘出现严重症状就是佐证。

虽然水痘有可能出现严重情况，但绝大部分时候儿童病人只呈现出轻微症状。患病最初的标志是低热和没有食欲。

水痘疫苗

目前美国疾病预防控制中心和美国儿科学会推荐，在儿童 12~15 月龄之间接种第一剂水痘疫苗，4~6 岁之间和麻疹 - 腮腺炎 - 风疹疫苗一起接种一剂水痘疫苗加强剂。

目前市场上 1 岁儿童的水痘疫苗有 2 种，均由默克公司生产。

Varivax 这种疫苗只预防水痘，是一种减毒活疫苗，获准面向 12 月龄以上人群接种。

ProQuad 这种疫苗预防四种疾病——麻疹、腮腺炎、风疹和水痘，获准面向 12 月龄至 12 周岁人群接种。如我前面所说，我不推荐这种高反应活性的疫苗。这种疫苗导致热性惊厥以及包括血小板减少在内的其他严重反应概率太高。

水痘疫苗安全吗？

很多蹒跚学步的儿童对这种疫苗接受度很好，没有出现持续的疾病反应，但因为是减活病毒疫苗，其副作用可能与水痘本身的症状相似。

在这种疫苗投入大范围使用之前，曾在 1 万名儿童身上进行过安全性研究。研究发现 20% 的孩子在注射位置出现了反应，15% 的孩子出现发烧，还有 4% 的孩子在接种后 4 周内出现了与水痘相似的皮疹。注射第 1 剂后 85% 的人身上出现了全身性反应（身体疼痛、感觉不舒服、疲劳、腹痛、头痛、烦躁易怒），注射第 2 剂后的全身性反应率为 66%。这些反应通常被认为是正常的常见情况，不必担忧。

但是，水痘疫苗也曾引起过严重的不良反应，包括肺部肿胀（肺炎）、高热导致的惊厥（100 例中 1 例）以及特发性血小板减少性紫癜（这种血小板减少的症状可能会导致长达 2 个月的住院治疗）。其导致的神经系统的反应包括脑炎、脊椎炎、感染性多发性神经炎、面瘫、身体不协调，也还有过没有发热却出现惊厥的报告。虽然较为罕见，但水痘疫苗还曾导致肺炎、史蒂文斯－约翰逊综合征（一种严重的过敏反应）和过敏性紫癜（一种严重的免疫反应）。

水痘疫苗有效吗？

水痘疫苗曾有效消灭儿童中的水痘。现在我很少看到水痘的病例。但是官方对目前市场上的水痘疫苗效果的估计各不相同。欧盟估计水痘疫苗的有效性为 85%。美国疾病预防控制中心认为注射 2 剂水痘疫苗的预防有效性为 98%。

2014 年美国有 9893 例水痘病例，2015 年有 8184 例。我在过去几年中见到的不多的一些水痘病例症状都比较轻微，这不奇怪，因为水痘本身大部分情况下都比较轻微。

水痘疫苗必要吗？

1995 年当这种疫苗大规模推荐给正处于学步阶段的儿童接种时，父母和医生都感到惊讶。过去，这几乎是每个人都要经历的，医学专业人员和医生都不会对此过多担心。我的从医经验中，大部分家长不愿意在孩子年龄小的时候注射这种疫苗，认为自然的免疫能够给予孩子一生的保护，好于疫苗激发的保护。我诊所中的大部分家长现在仍然持有这样的想法。

现在也有关于水痘疫苗是否能够防疫带状疱疹的讨论。带状疱疹是一种伴随疼痛的疾病，由水痘带状疱疹病毒引起，通常出现于成人身上。水痘带状疱疹病毒能够在皮疹和疾病消失后在身体中潜伏很久。得过水痘的成人也可能得带状疱疹。有些研究者认为，人为让儿童感染减活的水痘病毒可能让其成年后感染带状疱疹的概率降低或者感染后症状减轻。带状疱疹出现在 40 岁以下年龄段的可能性非常小，而水痘疫苗在市场上出现的时间才 20 多年，所以还没有证据来证明以上观点。

我对水痘疫苗的态度

水痘虽然症状比较轻微，但传染性非常强。一旦孩子得了水痘，就需要家长或者照看者在家看护，大约需要 2 周时间才能恢复。如果你担心孩子染病后可能影响你的工作，可以给孩子接种水痘疫苗。但是我并不认为接种水痘疫苗是必要的，也并不认为需要将这种疫苗添加到儿童疫苗方案中去。

我不建议给尚处于蹒跚学步阶段的孩子接种联合疫苗（ProQuad），其原因不仅是因为副作用，还因为它包含有 4 种活病毒。给一个蹒跚学步的孩子注射四联活病毒疫苗本身就不对。一个孩子可能会自然地染上一种疾病，但不会一次得 4 种病。我很担心给一个 12 月龄大的孩子注射 4 种活病毒来刺激他的免疫系统，即使里面是减活病毒。一针注射麻疹、腮腺炎、风疹、水痘 4 种疫苗的另一个坏处在于，如果孩子出现了疫苗反应，你无法知道他是对哪种成分出现反应。

甲型肝炎

在我们家搬到津巴布韦后不久，我妈妈就开始出现眩晕，身体很虚弱。当时，妈妈想把衣服挂到晾衣绳上去，她抬手去够晾衣绳，却没够着。妈妈回忆当时的情景说："我无法准确判断距离，不想吃东西。"我爸爸原定那天要走访一个农村的教堂。他问妈妈是否需要他留在家，妈妈坚持认为自己没事。但是，并不是没事。妈妈感到问题严重后，同意让村子里的一位老人用一辆年代久远的车把她载到鲁萨佩的医院。医生问妈妈感觉怎么样，妈妈说："我的小便像咖啡一样。"

医生马上就明白是怎么回事，将妈妈收治入院，并派人给我爸爸带话。我妈妈入院时体重约 62 公斤，几周之后她的体重降到了 54 公斤以下。妈妈还记得生病后第一次可以起床洗澡时，她在白色浴缸的映衬下，通体呈现出亮橙色。

我妈妈患的是甲型肝炎，这是一种传染性病毒感染，通过被污染的食物和水传播，和感染者接触也会造成传染。我爸爸终于回来了，回家的第一个晚上他和我们几个孩子待在阿诺丁，第二天早上他感觉不舒服。他没来得及去看妈妈就直接住进了医院。妈妈和爸爸都在医院里住了 3 周，之后又恢复了 3 周，然后才回到家里。

成人感染甲型肝炎的症状包括疲乏无力、深色小便、恶心、呕吐、腹痛、大便灰色，食欲减退、发热、关节痛以及肤色发黄。有的人病情较轻甚至没有症状，也有的病情严重持续数月。

医生们认为小儿甲型肝炎是一种较轻的疾病。80% 的成人染病后出现症状，而大部分的儿童则不出现症状。小儿染病后很少出现典型的其他肝病会出现的那种黄疸性皮肤，而通常是低热，有时候可能出现恶心和食欲减退。

我不知道我的兄弟姐妹、我的玩伴们或者我自己是否得过甲型肝炎，但我可以说，我们都没有出现过难受的症状。这种病一旦得过一次就能终身对其免疫。

和其他类型的肝炎不同，甲型肝炎很少造成长期肝脏损伤，也很少转变为慢性。尽管不舒服，但是甲型肝炎对成人来说几乎从来不是威胁生命的疾病，除非有些人有其他方面的并发症。

甲型肝炎疫苗

第一支甲型肝炎疫苗于 1995 年在美国获批销售，4 年后美国推荐高风险地区（如阿拉斯加州）的人群接种，2006 年美国疾病预防控制中心推荐所有 1 岁儿童接种甲型肝炎疫苗。

甲型肝炎往往是一种较为轻微的疾病，在美国很多地方发病率很低，目前美国只有 19 个州和哥伦比亚特区要求儿童接种甲型肝炎疫苗。我诊所所在地俄勒冈州不在其中之列。

目前使用的甲型肝炎疫苗有 3 种。

贺福立适（Havrix，葛兰素史克公司生产），是一种灭活病毒，有两种剂型，一种给 18 岁以下儿童或青少年注射，一种给成人注射。最小接种年龄为 1 岁。

维康特（Vaqta，默克公司生产），是一种灭活病毒，也有成人和儿童（青少年）两种剂型。最小接种年龄为 1 岁。

双肝克（Twinrix，葛兰素史克公司生产），包含有灭活的甲型肝炎病毒和乙型肝炎病毒。这种疫苗需要注射 3 剂。最小接种年龄为 18 岁。

甲型肝炎疫苗安全吗？

这么多年我所经历的甲型肝炎疫苗接种者中，只见过很轻微的疫苗反应，包括发烧、情绪不安、头疼、眩晕、恶心、喉咙痛以及注射部位痛。也有更为

严重的副作用的报道，如长时间哭泣、持续数天的高热、抽搐、昏厥、格林 –
巴利综合征以及过敏性反应等，但较为罕见。如果孩子接种第一剂后出现了较
为严重的反应，应停止接种第二剂。

甲型肝炎疫苗是由胎盘上培养的肺部细胞而来，因此疫苗中含有人体细胞
物质。将含有人类 DNA 的物质注射入人体，其长期的后果尚为未知数。贺福立
适和维康特也都含有少量新霉素，这是一种常见的抗生素，用以保持细胞培养
的无菌环境。已知对新霉素过敏的儿童不应该接种这种疫苗。

甲型肝炎疫苗有效吗？

因为儿童很少得这种病，所以很难评估疫苗单独对儿童的有效性。但是对
儿童和成人混合人群进行的研究表明，甲型肝炎疫苗有效性介于 82% 和 95%
之间。

保罗医生的建议
1 岁儿童

1. 设立清晰、理性的边界。对于 6 月龄以下的孩子，你怎么爱他
都不会将他宠坏，但 1 岁的孩子就不同了。这个年龄段的孩子不能想
要什么就给他什么，需要温柔却坚定地设立边界。

2. 安全驾驶。美国 1~4 岁儿童中，可避免的死亡人数排第二位的
是机动车交通事故造成的死亡。汽车儿童座椅需要按照要求安装，任
何时候都需要系安全带。安全座椅安装在后排中间是最安全的。你开
车越少，汽车交通事故的风险当然就越小。步行既安全又健康。

3. 对沛儿（Prevnar）肺炎链球菌疫苗和 b 型流感嗜血杆菌疫苗说
"好"。你的孩子需要这两种疫苗来预防严重的细菌感染。

4. 水痘是一种轻微的病，无须接种疫苗。

5. 母乳喂养。只要妈妈和孩子都愿意，母乳喂养仍然对孩子有益。

6. 适当放手。作为父母，我们有时候需要放手，鼓励和支持孩子，让他们自己去探索世界，让他们用自己的方式与世界交流。

7. 宝宝安全防护。将厨房水槽下储物柜中的有毒物质全部清除，将插座盖盖上。给窗户安上窗户锁。最近我接诊的一个孩子是从二楼窗户坠落到一楼水泥地上，万幸除了颅骨骨折外，他别的方面都没什么大碍。

父母最常问的六个问题
1 岁儿童

1. 曾经那个甜美温和的孩子 1 岁后变得爱发脾气了。我该怎么办？

答：孩子发脾气是因为过盛的情绪，通常是沮丧造成的。对 1 岁的孩子需要慈爱友善，但不能他发脾气或哭闹就给他想要的东西。有时候分散注意力是个不错的方法。我记得有一次我的女儿脸朝下趴在厨房地板上大声号哭，手拍脚踢，像是在自由泳。于是我自己也趴在地板上，在她身边和她一模一样，又哭又打。她停下来转过头看着我，然后，笑了。一场哭闹就这么结束了。要长期保持好脾气当然很难，不过不妨努力试试。

2. 1 岁的孩子能吃什么？

答：1 岁以后的孩子几乎什么都可以吃，甚至蜂蜜，不过需要避免花生、小块的胡萝卜、火腿肠片等卡住造成孩子窒息。避免食用各种袋装、瓶装、罐装的加工的"婴儿食品"。给孩子吃各种健康的、真正的食物，不用太过担心孩子吃了多少，多久吃一次这种问题。

3. 1 岁后还可以继续母乳喂养吗？

答：不仅可以，而且是很好。如果孩子和你都喜欢，那就继续。

4. 1 岁的孩子喝什么？

答：母乳是最完美的饮料。有机全脂牛奶现在也可以喝，除非孩子表现出对奶制品的不耐受。过滤后的水也是不错的选择。我建议父母们避免给孩子喝果汁味饮料，也没有任何理由需要给 1 岁的孩子喝苏打饮料，这里面含有很多有毒物质（如受到致癌物质污染的焦糖色）以及加工过的糖。

5. 怎样让我的孩子晚上安然入睡？

答：这要看你自己的观念和孩子的性情。如果你的孩子属于精力充沛、高度兴奋型，睡觉可能会是全家的最大挑战。小孩子半夜醒来也很正常，只要你不做什么事情干扰孩子的夜间睡眠，他们最后都会自己再次入睡。有些医生推荐让孩子"哭出来"。这个方法对有些家庭有效，不过你需要用最适合自己家庭的方法。我不建议让比较急躁的小孩子哭到入睡。这对每个人都是折磨，孩子的焦躁不安穿过墙壁和屋顶，谁都不可能睡得好。

6. 孩子可以和我一起睡吗？

答：可以。如果你自己觉得可以，那就让孩子睡在你的床上，这没什么不好。只不过要确保孩子睡的床垫要比较坚实，床上不要有多余的东西以免造成孩子窒息。

第 *8* 章

学步期及学龄前

学步期的儿童，如果大量时间用在看电视或玩电子游戏上，语言发展可能会推迟。我不建议 3 岁以下儿童进行像看电视或玩电子游戏这样的被动行为。

孩子 1 岁后去做常规就诊体检的频率比之前少多了。

标准的儿童就诊时间安排表如下。

15 月龄

18 月龄

2 岁（24 月龄）

2.5 岁（30 月龄）

3 岁（36 月龄）

　　3 是个神奇的数字，一旦孩子 3 岁了，只要没有生病，常规的体检就可以稀疏到一年一次。有些医生告诉家长说 15 月龄和 18 月龄常规体检可以跳过，我同意，对一个健康的孩子来说这两次常规体检在医学上来说不是必需的。

　　18 月龄常规体检时，维克多和我目光接触时朝我笑了一下，然后害羞地把头埋在妈妈的臂弯里。我和他爸爸妈妈说话时，他时不时地偷偷朝我看。

　　我询问他语言发育的情况。维克多的妈妈说："他大约会说 20 个词，还有好多好多我们不懂的话。"我笑起来，又跟她讲我女儿这个年纪时自创的外星语言。那时候她嘴巴不停，面部表情丰富极了，还有手势帮忙，我也模仿她的语言应答她。我们似乎沟通得很好。

　　语言的发育个体差异很大。有些孩子学步的年龄就能说一长段话，而有的则只能说几个词。18 月龄儿童较为典型的情况是会说 10~20 个词，像维克多这样。而 2 岁儿童较为典型的是大约 50 个词。但是没有哪个孩子是真正"典型的"，而且生长在双语家庭的孩子开始说话的年龄会稍微晚一点。如果想帮助孩子学说话，可以多跟他交流、给他读书、问他问题，并停下来听他的回答（即使是用的你不懂的外星语言）。学步年龄的儿童，如果大量时间用在看电视或玩电子游戏上，语言发展可能会推迟。我不建议3岁以下儿童进行像看电视或玩电子游戏这样的被动活动。不过只要孩子2岁前能够理解简单的句子、听从简单的指令、和人有目光接触、还能说几个词，那通常无须担心。如果孩子丧失语言能力或者失去目光接触，或者往常很爱和人交流的孩子开始脱离与周围人的交流，宁愿自己一个人玩，这是亮起了红灯，需要警惕。

18月龄孩子的精细动作技能也在发展：他能用勺子给自己（也给你）喂饭，虽然往往会搞得一团糟。他喜欢把大的拼图放到合适的位置，或者能把圆环穿到柱子上面。积木、乐器、形状分类盒（一种玩具，把各种形状放到正确的洞里面）以及别的玩具都能培养精细动作技能。

大部分18月龄儿童能够快速走路，跑步时则有些笨拙僵硬。这个时候的孩子往往头重脚轻，容易摔跤。我儿子这个时期经常摔跤，脸上总是青一块紫一块，我妻子甚至担心别人怀疑我们虐待孩子。到2岁时他们就能轻松地上下台阶、踢球或者扔球。有的孩子已经可以学习如何接球。

不要过于担心孩子的体重和身高，除非他的生长曲线一路走低，这种情况很少出现。孩子的体型和个头与基因和环境都有关系。通常来说，你越努力给孩子吃真正的全食物，孩子就会越健康，就会生长得越好。让他自己给自己喂饭，即使最后弄得一塌糊涂，饭菜一半桌上一半地下也没关系，这是这个年龄段孩子需要掌握的一项重要技能，是成长中不可或缺的一部分。他的任务就是把东西弄脏。等孩子上大学了，你的厨房就干净了。

给孩子吃富含欧米伽3（Omega-3）脂肪酸的食物，这对健康发育很重要，亚麻籽、核桃、沙丁鱼（沙丁鱼处于食物链底端，受重金属污染的可能性较小）、三文鱼、金枪鱼、黄豆、毛豆等都有较高含量的欧米伽3（Omega-3）脂肪酸。给孩子吃鱼油（一天最多1000 mg）是保证孩子摄入足够的欧米伽3（Omega-3）脂肪酸的好方法。你可以把鱼油混在蔬菜汁里面或者其他液体里面，其实很多孩子也愿意直接喝下去。每餐都给孩子吃发酵食物和其他益生菌（如乳酸菌发酵原味酸奶）对免疫系统很有好处。这些活的食物帮助肠道培育益生菌，防止传染性疾病的侵扰。

如果你发现孩子的饮食没有你希望的那样丰富全面，或者孩子经常生病，你可以尝试一下含有甲基 B_{12} 和甲基叶酸的多种维生素，特别是如果你家族有亚甲基四氢叶酸还原酶基因多态性问题（我在第 2 章讨论了亚甲基四氢叶酸还原酶缺陷的问题）。

如果你不是住在赤道附近或者孩子没有很多时间在室外活动，我建议你给这个年龄的孩子每天补充维生素 D_3（通常是 1000 国际单位，不过精确的量要视孩子的体重确定）。维生素 D 可以是液体的形式，也可以是咀嚼片的形式。

请尽量一家人一起吃饭，最少每周几次，每天都能一起吃饭当然最好。我们全家都很喜欢一家人一起吃饭的时光，因为我和妻子都需要全职上班，全家一起吃饭为一家人提供了团聚的机会。我们把孩子放在高椅子上坐着，这样能避免把就餐时光最终变成孩子跑我追的抓人游戏。

孩子 3 岁了

"快点呀。" 4 岁的娜塔莉一边招呼刚刚 3 岁的诺亚，一边伸手拉着他。

西西和诺诺每人背着一个小背包去上幼儿园。

3 岁是我喜欢的年龄，大部分的孩子这个时候都话多、有趣、开心。3 岁的孩子通常都喜欢和人交往，不过也有一些孩子还处在害怕陌生人的阶段，有一些孩子则是天生比较害羞或者内向。2 岁孩子的那种爱发脾气、总有突发状况等不愉快在 3 岁时会被温和的性情代替。当然，我指的是多数情况下。也有跳过了"可怕的 2 岁"阶段的孩子在 3 岁后报复性暴发。我家就有一个这样的孩子。原本随和快乐的孩子，3 岁时决定要主导自己的生日，似乎突然间一个开关打开了，他开始大声地发号施令，对任何要求都说"不"，像着了魔似的挥手跺脚。3 岁这整整一年，我们家给他取的绰号叫"将军"。

3 岁的孩子应该会自己穿衣服，不过可能衣服前后是反的，左脚鞋子穿在右脚上。如果孩子觉得没关系，你也大可不必纠结于这些细节，他们需要这样的练习。如果你要去哪里，我建议你留出宽裕的时间让孩子做这些出门的准备工作。这么大的孩子，你让他做选择的话，他能获得自己做主的感觉。你可以问"你想穿这件蓝色的衬衣还是绿色的？""你想让我帮你穿鞋还是哥哥帮你？"。

3 岁时语言爆炸式发展，这个时候大部分孩子都能够说出完整的句子，你基本上可以完全听懂。如果孩子有语言困难或者语言发展迟缓，告诉医生你希望检测孩子的听力。有时候听力问题是这个年龄段语言能力差的原因。医生会推荐你去语言治疗师那里做评测。

精细动作技能这时候飞速发展。3 岁是做填图、彩笔画、拼图的绝好年纪。有些 3 岁的孩子能够画圆圈和四边形，可以开始学习写字，尤其是如果有哥哥姐姐让他模仿的话就学得更快。

3 岁孩子能够两腿交替上台阶，很多孩子能够单脚站立保持平衡。这时候应给予他们足够的时间和空间去跑跳和爬上爬下。他们的工作就是玩，把自己弄脏。这时也到了可以买一个三轮自行车或者滑板车的时候。

3 岁的时候孩子可能在脑子里有个假想的朋友。别害怕，这很正常！

这也是孩子对人体器官和男孩女孩差异感兴趣的时候。身上没有了尿片的束缚，很多孩子发现自我刺激感觉很好。有一些父母忧心忡忡地带着孩子来到诊所，他们发现孩子在车后座的儿童座椅上扭来扭去，然后突然又像发呆一样，父母们以为孩子发生了抽搐，甚至以为孩子得了癫痫。其实他们只不过是感觉很兴奋。

如果你有几个孩子，对于 3 岁的孩子，你需要给他一些独处的时间。就像你需要给你爱人独处的时间，你自己也一样。

牙齿，牙齿，还是牙齿

有些婴儿生下来就长了牙齿，当然这不多见（大约每两三千个孩子中出现一个），有时候这种情况需要去看牙医。大部分孩子几个月大的时候开始长乳牙。1 岁儿童通常会有两个上门牙和两个下门牙。只要 18 月龄前长了第一颗牙就都算正常。到 3 岁时你的孩子通常会有 20 颗乳牙，然后在 5~7 岁时乳牙会掉，长出恒牙。

现在这个时候，孩子上下都长出了牙齿，有的甚至还有一两颗磨牙（臼齿），这时候可以开始培养好的口腔卫生习惯。如果你给孩子吃的是健康食物，那么这件事情你已经做对了一半。高钙食物尤其有助于牙齿强健，含糖高的食物会腐蚀牙齿。饮食结构和牙齿健康之间的关系非常紧密，牙医甚至可以根据孩子的牙齿说出他的饮食情况。婴儿和学步阶段的孩子，如果每天吃糖果或者淀粉食品超过 3 次，则蛀牙的风险很高，还有那些 15 月龄之后还用奶瓶的孩子。在孩子广泛使用奶瓶之前，乳牙龋齿的情况非常少见。这里我正好纠正一个很多人的误解：母乳不会造成龋齿，延长母乳喂养时间也不会导致蛀牙。

如果你的医生让你停止母乳喂养，因为会造成儿童龋齿，他给的建议是错误的。不过我建议你喂奶后给孩子刷牙，尽量不要晚上喂奶。母乳中含有乳糖，这是为什么孩子这么喜欢的原因。我见过不少两三岁还晚上吃母乳，又不刷牙的孩子，他们最后都有龋齿。

刷牙时用一点点牙膏就可以了，不要超过一粒豌豆大小。让孩子自己刷牙，然后进行"刷牙检查"，指出漏刷的地方。尽量使用天然材料的牙膏，也就是牙膏的成分你都认识。4 岁前孩子不应该摄入任何的氟化物。小孩子总喜欢把牙膏吞下去，所以家里不要使用含有氟化物的牙膏，或者把它放在孩子够不着的地方。氟化物会和碘竞争，造成甲状腺功能受损。正常的甲状腺功能对于大脑发育很重要。当孩子学会把牙膏吐出来，并且不会你一转身就把牙膏吞下去，这时候可以开始使用含氟牙膏。

孩子两三岁的时候我建议你带他去看牙医，如果你注意到牙齿有什么问题的话，可以更早一点去。儿科的牙科医生希望孩子从 1 岁开始就看牙医，开始进行牙齿健康教育，不过我觉得那太过了，1 岁的孩子也许还一颗牙都没有呢。

请确保找一个在 X 线和氟化物问题上征求你意见的牙科医生。很多牙科医

生忽略了病人对于 X 线暴露危险的担忧,坚持认为低剂量的暴露无害。他们也
许会说坐飞机对孩子的辐射更大。这种逻辑是站不住脚的。X 线的危害是累积的,
无论每一次的辐射有多高或者多低,长此以往,积累的危害就会对孩子甚至孩
子的孩子造成伤害。提醒你的牙医,科学已经证明 X 线暴露会造成胎儿畸形和
大脑损伤,会影响孩子的下一代,这是为什么需要避免不必要的电离辐射的原
因。在开始看牙医之初,可以礼貌地拒绝每年照一次 X 线的要求,只有在牙医
肉眼发现了问题,需要进一步探查的时候同意进行 X 线拍片。

兜风去咯

在美国,导致 1~4 岁儿童死亡的首要原因是意外伤害,其中包括机动车交
通事故。你每天做的最危险的事情是开车带孩子出门。珍妮弗的朋友维基就是

在一次交通事故中失去了自己的孩子，她的另一个朋友亚当也是一样。和她一起踢足球的伙伴凯蒂死于 2015 年的一场车祸，就在圣诞节之前，开车时撞到了一块黑色的冰块。珍妮弗的朋友马克斯的父亲晚上驾车经过一段没有路灯的道路时意外撞死了一位行人，因为这一事故，马克斯父亲终身活在悔恨之中。

我知道，你一定也有认识的人在交通事故中死亡。我这里谈论这个话题不是要恐吓你，我的意思是需要正视这些事实，评估其风险。你需要在车上安一个儿童安全座椅，每次孩子坐车时都应该坐在儿童安全座椅上。每次开车，你自己都要系安全带，这很重要。

最安全的方法是尽量减少孩子坐车的时间。我知道，事情都是知易行难，除非你生活在纽约这样的大城市，否则，你会觉得开车去哪里是理所当然的事情，不开车好像举步维艰。为了孩子的安全，请注意自己的驾驶习惯，另外，去任何地方前先确认是否可以采用步行、骑自行车或者公共交通到达。

步行从很多方面来讲都是健康的方法。在室外能够获得我们身体特别需要的阳光照射，身体会将其转换为维生素 D；通过步行等身体运动能够振奋精神；步行比开车便宜，特别是油价高的时候。

儿童安全座椅

虽然瑞典进行的撞击测试显示，对于 4 岁以下儿童，反向安装的儿童安全座椅更安全，但如果孩子体重超过 9 千克，则可以正向安装。对于正确安装儿童安全座椅的重要性，怎么强调都不为过，因为一旦发生汽车撞击事故，对孩子来说这就是生与死的差别。座椅应该严格按照制造商的产品说明书的要求安装，用以固定身体的五点背带要紧密地贴合孩子的身体。这点至关重要，事关孩子的人身安全。

游泳安全

　　两家人正肩并肩在游泳池边坐着，突然其中的一位妈妈冲向泳池，衣服都没有脱，一头扎入水中。她 5 岁的儿子潜在游泳池底看自己憋气能憋多久，一会儿他的头冒出水面，咧着嘴笑。

　　"你怎么游泳不脱衣服？"他一脸茫然地问他妈妈。

　　"我以为你溺水了！"妈妈几乎要哭了。

　　这是件真事，事后两家人对妈妈的紧张行为一阵大笑。不过我们知道，事实上，意外溺水确实值得我们担心，尤其是学步年龄的孩子和学龄前儿童。在美国，每天有大约 2 名孩子溺亡，因为水中出现险情被送往急救的人数是死亡人数的 5 倍。

　　孩子在浴缸或游泳池时，旁边应该有人看管。几年前科罗拉多州一个 13 月龄的儿童在浴缸中溺亡，当时他的妈妈在另外一个房间上网。这样的悲剧，如果有适当的指导，原本是可以避免的。在水边活动时，能保护孩子安全的最好办法是教会他游泳。学会游泳能有效降低 4 岁以下儿童溺亡的风险。大部分 1~4 岁溺亡儿童都是死于游泳池。

　　急诊科医生见到的另外一个现象是，"二次溺水"现象越来越多。二次溺水发生于从水里面出来之后。在游泳的过程中孩子肺部吸入了很多水，导致从水里出来后呼吸困难。肺里面的水会造成肺水肿及其他并发症。二次溺水的情况虽然不多见，但常发生于有特殊情况的孩子或者对水意识不清的自闭症儿童。任何年龄段的儿童，如果游泳后出现剧烈咳嗽、说话气短、胸痛，或者游泳后显得特别疲劳或者嗜睡，请立即带去急诊科诊治。

　　随着美国自闭症儿童数量的增加，意外溺水事故也更为常见。走失的 14 岁以下自闭症儿童中，90% 的死亡原因是意外溺水。

　　在海滩上时，孩子也需要有人看管。告诉孩子永远不要背对大海，大的海浪随时可能到来。在船上时，无论大人孩子，全程都必须穿着救生衣。最后，如果家里的每一个大人都学习心肺复苏术的话，一旦溺水，心肺复苏术也许就能挽救生命。

狗狗是孩子最好的朋友，不过……

"狗狗能使人温柔、体贴、富有同情心。"

"狗狗只吃一点点。"

"养狗能培养人的责任心。"

"为了不让狗狗咬自己的玩具，孩子就会学会自己把玩具捡起来。"

"养狗能让人增加室外活动，养了狗，人们就会出门遛狗，和狗玩游戏。"

"领养狗狗能让你的孩子感觉到自己像个英雄。"

"当你 13 岁的时候，即使没有人喜欢你，父母也不理解你，但你的狗狗会崇拜你，永远对你摇尾巴，无条件地爱你。"

"我家的狗狗对孩子就像对它自己的宝宝一样。孩子睡着的时候狗狗就守在他身边，晚上睡觉，狗狗睡在我们的脚边，为了能看到我们的宝宝。"

"我们家这个无事生非的儿子，跟狗狗在一起时就安静了。你可以看得出来，和狗狗玩的时候他很放松。他不开心的时候，狗狗可以让他发生 180 度改变。"

这些只是家庭养狗理由的一部分。孩子在宠物的陪伴下成长有利健康：身边有猫和狗的孩子以后会更少出现过敏症状，遛狗可以保证孩子每天户外活动几次。但是如果你家养了狗，或者打算养狗，你也需要非常小心。学龄前儿童身边有狗时，需要有成人看管，因为这个年龄段的孩子你很难预料他会做什么，小孩子可能会玩过头。狗是一种社会性动物，它们有时候为了建立自己的秩序，会咬小孩子或者对小孩子表现出不友好。

我每年都要接诊好几例被狗咬伤的儿童。杰森因为去拿狗狗的食物（小孩子也喜欢吃狗粮），狗狗张嘴咬破了杰森的手指。这时候这只狗还只是给出警告，不要碰它的食物，如果它咬得重一点，杰森的手指就被咬掉了。

孩子被狗咬后，我们需要小心感染。狂犬病很严重，会感染神经系统，大部分情况下是致命的。幸好美国这种病非常少。2003—2014 年，美国 18 岁及以下未成年人感染狂犬病的仅 7 例，其中 6 例都是蝙蝠咬伤，另一例的动物未知。这也就是说，你的孩子被患狂犬病的狗咬伤的可能性很小。但如果被狗咬伤，而且不知道其是否患有狂犬病，这只狗应该隔离起来进行检疫，密切观察是否有患病迹象。

被患有狂犬病的狗或其他动物咬伤的儿童，如果以前没有注射过狂犬病疫苗，则需要在被咬后接种 4 剂狂犬病疫苗：被咬后立即注射 1 剂，第三、第七、和第十四天再分别注射 1 剂。在注射第一剂狂犬病疫苗的同时需要注射狂犬病免疫球蛋白。急救时通常使用两种品牌的疫苗，一种叫 RabAvert（由诺华公司生产），另一种叫 Immovax（由赛诺菲巴斯德公司生产）。对于没有狂犬病病毒暴露的儿童，我们不会注射狂犬病疫苗。如果咬伤孩子的动物狂犬病检测呈阳性，孩子就需要注射疫苗。

对咬伤伤口的处理要看被咬的严重程度。通常用肥皂和清水进行彻底清洗就可以了。如果大量出血或者伤口很深，可能需要对伤口进行缝合。

请注意，表扬也伤人

小男孩早餐时在喝水。妈妈微笑着说："宝贝喝水真乖。"这听起来非常温馨，但是研究显示，过多的表扬实际上会损害幼儿的自尊。儿童需要对自我有一个真实的认识，而不是过度夸大的认识。不加辨别的夸奖（"喝水真乖"或者"你的嘟嘟火车开得真好"）不仅对儿童真实评价自我造成困难，而且会养成儿童时常评判他人和自己的习惯。如果一个孩子在擅长的事情上经常得到表扬，他就可能会担心失败而不愿意尝试新的事情。医学博士玛德琳·莱文在她的《特权的代价》一书中指出，过度表扬不能塑造孩子的性格，不能培养同情心，也不能帮助他找到道德规范的边界；相反，过度表扬容易使人产生特权感和自恋。莱文同时指出，家长表扬孩子常常是为了满足自己的需求，而不是孩子的，因为这能让家长自己感觉很好。

要提振孩子的自尊，鼓励孩子学习，已经得到证明的比较好的方法是将注意力放在孩子付出的努力上，而不是最后的结果。喝水、开嘟嘟火车都不需要付出什么努力，所以不应该表扬这些行为。对孩子的行为要留心，像记者一样观察和报道："你在用积木搭一个城堡吗？"或者"我看得出来，你画这幅画的时候非常努力，讲讲你画画的过程吧。"

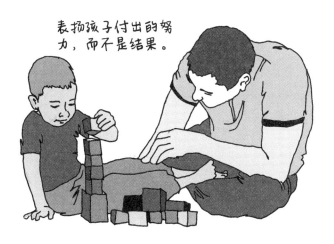

表扬孩子付出的努力，而不是结果。

达尔文从来不用抽认卡：游戏的重要性

游戏是儿童发展的训练场，医生不会在处方上写这些内容，不过我想也许我们应该写。蹒跚学步的孩子和学龄前儿童，只要他们愿意，请允许他们进行没有人指导的游戏。在你看来，孩子可能只是在假装自己是海盗，把一条围巾假想成自己的朋友，用泥巴做饭而把干干净净的衣服弄得脏兮兮的，但是孩子在做这种假想游戏的时候，他们的大脑正迸发出火花，生成更多的神经元，学习因果联系，探索世界运行的规则。加利福尼亚大学伯克利分校的心理学家艾莉森·高普林克博士说过，孩子玩假想游戏实际上就是"一个只有奶瓶高的小科学家在检验他的理论。"这个年龄段孩子最好的一点在于，什么都可以拿来玩，什么东西都可以是玩具。

医学博士玛雅·谢特瑞特·克莱恩是纽约市的一名整体医疗儿科神经学家，是《泥土疗法》一书的作者，她说："很多人认为，'我需要放古典音乐，我需要教孩子学认字'。"谢特瑞特·克莱恩承认，音乐对儿童很好，读书也是，但是她指出，非结构化的游戏和探索时间对于大脑发育更为重要。谢特瑞特·克莱恩建议，"让孩子游戏，让孩子面对世界和自然，尤其是泥土，让孩子尝试不同的食物，让孩子体验不同的经历，甚至让孩子体验受伤的可能性。所有这些信息通过身体和神经系统加工后会创造出更健康的大脑和身体。"

不需要什么高大上的玩具，不需要教具卡片，不需要各种培训班，就只是让他们玩。

让我们来玩"整理游戏"

这个阶段的孩子喜欢"帮忙"。

他们能做的事情很多：叠衣服、擦桌子、切菜（用适合儿童的玩具刀）。你可以给孩子一把玩具塑料剪刀、一把芹菜、一个碗，让他把菜切成小丁。你也可以把一个喷雾瓶装上水，给他一个海绵，让他自己到浴室去玩。

这个时候的孩子是行走的麻烦制造机器，但他们其实也很喜欢打扫卫生，尤其是有音乐的伴奏（歌曲越傻越好）。把玩具丢到筐子里去，设个计时器，看计时器响之前能拿走多少个玩具这样的事情，孩子们都很愿意做。

只要他们愿意玩的，都可以算是游戏。

学习用儿童便盆

如果孩子发育正常，越早训练孩子使用儿童便盆，你态度越轻松，孩子就越容易学会。美国现在的趋势是不要太早训练，其实推迟孩子使用儿童便盆会造成问题。当使用尿片成为习惯，停止使用就需要特别的学习和训练，这就造成了不必要的困难。很多带孩子来做 3 岁或者 4 岁常规体检的父母为孩子排便苦恼抓狂。这一切都会过去的，我知道在你身处其中艰难挣扎之时我说这话对你毫无帮助，但是确实，这都会过去的。

不要听信广告里面说的，等到孩子 2 岁后再训练自主排便。对于孩子自主排便的时间没有什么正确时间的说法，只要你和孩子觉得可以了，那就可以了。对有些家庭来说，可以开始于婴儿时期，对有些家庭来说，可能要到 2 岁。历史学家告诉我们，美国历史上，大部分的孩子 18 月龄的时候开始脱下尿片——世界上很多国家现在就是这样的。泌尿科医生说，大部分孩子 12~18 月龄的时候就可以开始学习自主排便了，甚至可以更早。

不论任何年龄段，只需孩子表现出想要大小便的意思，那就脱下尿片，抱到厕所去。这样你既可以省一个尿片，孩子也不会将大便与脏尿片联系起来。

一次性的纸尿片（裤）让孩子更难形成自主排便的意识。纸尿片（裤）是一个价值上亿的产业，其主打概念是"方便"，但是，使用一次性的纸尿片（裤）的时间越长，孩子就越依赖。我建议你使用布的尿片，或者使用专门训练孩子排便的裤子，培养孩子的意识。使用布尿片的孩子学习自主排便更容易。

学步期及学龄前的孩子如果学习上厕所有困难，可能是因为潜在的健康问题，包括注意力障碍或注意缺陷多动障碍、焦虑、便秘以及胃肠道问题。如果训练孩子如厕成为家里的一个很大的困难，你应该向能胜任这方面问题的心理学家和儿科医生寻求帮助，找到问题的症结并进行治疗。

日间小睡

处于学步期和学龄前的儿童白天需要小睡一下。18 月龄的儿童可能还需要每天白天睡两觉。虽然有些孩子需要的睡眠偏少，较早开始就不需要白天小睡，但直到 4 岁或者 5 岁，大部分的孩子还需要白天小睡。

怎么看得出来呢？如果孩子白天显出疲劳的样子：揉眼睛、把头靠在你的肩上、打哈欠、脾气变坏或者表现得过度兴奋（有些孩子疲劳过度后会这样），那他还是需要小睡一下。

如果孩子不需要白天小睡，你可以安排一个安静时间。如果你每天在白天安排一个固定的时间段大家都安静下来，即使是最活跃的孩子也会安静下来睡一会儿。这种恢复性的小憩对于健康的免疫系统非常重要。

阿嚏！ 关于普通感冒你需要知道的

家里健康的小家伙其实是个鼻涕制造机，每天制造出的鼻涕有 4 杯之多！大部分成人的鼻涕都吞掉了，也就没人注意。而小孩子就是个漏水的水龙头，嘴里流口水，鼻子流鼻涕。这都没什么，都是正常的。

流鼻涕可能是感冒的第一个信号，而感冒可能是由 100 多种常见病毒中的 1 种引起。学龄前儿童在任何年龄段都可能染上大部分类型的感冒。只要孩子没有脱水，没有表现出嗜睡无力，就没有必要去看医生。实际上还有另一个理由让我们离医生远一点。医生可能会给你开一些不必要的抗生素，这会削弱孩子的健康，医生也可能推荐对乙酰氨基酚，我们在第 1 章讨论过，这会造成肝脏损伤和脑部炎症。

英语里面还有这样一个说法：饿死发热，胀死感冒。这个错误的说法可以追溯到 16 世纪，其想法是感冒的时候人通过吃东西可以产生热量，而发热的时候饿一饿可以让体温降下来。这是无稽之谈。我们对于孩子感冒时应该吃多少东西没有要求，给孩子吃各种有营养的食物，让孩子自己决定想吃什么。他的身体最明白什么是最合适的。

我对于普通感冒开的处方是鼓励孩子休息，给孩子做有营养的家常鸡汤，加上各种蔬菜（蔬菜中水溶性的维生素能使鸡汤更富营养）；给孩子喝一些有安抚作用的花草茶、鲜榨的果汁或者其他孩子想喝的东西；然后加上父母的关爱。护理的关键是防止脱水、保持舒适。研究表明，锌和维生素 C 能够降低感冒的严重程度，缩短感冒的时间。锌通常是含片或者咀嚼片的形式，维生素 C 可能是咀嚼片也可能是粉末，如果是粉末则可以添加到液体中服用。

儿童常见疾病须知

你肯定不想让孩子生病，一旦那个蛮横不讲理的小家伙突然之间耷拉着眼睛、软塌塌地赖在你身边，你立刻会感到担心害怕，你想马上做点什么让孩子不那么难受。但是如果孩子有一个健康的免疫系统，常见的儿童疾病通常会自愈。

有些小孩子身体很健康，对于许多不同的病毒和细菌能够做出自然的免疫反应，甚至自己都没有显示出任何生病的信号。

我信任父母的直觉，你们也应该相信自己。如果直觉告诉你孩子不对劲，不管症状怎样，带他去看医生或者去急诊室。

不过，记住，大部分孩子生病后唯一需要的只是家常做的鸡汤、沙发上一床舒服的毯子、小额头上的一块湿毛巾以及爸爸妈妈的关爱。

为什么孩子的眼睛发红？

红眼病，又称结膜炎，在各个年龄段儿童中都非常常见。这和新生儿眼科疾病中排第一的泪腺堵塞不同，学步期儿童红眼病不是由过敏引起就是由感染引起，极少情况下也可能由外伤引起，比如在眼睛上戳了一下。如果眼睛流出的是清澈的液体，而且痒，可能是过敏引起的。如果流出的是黄色、绿色的较为浓稠的液体，甚至是灰色的脓，则细菌引起的可能性比较大，需要带孩子去看医生。有些医生对于红眼病通过电话就可以治疗，不过大部分医生还是会选择当面看看，因为这常常还和耳朵感染相关。

细菌性结膜炎具有高传染性，很容易传播。这种情况下应该让孩子和别人隔离开，需要的话可以用水清洗眼睛，每次换一块擦洗的毛巾，防止细菌通过毛巾传播。如果流出的液体几天内不能自行停止（有健康免疫系统的儿童通常可以），或者流出的液体浓稠、有异味，需要去看医生。这种情况下需要用抗生素——通常是乳液状或者滴剂。

如果孩子眼睛周围（上眼皮或者下眼皮）肿胀，那么你必须当天就带孩子去看医生。眶周蜂窝织炎是一种眼周组织的感染，可能会有危险，需要入院治疗，进行抗生素静脉注射。我们尽量在感染早期发现问题，避免住院。

病毒性结膜炎很少眼睛有脓。病毒性结膜炎很容易在儿童间相互传染，但这种感染能自然痊愈，病程通常不到1周，不用抗生素治疗。实际上这种病不需要去看医生，医生可能会开一些不必要的抗生素。只需确保经常给孩子洗手，自己也经常洗手。如果孩子眼睛难受，可以用温热的毛巾擦拭清洗，能缓解症状。如果眼睛没有脓，而且孩子不觉得难受，感染可能就是病毒性的。

过敏性角膜炎不传染，但非常顽固。治疗方法是识别并隔离过敏原，并且想办法提升自身免疫系统。你的儿科医生可能会指引你去看过敏症专家。

孩子为什么会耳朵痛？

　　小孩子很喜欢把小东西放到耳朵、鼻子里面。也许这是对几何问题进行探索的一部分（"这个软糖真的和我的鼻孔吻合吗？"）。在我 30 年儿科生涯中，我从孩子们的耳道里取出过花生米、橡皮泥、耳环，甚至还有过一只死蟑螂，这些只是其中的几样而已。

　　所以，如果孩子拉着耳朵"哎哟哎哟"，你需要问问他是不是放了什么东西进去。不要用生气的语气问，否则他不敢告诉你。你需要先解决问题，然后再解释为什么不能把花生米放到鼻孔里。你可以拿个手电筒自己看。如果你看到耳朵里有异物，不要试图自己去移除，因为你可能会将其推入更深的耳道，使问题更大。带孩子到医生那里，医生会安全地移除异物。

　　耳朵痛另外一个常见原因是中耳炎，耳朵中部的感染。耳部感染和眼睛感染一样，有病毒性感染和细菌性感染两种。根据美国国家卫生研究院的数据，每 6 个孩子中有 5 个会在 3 岁前至少发生一次耳部感染。耳部感染是美国最被过度诊断的疾病之一。通常，如果医生看到鼓膜发红或者呈粉色（通常认为应该是白色），就认为是发炎。但是其实鼓膜发红可能是因为喊叫或者其他刺激。在没有其他症状（发热、嗜睡、拉耳朵）的情况下，孩子耳部感染的可能性不大。

　　从 20 世纪 80 年代一直到 21 世纪，耳部感染一直是儿科治疗的主要疾病，我们见得太多。但肺炎链球菌疫苗沛儿（Prevnar）和 b 型流感嗜血杆菌疫苗预防了引起耳道感染的菌株，有效地降低了儿童耳道感染的发病率。你的医生可能没有告诉你的是，大部分耳道感染，无论是病毒性的还是细菌性的，都能自行痊愈，无须使用抗生素。

　　如果你担心孩子是患上了耳道感染，我建议你尝试一些简单的家庭疗法，然后等 48 小时后再带去看医生，除非症状非常严重。可以滴两三滴毛蕊花大蒜耳油，这个你可以自己做，一般的健康食品店也能买到，很便宜，它能在几个小时内就消除耳朵疼痛。可以用洋葱做个耳罩，不仅能舒缓孩子的耳痛，戴上耳罩照照镜子，这说不定也是母子俩的开心一刻呢。把洋葱一切为二，去掉内层，直到每边只留下三个圈圈。把洋葱放到烤箱149℃烤到洋葱温热。用一个毛巾包住洋葱拱起的一面，将凹陷的一面靠到孩子的耳朵上，小心洋葱不要太烫。洋葱的温热感觉很舒缓。如果你不相信的话，可以在自己身上试一试。

问题难在如何知道感染程度严重到需要用抗生素治疗。我行医生涯中曾遇见过一个家庭，家里有3个孩子，都常常反复发生耳道感染，经过一轮又一轮抗生素治疗。我当时采用传统方法治疗，没有意识到需要推广健康饮食，多吃发酵食物，摄入维生素D和益生菌，减轻焦虑，以更好地支持免疫系统。他们家有1个孩子9个月感染13次！在耳道感染消除后好多年，这个可怜的孩子还常受到健康问题困扰。

小瘙痒提供大信息（疥疮）

最近，一家的三姐妹，分别是9岁、7岁和3岁，一起来我这里看病，她们身上都长了"疙瘩"。两个大一点的孩子手上、肚子上和屁股上长了疹子，特别痒。最小的那个手掌上和脚跟上长了扁平的小点，不痒。

我只需要看一眼就知道是什么问题：疥疮。

疥疮是一种高度传染的皮肤问题，由一种很小的八腿螨虫引起，这种螨虫叫疥螨。根据多伦多大学医学教授、《人类野生动物：寄居在我们身上的生命》一书的作者罗伯特·巴克曼博士的说法，大概3亿人的身上都栖居着这种螨虫。雌性疥螨的头比大头针的头还小，能够直接扎入皮肤下面，并沿路产卵。虽然之后母虫死了，但它的卵又成了下一代，孵化出来的更小的雌性疥螨又钻出皮肤表面，寻找下一个人的皮肤着床，开始新一轮循环。

儿童感染疥疮后的极端瘙痒由成年雌性疥螨钻入皮肤造成，如果之前曾经受到过感染，则会诱发激烈的炎症反应，导致瘙痒更严重。

有人错误地认为疥疮只会通过性传播。实际上，疥疮在儿童身上比较常见，很容易通过直接皮肤接触或者使用被感染的床铺在人和人之间传播。其主要症状，除了瘙痒之外，还有小的红色丘疹和水泡。

我在处方中开了一种叫百灭灵（氯菊酯）的杀螨虫药，这是一种乳霜，将其涂抹到孩子身体上，在皮肤上保留一夜。另一种替代的方法是取约 28g 1% 的六氯化苯乳液或者 30g 的六氯化苯霜，涂于全身，8 小时后洗掉。但是已知六氯化苯在皮肤上使用可能会引起抽搐，我不推荐使用。同时用热水对衣服被子进行消毒，防止家庭成员被再次传染。

我的同行、草药专家、耶鲁毕业的阿维娃·罗姆博士推荐的一种方法也很有效，他不用杀疥螨药，而是用绿肥皂（一种碱性药物软肥皂，成分包含植物油、氢氧化钾、油酸和甘油，药店有售）洗澡，并且在水里加几滴百里香油。同时每天强力清洗家里的全部床品，用这种方法一周内可以清除疥螨。

手足口病

这种病毒感染在 5 岁以下儿童身上很常见，其初期症状通常为发热、食欲减退、喉咙痛以及整体的感觉不适。在感觉不舒服后很短时间内，会出现小的白色或红色口疮，身上出现红色点状皮疹。虽然因为患病儿童的手、足和口部会出现小疱疹或小溃疡而得名手足口病，但皮疹实际上可能出现在身体躯干、膝盖、生殖器、臀部以及手肘等部位。手足口病传染性极强，很容易通过直接接触或接触感染儿童触摸过的物品传播。

手足口病可以通过检验粪便样本来确诊，我通常是通过仔细观察孩子来诊断。我一般不会将粪便样本送去实验室检验，因为对手足口病目前没有有效对症治疗的药物。这种病最多 2 周通常就会自行痊愈，不产生并发症。感染手足口病的儿童需要持续补水。孩子嘴巴痛可能会不愿意喝水，家庭自制的草莓、杧果或其他水果加上椰子汁做成的冰棒是缓解嘴巴痛的好办法，还有加入其他健康食物（如菠菜、奇亚籽、块状的新鲜水果）的鲜榨果汁也很好。关键就是凉凉的液体。

这种发生在儿童身上的感染比较常见也比较轻微，只要孩子不再发热了就可以回到学校或幼儿园上学。

第五病（传染性红斑）

如果你家学龄前的孩子脸上看起来红红的，像被扇了一耳光的那种红，他可能是染上了第五病（传染性红斑）。第五病由细小病毒 B19 引起，生病初时像普通感冒，可能出现低热、头疼、流鼻涕以及其他较轻微症状。症状延续几天后就会出现网状的斑点状皮疹。通常皮疹会在几天内消失，但也可能延续长达 3 周。感染细小病毒 B19 通常症状非常轻微，染上后人往往没有觉察，因此无须带孩子去看医生。

玫瑰疹

玫瑰疹以前也称为第六病（因为这是儿童身上较为常见的第六种皮疹，延续第五病的叫法）。这也是一种较为轻微的病毒性疾病，通常 3 月龄到 4 岁的儿童会感染。初始症状为烦躁易怒、发热，体温可能会突然升高，然后出现红色皮疹。

玫瑰疹的主要特点是孩子有时候可能出现 3~4 天的高热。高热一退立即出现皮疹。和第五病以及手足口病一样，玫瑰疹也没有有效治疗药物，它会自行消退，没有并发症。通常儿童得过一次后不再得第二次。

孩子得了自闭症怎么办？

我前面提到过，在美国过去 25 年来儿科最显著的变化之一就是自闭症的显著增加。儿童滑向自闭症的初始征兆非常细微。你可能会发现你处于学龄前阶段的孩子开始经常摆手，或者不再与人有很多目光接触。有时候自闭症会发生得很突然，孩子突然失去之前已经获得的语言能力，或者突然失去目光接触，这些是常见的警示红灯。

如果你担心孩子可能患上了自闭症，儿科医生可以帮你做一个称为"幼儿自闭症量表（M-CHAT）"的筛查。美国儿科学会现在建议每个孩子都做这个检查。我办公室会在孩子 18 月龄和 2 岁时给孩子做这个问卷检查。这个问卷只需几分钟时间就可完成。对于症状严重的自闭症儿童，儿科医生不会漏诊，但这个检查可以帮助辨识出一些不那么明显的征兆，我觉得很有用，我希望能尽早为那些可能开始滑向自闭症的孩子做些什么。

想想孩子可能患有自闭症，是一件非常可怕、让人备感压抑的事。但是鉴于部分自闭症是由于儿童发育的特定时间段暴露于有毒物质引起，如果能及早切断暴露源，不再暴露于这些有毒物质之下，与之相关的症状就可能逆转。孩子的身体越健康，大脑的恢复越快。我的同行玛雅·谢特瑞特·克莱恩博士是纽约的一位儿童神经学家，致力于儿童自闭症谱系障碍工作，她说："大脑是一个花园，它从身体的其他部分，如肠道以及其他所有系统汲取营养。有了健康的身体，你就为好的神经系统提供了肥沃的土壤。"我这里不是在向你保证提升了孩子的身体健康就能治愈他的自闭症，但能够减轻症状就是极大的成功，孩子的人生就会完全不同。

对自闭症的早期干预

一旦孩子被诊断为自闭症就可以立即开始早期干预。最有效的工具之一是

"应用行为分析（ABA）"，这套体系使用积极的正面强化来帮助儿童提高社会交往能力、语言能力和生活自理能力。自闭儿童常常深受严重焦虑和感觉超负荷的困扰。在职能治疗中，指导专家擅长于自闭症儿童感觉统合和其他技能方面的工作，能够给予孩子很大帮助。治疗方法中的身体治疗有助于协调性方面有问题的孩子提高运动技能。其中的语言治疗则能帮助其发展语言能力。

如果孩子显示出自闭症的症状，如应用行为分析（ABA）不正常，或显示出其他发育迟缓的征兆，医生应该停止孩子的疫苗接种。自闭症的早期征兆常常是在提示潜在的基因缺陷，疫苗会导致损伤加剧。疫苗导致脑部炎症的风险大于感染性疾病的风险。如果你还没有行动的话，现在也是时候尽最大努力来减少环境中的有毒物质了。更多关于如何减少儿童有毒物质暴露的内容，请参考本书第 1 章。

3 岁儿童的麻疹 - 腮腺炎 - 风疹疫苗接种

除非孩子从 1 岁开始显示出发育、发展问题（语言、社会交往或运动技能发展迟缓）、自闭症或任何技能退化问题，3 岁的孩子，如果还没有接种的话，我建议这时候可以接种麻疹 - 腮腺炎 - 风疹疫苗。

3 岁时接种麻疹 - 腮腺炎 - 风疹疫苗能防止麻疹的暴发。人群免疫——我喜欢称之为社区免疫，是指某地足量人群对于某种疾病具有免疫力，其免疫力的来源可能是之前曾暴露于这种疾病之下，也可能是因为接种过疫苗，所以，当一个感染者进入这个社区后，疾病不会在人群中传播，极少人会受到传染。

2014 年 12 月，麻疹在迪士尼主题公园暴发，社区免疫起到了很好的作用。虽然麻疹是种高传染性的疾病，但这次暴发中无一人死亡。实际上，整个美国只有 147 人（其中的 131 人在加利福尼亚州）染上了麻疹。从 2015 年 1 月初到 12 月中旬，美国有 189 人感染麻疹，而俄勒冈州只有 1 人（1 名成人）因为迪士尼的麻疹暴发而感染，之后没有人受到这名成人的传染。麻疹 - 腮腺炎 - 风疹疫苗是一种有效性非常高的活病毒疫苗。

　　要一个孩子能承受包含 3 种活病毒的疫苗，孩子免疫系统足够成熟就极为重要，他在接种疫苗时身体要处于非常健康的状态，大脑中的神经元要充分髓鞘化（髓鞘是包裹神经元的蛋白质，其作用是绝缘，防止神经电脉冲从神经元轴突传递到另一神经元轴突，避免干扰。儿童脑细胞如果有足够的髓鞘，则其电子信号传递效率更高。髓鞘形成的过程在出生后会持续多年）。

　　在注射了 3 种活病毒疫苗之后，不要向孩子身体注射其他有毒物质。接种疫苗前后都不要给孩子服用对乙酰氨基酚（泰诺）。在我行医过程中，我在给孩子接种麻疹 - 腮腺炎 - 风疹疫苗同期，不接种其他疫苗。我们从来不使用麻疹 - 腮腺炎 - 风疹 - 水痘四联疫苗，这种疫苗包含 4 种活病毒，其导致的抽搐等不良反应病例有所增加。

　　如果家族有自闭症病史，或者孩子身上出现了发育迟缓、自身免疫问题，或者家族有自身免疫性疾病的病史，或者孩子的亚甲基四氢叶酸还原酶 C677T 变异，我建议都不接种这种疫苗。

阅读疫苗说明书

　　要想完全掌握疫苗和医药方面的信息，父母们要养成在带孩子常规体检前自己阅读说明书的习惯。疫苗的说明书可以在网上查询到。说明书通常包含有一个关于其副作用的长长的列表。它们会将其与安慰剂进行比较，并说明使用安慰剂也会出现相同的反应。为什么这样？这与研究实验的设计有关。比如在检验人乳头瘤病毒疫苗时，初期实验中，研究者会使用一种含铝的注射液（而不是生理盐水）给安慰剂组注射。然后将注射过第一代人乳头瘤病毒疫苗的个体作为对照组，并将对照组与注射新一代人乳头瘤病毒疫苗的实验组进行比较。因此，最后实验结果显示对照组和实验组副作用反应相同就不奇怪了。

保罗医生的建议

学步期和学龄前儿童

1. 将家里坚壁清野。你家这个开始学走路的小大人现在是个小小探险家，火柴、打火机、药、清洁用品等东西，图案惹眼，颜色鲜亮，都好像在向他招手，所以都要放在孩子够不到的地方。当然你家里也不需要弄得像个堡垒，你也不需要买什么昂贵的安全设备，但是电源插座需要遮盖住，窗帘拉绳要挽起来。

2. 关掉电视。忙碌的父母们也许需要电视节目来放松一下，需要坐在沙发上看看电视聊聊天，但学龄前儿童需要尽量少看电视，越少越好。

3. 给孩子读书。阅读能够提升孩子的语言能力和学习技能，对建立孩子的自尊心和母子间的联系也有神奇的作用。研究显示，经常有人给他们读书的孩子上学后表现更好。阅读过程中孩子安静地坐下来并集中注意力，这种方式能减弱外界对其造成干扰，延长孩子注意力集中的时间。可以带孩子去图书馆，这里可以看到一些新书，还不需要花钱买。

4. 家人一起吃饭。一般大家都愿意先给孩子喂饭，之后大人再吃。其实大人小孩一起吃饭很重要。这个时间大家相互见面，互问近况，一起共享食物，一起分享趣闻轶事。家人一起吃饭能创造一种珍贵的家庭观念，帮助孩子养成良好的饮食习惯。

5. 吃真正的食物。如果食物是用盒子、袋子装着，工厂制造，或者有一个长长的成分表，这就不是真正的食物。不要选择这种包装的"儿童食品"，选择鸡蛋、肉、鱼、坚果、植物种子、新鲜蔬菜和水果、全谷物、原味全脂酸奶等。

6. 选用营养补充剂。大部分幼儿都需要额外补充维生素 D_3（体重达到 20 千克之前每天补充 1000 国际单位，之后每天补充 2000 国际单位）。鱼油、叶酸、B_{12} 也对身体有益。维生素 D 和鱼油有口服液和咀嚼片两种。B_{12} 和叶酸有咀嚼片。

7. 3 岁前不要接种疫苗加强剂。即使孩子身体、发育以及社会技能等方面都在茁壮成长，家里也没有增加疫苗风险的遗传因素，那也最好在孩子 3 岁后再补种一些疫苗。

父母最常问的七个问题
学步期和学龄前儿童

肿块和擦伤

1. 我儿子 18 个月，常常摔跤，到处是伤，我甚至会担心人们以为我虐待孩子。怎样防止孩子摔跤呢？

答：没有办法。而且你也不应该阻止孩子摔跤。学步的孩子就是需要学习，这个年龄的孩子他们的头相对于小小的身体来说偏大，所以很容易摔倒。他们爬起来又继续尝试，这种因果联系教会他们需要小心。不过身上的肿块和擦伤对他们完全无损，孩子的骨头就像植物绿色的枝条，它们有韧性。而我们成人摔跤则更可能严重受伤。

2. 我孩子在公园里突然大声尖叫，然后现在手臂抬不起来了。是不是手臂骨折了？

答：你儿子这个情况可能是牵拉肘，不是手臂骨折。这种情况在儿童学步期间很常见，通常因为大人或者大孩子用力拉扯小孩子的手臂造成。你儿子这种情况，可能是挥舞手臂太用力造成。这种桡骨头脱臼（也称为桡骨头半脱位）在儿科医生那里简单操作就能治好。我们将病人手掌朝上，拉住手掌，同时拉伸并旋转手肘。这样能将桡骨头复位。桡骨头复位的瞬间会非常痛，但转眼就复位。如果你家孩子经常发生牵拉肘，或者去看医生不方便，网上有视频教你自己怎么操作将脱臼的桡骨头复位（不推荐）。

行为方面的问题

3. 我孩子2岁，开始踢人、打人甚至咬人。我该怎么办？

答：孩子总是模仿他们看到的事情，如果你总是发火，孩子也就学会了。父母打孩子、对孩子吼叫发脾气，孩子就将这些重现。如果你无法控制自己的脾气，请找一位咨询师帮助你。

这个年龄段的孩子经常做试验，他们尝试着攻击别人，他们尝试着发脾气，抱怨哪里痛，这通常是因为他们希望引起别人注意。例如，当你的孩子踢、打、咬别的孩子，被欺负的小孩哭起来，于是全部的负面的注意力劈头盖脸而来（"你怎么这么坏，快点说对不起！"）。这样的反应就是孩子行为的动机，通过攻击行为得到了大人的反馈，他获得了自己很强大、能掌控一切的感觉。于是他还会再次做出这种举动。

我建议，最好对肇事者少给予关注，而是把注意力放在受到欺负的孩子身上，对受欺负的孩子说："哦，这里疼吗？你哥哥应该学会生气的时候也要用语言表达，来，在疼的地方贴一个创可贴。"然后继续照顾这个受欺负的孩子。对惹事的孩子，在他表现好的时候尽量表扬他："我看到你想要玩具的时候没有直接一把拿来，而是先问问能不能给你，真棒！"

4. 我女儿3岁，她为什么会发脾气？

答：两三岁的孩子有时候也挺挣扎的，他们觉得自己应该主导一些事情，别人都应该听他的。他们对自己的局限性感到很懊恼（个头太矮够不到水池，两条腿穿到一个裤管里去），也对大人限制自己感到生气。发脾气是懊恼和无法表达感受的结果。可以帮助孩子表达自己，帮助他说出那些无法表达的情绪（"你那么大力气踢门，你一定很生气吧"）；和他玩动物过家家游戏，在游戏中表演发脾气和解决的办法；提供其他表达感受的方法，而不是大声尖叫（"来，在这张纸上画出你的感受，我也和你一起画"）。

发脾气也可能是因为疲劳或者是饿了。关注孩子发脾气的时间，如果是在晚上，他可能是在用行动告诉你他累了，需要早点上床睡觉。如果是在午餐前发作，可能是因为玩得太累，血糖降低（而你则可能没有）。

5. 我女儿 3 岁，她以前自己能做很多事情，比如自己穿鞋，吃饭时自己去拿自己的碗。现在我们请了一个保姆。我们希望孩子能更独立一点，可是她好像都忘记了该怎么做事了。这正常吗？

答：孩子在成长过程中出现倒退的情况非常常见。我见过一些家庭，小的孩子出生后，大一点的那个出现神经抽动、结巴以及其他身体疾病。父母们对此可能感到担心，不过这很正常。如果你能安排一些时间单独和大一点的那个孩子相处，或者有其他疼爱他的成人在他身边单独陪伴他，都会对他有所帮助。如果孩子说不喜欢弟弟或者妹妹，希望把他们送走，不要斥责和羞辱孩子，虽然大人觉得这样的话很不好，但是孩子是在表达正常的情绪。你要做的不是阻止孩子说这样的话，你可以让孩子来画一幅画，表达自己的感受，或者询问他想把弟弟或者妹妹送到哪里去，或者问他最不喜欢弟弟或者妹妹什么地方。家里新增加一个孩子，对于全家人来说都需要一个过程来适应。

6. 我孩子 2 岁，对他的如厕训练进行得不顺利，我没办法了。

答：所有孩子最终都学会了上厕所，虽然有些孩子花的时间长一点，但也不会永远穿尿片。现在可能有困难，都会过去的。有些孩子对自己身体的功能不太理解，可以让他观察别人怎么做。你上厕所的时候可以把孩子一同带去厕所，让他也坐在自己的儿童便盆上。

食物

7. 我孩子 2 岁半，他只吃白色食物，我该怎么办？

答：给孩子提供种类丰富的健康全食物，至于吃多少则让孩子自己决定。生长阶段的孩子胃口常常变化，今天胃口大开，可能明天又挑挑拣拣不想吃。只要你给孩子吃的是健康食物，孩子在饭前也没有吃很多甜食、果汁或者牛奶，那他自然会得到自己需要的营养。对孩子来说，把食物用牙签串起来，什么都会变得好吃。把食物做成动物脸，吃饭变得有趣起来。鲜榨果汁里面加上健康的食物，果酱、酸奶以及家里做的甜点，都是不知不觉摄入更多营养的方法。这个年龄段孩子的饮食结构比较好控制，等他长大一点，就难一些了。

第 *9* 章

准备上学了！学龄儿童相关常见疾病以及疫苗常识

四五岁的孩子开始能辨别现实与虚幻，喜欢玩假想的角色游戏。玩游戏帮助孩子懂得如何与别人交往，了解不同个性和需求，处理矛盾冲突。

布莱恩晃着腿坐在诊疗床边，对我展开灿烂的笑脸。"我有个礼物要送给你。"他递给我几张他自己画的画，画得确实很好。

"哦，谢谢你布莱恩！"我也对他回以微笑。"最近怎么样？"

布莱恩想了一会儿，然后点点头。"还不错，"他说。"你怎么样，保罗医生？"

当我们身处其中时，从孩子 1 岁到开始上学，这中间好像经过了一个世纪：换不完的尿片，风雨无阻要出去玩，永远也收拾不完的玩具，出去露营、参观动物园、读绘本故事、玩拼图游戏、玩跳棋（一遍又一遍）。等你回头再看时，你才意识到，时光飞逝。

孩子 3 岁以后，我们要求家长只需一年来做一次常规体检。其他时候，除非孩子生病或者受伤才需要来看医生。

布莱恩快 5 岁了，能够辨认不同性别。他穿着一件格子衬衣、卡其西装短裤，戴着一顶网球帽。虽然和我说话时他显得很自在，也显示出愿意和我说话，不过他妈妈告诉我，其实布莱恩和其他小朋友在一起时比较羞涩。孩子喜欢说话并不表示他就天生擅长社交，布莱恩主要和成人交流。我们讨论说要尽量与其他小朋友一起活动，让他在集体生活中轻松一点。布莱恩耷拉着脑袋，不喜欢这个话题。我让他妈妈不要强迫他，不要操之过急。可以鼓励孩子参加一些社会活动，如足球、舞蹈班或者画画，但是如果他感觉不愿意或者下次不愿意再去，没必要强迫他。

四五岁的孩子开始能辨别现实与虚幻，喜欢玩假想的角色游戏。这个年龄段，互动游戏，如打哑谜猜字游戏、扑克、甚至桌游等都可以玩。在你看来是无厘头的游戏实际上是孩子学习的过程。玩游戏帮助孩子懂得如何与别人交往，了解不同个性和需求，处理矛盾冲突。这个年龄段的孩子还懂得如何面对输赢——有的孩子比别人更有风度，知道怎样成为团队的一部分，怎样更为独立。如果孩子在游戏时作弊，不要太沮丧，这是正常行为，并不表示将来长大后他不知道要公平竞争。不要担心孩子这种装扮游戏玩得太多，也无须担忧孩子一玩起来就不知道时间。世界上有几个国家，包括芬兰和瑞典，他们有出色的教育体系，青少年学业表现优良，但他们直到孩子 7 岁才开始接受正式教育。

"布莱恩，今天是自己穿衣服的吗？"我指着布莱恩的棒球帽问他。他妈妈用力地对我点头肯定，但是却没有说话，把问题留给布莱恩回答。孩子 5 岁时，应该能够自己独立穿衣服，就像布莱恩一样，虽然他们不是每次都愿意自己穿。这时候离开父母生活变得容易一点了。

4 岁的时候，大部分孩子画的人就像是一条虫子，到了 5 岁，他画的人可能就有了头、身体、手和腿。4 岁的儿童通常能够画圆圈，而 5 岁儿童通常能够照着图画一个方形和三角形，如果曾练习过的话，有的孩子还能写自己的名字。这些技能因人而异，差异很大。我诊所有个孩子，5 岁时就能够画出一辆小轿车，车里面司机的面部细节完备（胡子、眼镜、白手套），另一个孩子却只能胡写乱画。

　　大部分 4 岁的孩子喜欢问为什么，一遍又一遍。我见过几个问为什么的高手。爱德华就是一个。给他做体检时，我让他张开嘴巴说"啊"。

"为什么呢？"爱德华问。

"这样我才能看见你的扁桃体和喉咙。"我回答。

"为什么呢？"他又问。

"这样我能看出你是不是病了，或者你的扁桃体是不是肿大。"

"为什么呢？"他又问。

他妈妈严厉地制止他："爱德华，够了。"

爱德华没有丝毫犹豫，接着问："妈妈，为什么呢？"

回答"为什么"的问题也许让人抓狂，但是，这个快要上学的孩子是真的很好奇。我们成人在这个世上待了很长时间，已经失去了好奇心。而孩子没有。他们仍在试图探索世界是什么样的，世界是怎样运行的。孩子有问为什么的权力，这是他们寻求知识的要求，我们应该给出一个合理的回复，而不是说"没什么为什么"，也不是说"就是这样的"。

4岁的戴维斯已经知道自己的名字、家里的地址、电话号码，也能够写出所有的字母。

"他能从1数到1000，"戴维斯的妈妈骄傲地告诉我。他妈妈还说他已经学会了自己看书。通常的情况是，四五岁的孩子像模像样地"读书"，其实是凭记忆讲出自己听了一遍又一遍的故事。孩子这时候能够学会用手指指着书上的字一个一个地看，从左到右，从上至下。

戴维斯不怯场，喜欢在大家面前表演。当他按照我的指示展示自己的运动技能时，他笑得很开心。他左右两只脚分别能单脚站立3~5秒，能单脚从诊疗室的这头蹦到那头。4~5岁期间，大部分孩子能够单脚蹦，可以脚跟先落地走路，可以开始学习骑自行车。

5岁常规体检时我们会和家长谈论与孩子上学相关的计划。有些孩子需要等到更成熟一点再开始上学，这样以后在学校表现会更好一些，而有些孩子即使在班上年龄最小也能茁壮成长。我建议你和医生、孩子的幼儿园老师以及其他你信得过并且也会对你直言不讳的人，讨论孩子上学的准备，他们能基于孩子的情况给出建议，而不是基于他们认为应该怎么样。

害怕上学

在开始上学之初，父母耐心很重要，耐心对待孩子，耐心对待自己。有些孩子能无缝转换到学校，而有些孩子则艰难得多，特别是如果上小学是第一次在白天和父母分离的孩子。不要把孩子的表现和别的孩子进行比较。上学前让孩子熟悉学校很重要，你们可以在教学楼内参观，在操场上玩一玩，甚至还可以邀请老师到家里来，和孩子在他自己的房间里待上十几分钟（俄勒冈州规定幼儿园的老师需要家访，但不是每个州都有这样的规定）。当着孩子的面和老师进行友好、温暖的交流能够给孩子传递出你信任这个成人的信号，也暗示孩子可以信任他。

确保孩子去学校前休息好了，也吃饱了。肚子饿的孩子会变得胆小害怕；肚子里装满了罐装果汁、人工食用色素和含糖食物（如传统的早餐麦片）的孩子更容易感到焦虑或者表现得过度活跃。

陪孩子走着去学校或者精力充沛地互相追赶，或者上课前在学校玩一下捉迷藏。这样，家长和孩子都能增加一点室外活动，研究也显示，这样的互动能够提高孩子的专注力，减少孩子的焦虑。

"哎哟，哎哟，我 ＿＿＿＿ 疼"

小孩子常常会发生我们通常说的肚子痛。这种症状不一定表示孩子有什么隐藏的疾病，而是需要爸爸妈妈更多的关注。有时候孩子看到父母对自己哪里疼痛反应强烈，于是就学会了用这种行为博得父母关注。

这也是为什么利昂开始说"狼来了"。利昂5岁的时候有一次坐在妈妈自行车后座时不小心把脚卡到轮辐里面。"脚好像被火烧了一样！"利昂一路哭到急诊室。在急诊的留观室她继续尖声哭泣，护士吓得又把她召回急诊室，她的妈妈、爸爸、姐姐全都围在她身边哄她。X线和检查显示，她只是皮外伤和脚踝扭伤，虽然雪地靴都搅碎了，但没有骨折。哭累了的利昂安静下来，带着新的斑点狗玩偶、她最爱的三个人全部的关注，离开了急诊室。

从此之后，利昂学会了假装疼痛，因为她看到她疼痛时家人是怎样地围在身边呵护，这种方法太有效了。

当然，如果孩子自述哪里不舒服时，你需要仔细观察甄别，真正的疼痛一定要谨慎对待。但也要记住，有时候孩子真正想要的是爸爸妈妈停下手头的事情，把关注——全部的关注，给他。

如果自述不舒服发生在上学前或者发生在引起孩子焦虑的事情之前，那么不舒服可能与压力相关。要记住，虽然起因是心理上，但这种疼痛是真实的。和身体上的疼痛一样，最好的治疗方法是找出其潜在原因。

"妈妈，我头痛"

头痛可能由好几种问题引起：流感、普通感冒、日晒过度、头部受到重击、脱水、低血糖、饥饿、对某些食物过敏反应（尤其是肉里面的硝酸盐和味精——大部分那些标称"天然味道"的包装食品都添加有味精），还有压力或者其他潜在疾病等都是儿童头痛的原因。儿童的大部分头痛都不严重，不需要医学治疗，吃一顿健康的食物或者好好睡一晚之后通常就会消失。

如果孩子告诉你他头痛，首先你可以让孩子喝一杯水，吃点东西，让他躺下来安静地休息一会儿。额头上的一块冷毛巾，你的慈爱的关注，额头上温柔的一个吻，一起读一本书，这些常常有奇效。

我建议，先尝试各种非医学的方法，全部尝试过了没有效果后再给孩子用去痛的药物。如果你强烈感觉孩子需要止痛药，请先尝试在果汁中加入 1/4 茶匙姜黄根粉。姜黄根是一种天然抗炎症植物，对抗头痛很有帮助。我建议尽量不要服用含有对乙酰氨基酚的产品（参考第 1 章）。

如果家族有偏头痛病史，而且疼痛在光线明亮时厉害，在安静较暗的地方躺下则减弱，则孩子更有可能患的是偏头痛。孩子 10 岁前这种情况比较罕见，长大后则更常出现。避免食用味精、标有"天然风味"的深加工食物（什么都有可能就是不可能天然）以及人工食用色素，并且服用维生素 D 和维生素 K_2，同时服用钙和镁，在很大程度上能够预防偏头痛。学龄儿童可以每天服用 500 毫克钙，100~200 毫克镁，2000 国际单位维生素 D_3，10~20 微克维生素 K_2。可以服用液态的，不过到这个年龄也应该可以吞服片剂了。

如果孩子有顽固性头痛，并且早上醒来后或者晚上熟睡中被叫醒后头痛更厉害，同时伴有全身乏力、视物模糊或性格大变，请立即去看医生。剧烈头痛并伴有以上症状有时候可能是脑瘤引起的，当然这种情况比较罕见。

"爸爸，我肚子痛"

肚子痛可以由很多原因引起。每周都有不少父母因为孩子肚子痛带来诊所就医，当然如果不来医院，这些肚子痛通常在家也会自行消除。根据我的经验，大部分肚子痛的常见原因是便秘或者仅仅是孩子有便意或者是未经确诊的食物过敏，特别是对奶制品（乳糖不耐受）或麸质过敏，或者是由于精神压力。

如果你怀疑孩子有食物过敏，可以去看儿科医生（儿科医生可能会让你做一些检验或让你去看过敏症专家），或者你也可以在家尝试饮食结构消除法（将孩子可能过敏的食物从饮食结构中逐一剔除，以此确定过敏食物）。如果腹痛伴随呕吐或者腹泻，并且家庭或学校其他人也有相似症状，孩子很可能患了病毒性胃肠炎，他的身体正在自行运转，将引起疾病的病毒清除出去。唯一需要注意的是，要让孩子补充足够的水分。尽可能少量多次喝水，可以让孩子喝他喜欢的饮品，即使是喝了马上就吐也要喝。现在要让孩子喝无渣的液体饮料、水、果汁、无色素的运动型饮料或者补水溶液，因为脱水是比较严重的问题。我喜欢选择自家做的鸡汤，如果有时间做的话。

如果呕吐剧烈，液体无法进入身体，医生可能会开昂丹司琼（大家可能对它的商品名更熟悉，枢复宁）止吐。病情特别严重的话，孩子可能需要住院，通过静脉注射补水。

如果孩子腹痛，上了厕所后也不能自行缓解，并伴随发热、嗜睡、无力、食欲减退，另一种可能性是患上了阑尾炎。

阑尾是右下腹部一个小的蚯蚓状的器官，过去人们认为阑尾是人类进化过程中留下的一个没有生理作用的器官（像尾椎骨和智齿一样）。科学家现在发现，阑尾其实是储存有益菌的仓库，腹泻之后，阑尾会将有益菌排入消化道。

阑尾炎不多见，一个儿科医生一年也许只见到 1~2 例，可以通过切除阑尾来治疗。关键要注意不要漏诊。我的一个同事就发生过这样的事故。一位年轻女性来到诊室，有腹痛症状，并且发热，全身不舒服。我同事以为是流行性感冒，当天他已经诊治了好几例流行性感冒。其实如果他用手按压病人腹部，病人自述按压疼痛，做出因为痛而不愿意医生继续按压的动作，他可以很简单地确诊是阑尾炎。但是那时候已经到了下班时间，他很累，又赶时间。其实他应该意识到，病人的表现比流行性感冒严重，她弯右腿穿裤子的时候疼得叫了起来。这位病人的阑尾穿孔了，在医院待了一个月才恢复。你可以自己诊断阑尾炎，让孩子仰卧在床上，弯腿，首先将左腿抬向胸部，然后右腿。如果抬右腿时感觉到肚子剧烈疼痛，你需要马上带孩子去看医生。

儿科医生另外一个区别阑尾炎和其他不那么严重的腹痛的方法是让孩子原地跳。如果落地时孩子龇牙咧嘴喊疼，他可能是阑尾炎。除了让孩子跳以外，检查的另一个环节是叩诊腹部。如果叩诊时疼痛，特别是疼痛如果位于腹部右下方，则可能是阑尾炎。阑尾炎可能还会产生反跳痛。轻轻按压腹部某个部位，然后迅速放开，孩子会在你放开手的时候感到阑尾区域疼痛。

"奶奶，我喉咙痛"

儿童喉咙痛很常见，尤其是冬季。喉咙痛有很多原因引起，最常见的是病毒感染，不需要抗生素治疗。大声喊叫、哭泣时喉部发声、鼻后滴漏、过度咳嗽（感冒病毒或过敏导致）、柯萨奇病毒感染（引起手足口病）、暴露于吸烟环境以及空气干燥都会造成儿童喉咙痛。

你怎么知道孩子的喉咙痛是病毒引起，不需要去看医生呢？病毒感染通常发病较慢，症状在两天内慢慢显示。这种喉咙痛常常伴随有扁桃体肿大、低热、流鼻涕，分泌物（鼻涕和痰）通常（不是所有情况）比较清澈，呈水样。

在这个时候可以相信自己的判断。如果你觉得孩子真的病了，别犹豫，带去看医生。不过除非孩子出现急性症状，如呼吸困难或者喉咙痛到无法进食，否则都没有必要带去看医生。

细菌感染造成的喉咙痛比病毒感染发病突然。如果孩子体温突然升得很高，并且能看到喉咙发红，或者舌头上有红点，或者喉咙后部有白色的东西（像奶酪），或者吞咽疼痛，那么孩子可能得的是脓毒性咽喉炎。

脓毒性咽喉炎传染，而且会导致并发症。医生们读书时学到的最严重的并发症是风湿性心脏病，这也是医生们最担心的。风湿性心脏病严重情况下会造成心脏瓣膜并发症。美国风湿热的发病率极低，所以国家不再追踪和报告这种病案，因此，我们对此的统计数据是不可靠的。已经出现的病例全部发生在美属萨摩亚 5~15 岁的儿童身上。这些孩子患风湿热的平均年龄为 11 岁。实际上，5 岁以下儿童极少可能得风湿热。

脓毒性咽喉炎能够通过咽拭子链球菌检测快速得出结果，可能你还坐在医生诊室，检测结果就已经出来了。也可以通过喉咙细菌培养检测，这需要 1~2 天时间。这两种方法都要用棉签从扁桃体上擦拭，需要孩子长大嘴巴。如果快速检测结果（虽然准确性极高）显示阴性，而医生仍然认为高度疑似脓毒性咽喉炎，他会要求做喉咙细菌培养进一步确诊。脓毒性咽喉炎通常进行抗生素治疗（通常使用青霉素或者阿莫西林），一般认为迅速治疗能防止严重并发症的发生。虽然大部分美国医生都用抗生素治疗脓毒性咽喉炎，但是要知道，这不是一个良性的介入方法，我怀疑孩子们对抗生素产生的副作用的风险比风湿热的风险还大。对抗生素的过敏和严重副作用非常常见，而且抗生素不仅杀死入侵的细菌，也会杀死有益菌，这些有益菌是免疫系统的第一道防线。

一项研究对喉咙痛使用抗生素的情况进行了一个系统性的综述，发现抗生素的使用将病程仅平均缩短一天，综述总结认为其"获益不太大"，并且对于美国当代社会来说，很多进行了抗生素治疗的人没有什么获益。我仍然建议，如果确诊为脓毒性咽喉炎，还是要使用抗生素治疗，就像很多医生做的那样，但是，如果喉咙痛已经证明不是由链球菌造成的，那么我建议不使用抗生素，因为很多这样的症状是病毒导致，这时候使用抗生素弊大于利。

对于任何一种喉咙痛，可以使用家庭偏方来缓解症状：喝蜂蜜柠檬水、温盐水漱口、中草药喉咙喷雾等都会有所帮助。如果实验室细菌培养确诊有链球菌，有些父母还可以尝试使用牛至油、捣碎的大蒜、维生素 C、益生菌以及橄榄叶提取物等作为抗生素。

和其他传染性疾病一样，别忘了把孩子的牙刷丢掉，因为牙刷的刷毛会隐藏链球菌，导致反复感染。如果孩子使用了抗生素治疗，那就在使用抗生素几天后丢掉牙刷。

"爷爷，我到处都痛"

孩子如果出现很多地方幻痛，你可以问他手肘痛不痛、膝盖痛不痛、鼻子痛不痛。如果他回答痛，但是看起来又还好，可能孩子在寻求你的关注。和孩子多待一阵子，给予他更多关注，这没什么错，我建议大家这样做。但尽量告诉孩子要诚实地提出自己的要求，不要编造生病症状。

体癣

体癣是一种真菌感染（就把它看成和蘑菇一个家族的东西，所以别惊慌），出现在皮肤或者头皮上。真菌在潮湿温暖的环境生长繁殖得很好，同样的真菌也是脚气（香港脚）和股癣（感染发生在腹股沟处）的罪魁祸首。其典型外形为硬币大小的凸起，边缘比中间高。在肤色较浅的孩子身上，它看起来像粉色甚

至是红色，看上去比周围皮肤干一点。

　　体癣容易与一种皮肤干燥症的钱币状湿疹混淆。钱币状湿疹也是表现为硬币大小的凸起状皮疹。分辨不清的时候，皮肤科医生会取一片皮屑通过其菌丝特征进行辨别，或者进行实验室培养后进行辨别。

　　我最常在学龄儿童身上见到体癣，尤其是喜欢摔跤以及和别的孩子较多皮肤接触的孩子。不过，任何年龄段的成人或者儿童都可能感染体癣。体癣虽然传染，但是是一种良性的感染，通常能自行消失，不去医生那里也能自行病愈。

　　医生以前用 X 线治疗头皮上的体癣，幸好现在不再这么做了。你可以自己购买非处方的抗真菌感染的乳霜进行治疗。我发现几种不同成分的抗真菌剂（克霉唑、咪康唑、酮康唑、特比萘芬、萘替芬、托萘酯）交叉使用能够在 2~4 周内将其清除，有的则需要长达 2 个月的时间。以上抗真菌剂每一种一天涂抹两次。你也可以用薰衣草油治疗体癣，将其直接滴在皮疹处，每天 2~3 次。你会发现皮疹立即变干（如果没有，那就可能是湿疹），2~4 周后消除。

过敏

从定义上来说，过敏是一种免疫系统对实际无害物质的过度反应。过敏的症状包括一系列身体反应，从皮疹、皮肤瘙痒、流鼻涕到更为严重的如呼吸困难、严重肿胀等致命问题。美国过敏、气喘及免疫学会估计，约有950万儿童皮肤过敏，830万儿童呼吸道过敏。最常见的是对草、霉、尘土、动物毛屑、毒栎（生于美国西海岸）、毒常春藤（生于美国东海岸）以及蜜蜂叮咬等过敏。过敏可能出现在各个年龄阶段。有的家庭发现，一些曾经有轻度到严重过敏的孩子，搬到不同气候地区以后（比如从波士顿到圣达菲），他们的过敏中止，中止时间有的长达7年，直到身体开始对新的环境重新变得敏感然后发生过度反应。过敏通常会随着年龄增长而好转。

医生通过检测抗体中一种叫免疫球蛋白E（IgE）的量来检测他们所说的真正的过敏。人体中存在微量的免疫球蛋白E（IgE），它们在过敏疾病中发挥重要作用。当血细胞中分泌的免疫球蛋白E将无害物质错误地认定为有害后，会触发身体释放出像组胺这样的物质，导致炎症和一系列过敏反应。

真正的过敏能够通过皮肤测试确诊。这种皮肤测试在过敏症专家诊室就可进行，也可以做一种叫Immunocap的血液测试。这种检测是将儿童免疫球蛋白E水平与潜在过敏原进行比对。如果孩子有气喘（发出喘鸣声、气短、呼吸困难）、过敏性鼻炎（不停流鼻涕）、过敏性结膜炎（眼睛痒）、花粉症，那就是有过敏症。如果孩子对尘土和房子里的霉过敏，那么他可能一年到头都会有症状。如果孩子对猫尾草（俄勒冈州孩子最常见的过敏原）过敏，那么症状主要出现在春天和夏天，尤其是如果孩子喜欢打棒球、喜欢在草地上打滚或者是在多风炎热的天气位于干草堆附近。

如果孩子的过敏会触发气喘，那就需要辨别过敏原，然后尽量避开过敏原并缓解身体的炎症。气喘可能导致严重后果，可能会需要住院治疗，少数情况下还会造成死亡。如果你能辨别过敏原并将接触降到最低，就能很大程度减少过敏。气喘也能通过使用吸入剂（处方药通常使用沙丁胺醇，用以放松肺部呼吸道附近肌肉）有效控制，情况严重时也可以吸入或者口服类固醇药物。

威胁生命的过敏

2015 年 9 月，一个名叫西蒙·卡茨的 16 岁少年参加校友聚会，在篝火边别人递给他一块斯莫尔（一种食物，饼干夹热棉花糖），他吃了一口，随即发生了过敏性休克。他不知道这块斯莫尔里面有花生酱。虽然西蒙的父亲让儿子随身携带肾上腺素针剂，但是他 6 分钟后才得到救治。西蒙去世了。

最近 10 年里，儿童和青少年中的严重甚至致命性的过敏反应在数量上急剧增长。严重过敏反应最常见的诱因有蜜蜂、马蜂以及黄蜂叮咬，还有误食花生。

父母们发现孩子有严重过敏常常是因为孩子一暴露于过敏原就会立即出现过敏反应，例如，蜂巢一打开，孩子立即呼吸困难。如果你怀疑孩子有严重过敏，医生可以帮你预约一个血液检测来确定过敏原。

严重过敏反应在第一次或者第二次暴露于过敏原的时候就会发生，家长可以观察是否有以下症状：嘴巴或者喉咙痒或者肿胀、声音嘶哑、呼吸短促或者呼吸困难以及严重的荨麻疹（斑点状红色凸起的皮疹）。情况特别严重时，孩子可能会心跳加快，脉搏微弱。甚至他可能会因为缺氧或血流不畅而失去知觉。

对于有严重过敏症的孩子，其看护人员、老师、亲戚，同学或朋友的父母以及他生活中其他的所有成人都应该对其非常警惕。他也可以带一个提示手环或者项链。注射肾上腺素（一种化学激素，通常从大腿注射）能够中止过敏反应，挽救孩子的生命。如果孩子之前发生过严重过敏反应，他应该时刻随身携带肾上腺素针剂。

已经有有力证据证明，1岁前接种某些疫苗会触发自体免疫性疾病和过敏症。这是我建议推迟婴儿接种某些疫苗的原因之一。

食物过敏

从我开始行医至今，我看到被诊断出有严重食物过敏的孩子年龄越来越小，数量越来越多。医学界有很多关于食物过敏、食物敏感和食物不耐受之间差异的争论。不幸的是，如果你告诉医生，你的孩子有食物过敏症，医生可能翻翻眼皮，心里面偷偷把你列为"那种父母"：神经兮兮、大惊小怪、对什么都信以为真。可是，不要被医生的态度误导，不要小看孩子对食物的过度反应。

知道孩子对什么食物比较敏感，在治疗湿疹、胃肠功能紊乱、大脑问题以及行为、语言、学习问题等方面都有帮助。

严重的食物过敏症会触发免疫球蛋白E反应，但某些食物不耐受或者过度敏感不能够被免疫球蛋白E检测识别，也会导致炎症，引起一系列身体不良反应。有些医生通过检测血液中的免疫球蛋白G（IgG）水平来检测食物敏感性。免疫球蛋白G（IgG）是身体分泌出来对抗细菌和病毒感染的，是体液中含量最丰富的一种抗体。

我亲眼看到，在辨别出食品过敏原然后在饮食中剔除过敏原后，成百上千的孩子从湿疹、腹痛、肠道问题中恢复，在语言迟缓和发育方面得到提升。

试一试这种饮食结构消除法吧。将你认为孩子可能过敏的食物从饮食结构中一个一个地剔除，看问题是否解决。通常最好先将奶制品、麸质、鸡蛋一起剔除一个月，然后再一个一个地添加回来，以此来确定哪一种食物造成过敏。用一个本子做记录，这样你能准确知道孩子现在在吃什么。当你将某种食物添加回来时，看过敏问题是否也回来了。如果孩子对多种食品过敏，那么剔除一种食物无济于事。很多时候食物里面的化学添加剂和色素是问题的根源。我知道我在这个问题上像个复读机一样，一遍一遍地重复，但是我还是要说，你必须给孩子吃真正的食物，请阅读成分列表。如果你在成分列表中看到你不认识的化学物质，那个就不是食物，应该放回货架，不要放进购物车。

如果孩子受过敏症侵扰，你能做得最好的事情是找到并移除过敏原（比如清除家里黑色的霉。你可以进行适当防护后自己清除，也可以请专业服务人员来做）。为稳定孩子的免疫系统尽最大努力，包括吃全食物，最好是有机食物，吃大量位于食物链低端的小鱼，或者服用纯鱼油，通过益生菌或大量天然发酵食物来向身体内补充有益菌，确保摄入足量维生素 D（北美以及世界大部分地区都缺乏），让孩子每天最少锻炼 30 分钟，使他在白天保持活跃，避开有毒物质。

"我担心孩子太胖了"

几乎所有孩子体重超标都是因为饮食习惯不佳。标准美国饮食（Standard American Diet，美国人幽默地将其缩写为 SAD，这个缩写的意思是"悲伤"）包含太多的加工食品、甜饮料以及来自工厂而不是农场的零食。

简单来说，我们养育的孩子抗胰岛素。胰岛素是胰腺分泌的一种荷尔蒙，用以控制血流中糖的数量。如果孩子对胰岛素有抵抗力，只要非常小分量的糖、面粉、高果糖玉米糖浆、甚至人造甜味剂就能促使胰腺分泌胰岛素。泛滥的胰岛素会造成细胞对其抵制，这就意味着，我们需要制造出更多的胰岛素才能保持血糖正常。胰岛素分泌示意身体储存脂肪，我们分泌的胰岛素越多，我们储存的脂肪就越多。所以抗胰岛素的儿童和成人，即使实际上吃得并不多，但是会储存更多的脂肪，增加更多的体重。这个恶性循环会让孩子有糖尿病、高血压、病态肥胖、甚至早逝的危险。

解决儿童肥胖问题，关键往往在于冰箱和食品柜中有什么。谁在购物？不是你的孩子！采购食物的人需要转换思维。我建议爸爸妈妈们开始清除冰箱里的问题食品：早餐麦片、鸡尾酒式果汁、苏打水、糖果、饼干、盒装或袋装的任何食品。让全家人逐渐回到真正的食物上来——蔬菜、水果、鸡蛋；全脂酸奶、奶酪以及全脂牛奶（如果孩子对奶制品耐受的话）；发酵食物、肉和鱼、坚果和植物种子。能量对体重来说很重要，但是如果你的孩子抗胰岛素，那么吃什么就比吃多少更重要。给孩子吃高蛋白食物，如肉、食物链低端的鱼（像沙丁鱼、马鲛鱼、凤尾鱼）、坚果、坚果酱。确保孩子每顿饭和零食中都摄入少量脂肪和蛋白质。如果孩子不吃鱼，可以考虑服用纯鱼油或者亚麻籽粉来补充对人体很重要的欧米伽 3 脂肪酸。

我也喜欢《婴幼儿辅食圣经》的作者露丝·亚龙提出的"健康额外多一点"这个概念，她提出我们可以每次都添加一点健康全食物到每顿饭菜里面，让饮食营养更为丰富。

保罗医生的"健康额外多一点"

杏仁、榛子、开心果、核桃（你可以将这些混合到一起，添加到面酱或者面饼里面）

啤酒酵母

椰子（椰子油，干椰子粉，椰子片）

熟豆子

肝粉末

脱水荨麻

新鲜药草（罗勒、牛至、鼠尾草、百里香），这些药草不仅能起到调味的作用，添加到食物中还有健康功效

营养酵母

各种植物籽（亚麻籽、奇亚籽、南瓜子、芝麻、西瓜子）

蔬菜丁（生熟都可以，包括花菜、卷心菜、胡萝卜、芹菜、青豆、羽衣甘蓝、菠菜、牛皮菜）

如果你觉得改变饮食结构很难，我建议你咨询饮食健康方面的专家，请专家帮助你开始真正全食物饮食之旅。

　　如果你的孩子真的很胖，他自己可能已经意识到了。在学校里面他可能没办法用力撑上双杠，他可能没有别的同学跑得快，他可能穿的衣服比同龄人大几个号。小孩子在学校里面也会因为体重问题受到嘲弄和排挤。

　　作为父母，你有责任帮助他，不过要注意，不要对他的体重唠唠叨叨。珍妮弗一个亲戚以前在女儿吃东西的时候训斥她，把她伸向食物的手一掌拍开，说她："你想去减肥营吗？"，结果这个女儿后来一生都在体重和自尊问题上挣扎。我们知道，有些孩子小时候有点婴儿肥，长大后就会瘦下来。现在越来越多、越来越小的孩子开始出现肥胖问题。你的孩子可能天生比平均水平更高大、更壮实，这不是问题，不要把这种基因差异看成问题。但是同时，也有一些基因决定天生易胖一点的孩子，加上从小奶粉喂养、添加辅食后饮食结构不合理，还有生活方式问题和心理问题，最后出现强迫性的不健康饮食，造成终身饮食问题。

　　有榜样指引的时候我们往往做得更好。父母们不应是"像我说的那样做"，而是"像我做的这样做。"

　　作为父母，你要做健康生活方式的典范，也要做健康饮食的典范。你很辛苦，要养家，辛勤工作，而引导健康生活、健康饮食这项工作和养家一样具有挑战性。关掉电视、关掉电子游戏、关闭社交媒体、抵制网络吸引，走出家门，去散步、骑自行车、踢足球、打棒球或者做任何你和孩子喜欢的运动。

　　不要边吃饭边看电视，永远不要！我知道很多人这样做，但这是我们生活中破坏性极强的一个习惯，它与肥胖紧密相连。当一个孩子或者成人在电视机跟前的时候，注意力被分散，心不在焉地把饭菜往嘴巴里扒，听不到身体在告诉我们：我已经饱了。

如果孩子被诊断为自闭症，该怎么办？

　　如果你担心孩子会得自闭症，其实你不是唯一一个这么担心的人。我前面说过，现在美国每45个孩子中就有1个可能患有自闭症。现在自闭症影响着这么多孩子,我们都应该警觉。

如果读学术期刊或者咨询自闭症领先研究机构的专家,你会以为患上了自闭症后就没有希望了。其实不然,患上自闭症并不表示孩子就没有未来、没有希望。如果孩子经常(但不一直是)表现明显不同,你可以做很多事情来帮助他。有的孩子能恢复到自闭症确诊标准以上。

可惜我很多的同行对此不是感到欢欣鼓舞,不是急切地想知道什么样的干预效果最好,而是首先坚持恢复了的孩子其实本身就没有自闭症! 这种完全否认孩子自闭症的行为令人深感不解。否认孩子自闭症既反映了做出诊断的医生们整体水平不足,也反映了否认这一诊断的医生们循环论证的逻辑,两者都令人为我们这个行业的未来感到担忧。

从自闭症中恢复是可能的。所有我见过的被诊断为自闭症的孩子或多或少都有进步。有较小比例的孩子进步慢得让人心痛,而且这些孩子还继续在承受巨大的神经系统方面的挑战。如果你的孩子没有进步,而朋友的孩子却进步了,这是让人非常崩溃的。你能做的就是尽力。

> 自闭症:基因易损性 + 暴露于有毒物质(杀虫剂、不健康饮食、早期的超声波)+ 对乙酰氨基酚 + 抗生素过度使用 =45 人中那 1 个患上自闭症的孩子

问问父母们谁的孩子最遭罪。父母们讲的故事如此相似,我不禁毛骨悚然。他们经常做超声波检查,有时候甚至是每次常规就诊就做一次,因为产科医生推荐。生孩子时采用剖宫产或者分娩时用了很多药。他们给孩子吃了一轮又一轮的抗生素,给孩子接种了所有美国疾病预防控制中心推荐的疫苗,并且根据医生的建议,接种前后都服用了泰诺预防副作用。可是,他们眼看着孩子病情越来越重,直到有一天,健康的孩子消失了。

当他们问"为什么? 怎么回事? 我做错了什么? "医生说他不知道。他们问"我能做什么弥补? "医生说去找机构对孩子进行终身照顾。然后是踢皮球:医生坚持认为自闭症是基因造成的。我们的医生被训练成这样的神奇逻辑。

为什么我的同行们这么多人这么迅速地否认现在自闭症蔓延、低估环境中的致毒因素、否认自闭症能恢复？是因为我们不愿承认也许是我们医生导致了现在的这场危机，还是因为我们确实被错误的信息蒙蔽了眼睛？

自闭症有基因遗传性的意思是那些发展为自闭症的人，他们面对环境中的致毒成分时更易受损。暴露于造成脑部炎症的有毒成分是主要的因素。如果孩子被诊断为自闭症，或者你担心孩子的大脑正受到损伤，要做的第一件事就是停止让孩子暴露于目前的有毒成分之下，这就意味着谨慎接种疫苗，吃新鲜的有机全食物，喝过滤后的水，确保家里没有有毒物质（霉、铅、清洁剂、杀虫剂、阻燃剂、氟化物、阿斯巴甜等）。

我不是说我们有确定的证据（以双盲对照组研究的形式）证明上述任何东西导致了孩子的自闭症，我是说它们都是嫌疑犯，尤其是对那些基因易受损人群。这些我们在第1章和第2章有详细的讨论。

你要做的第二件事情就是查找营养上的不足，填补孩子饮食上最有可能不足的营养物质。找一位医生，一位在整体医学、功能医学或自然疗法方面学习过，并且有治疗自闭症儿童经验的医生，他能够做一些必要的检查，然后指引和帮助你。

孩子可能需要尝试多种干预方法，请保持开放的心态对待这些可能帮到孩子的方法，并请忍受过程中有时候其进步微小与努力不成比例。我首先建议父母们尝试饮食中完全无麸质、无奶制品、全部为有机食品。改变孩子饮食习惯特别困难的一个地方在于，自闭症的孩子经常特别执着于那些他们不应该吃的东西。我经常听到父母们说，"如果我把麸质和奶制品拿走，我的孩子会饿死。"

我建议你请一位教练，或者别人家的父母，或者饮食方面的专家来帮助你度过这个过程。这确实很艰难。但是我确实见过几个没有语言能力的3岁、4岁的自闭症儿童，在几周、几个月的无麸质、无酪蛋白的饮食之后，能够说出完整的句子。有一个孩子，乔尔，他是严重的自闭症，无语言能力，焦虑，从来没有目光接触。完全无麸质饮食2个月后，他到诊所来的时候对我说："你好保罗医生，我，托马斯"，并且他的眼睛看着我的眼睛，手里拿着他心爱的小火车。我欣喜得热泪盈眶。我见证了这个严重自闭症的孩子几乎完全康复，仅仅（当然绝对不轻松）只是移除了饮食结构中的麸质和奶制品。

如果孩子得的病现代医学也无解，你必须自己去做海量的研究。你现在加入了有智识的父母之列，你在营养、脑部炎症、生物群系损耗以及疫苗方面比大部分家长懂得多很多。

疫苗和学龄儿童

现在的疫苗方案推荐 4~6 岁儿童接种以下疫苗的加强剂。

（1）无细胞百白破疫苗。

（2）灭活脊髓灰质炎疫苗。

（3）麻疹－腮腺炎－风疹疫苗。

（4）水痘疫苗。

（5）每年注射流感疫苗。

有时候接种过疫苗的孩子仍然会在这种流行病来袭的时候受到感染，2012年我诊所就发生过这样的事情。我诊所 15 名完成全部无细胞百日咳疫苗接种的儿童，经实验室确认，染上了百日咳。2015 年堪萨斯州和北卡罗来纳州的百日咳暴发以及 2015 年密苏里州麻疹暴发中，几乎所有感染者都完成了这些病毒的免疫接种。这些事故真正告诉我们的是，接种了的儿童也可能被疾病传染。真正对公众有益的是，除了疫苗之外，帮助父母学习怎样有效提升孩子的免疫系统。

你如果遵照我的疫苗友好方案进行，到孩子准备上学之前，他现在应该已经对导致细菌性脑膜炎的两种主要病因（b 型流感嗜血杆菌和肺炎球菌）进行了免疫，不再需要别的疫苗。他也应该已经接种了无细胞百白破（白喉、破伤风、无细胞百日咳）疫苗，这个疫苗现在是需要接种 5 剂。他应该在 15 月龄和 18 月龄的时候已经接种了其加强剂，并且需要在 4~6 岁之间再注射 1 剂。

脊髓灰质炎疫苗

我们在第 5 章讨论了脊髓灰质炎疫苗的内容以及疾病的病例，这里再简要回顾一下。如果你生活在一个脊髓灰质炎仍然存在的国家，或者家人需要去这样的地方旅行，我建议接种脊髓灰质炎疫苗。可以在去往高风险地区旅行前任何时间接种，我建议旅行前最少注射 2 剂，之间相隔 2 个月。在第 2 剂接种后 6 个月，如果有时间，可以注射第 3 剂。如果第 3 剂是在 4 岁或以后接种的，那就不需要再接种第 4 剂。

麻疹

我们应该对麻疹心存恐惧吗？

麻疹当然是一种传染疾病。对于营养不良或者免疫系统较弱的孩子来说，这种病是毁灭性的，比如我朋友陶莱。

但是不幸的是，现在父母们周围充满关于麻疹疫苗的煽动性的恶意情绪，充满偏见、信息错误，反映的是一种不理性的恐惧，没有实际情况作为其基础。实际情况是，大部分健康儿童，暴露于麻疹后能够恢复，不会造成医疗事件。

阅读 20 世纪 60、70 年代的绘本书或者看这个时代的电视能帮助我们理解，和以前相比，现在人们对麻疹的文化认知已经发生了很大变化。流行儿童读物《巴巴和医生》里，有三只小象和他们的朋友小猴子都得了麻疹，躺在床上很难受，身上都是红色的点点。书上接着说："麻疹这种疾病不危险，几天以后孩子们就可以下床活动，玩起了巴巴买给他们的礼物。"麻疹来得快，去得也快，很快他们就全部回到花园里吃起了葡萄。流行电视连续剧《布雷迪家族》里面，彼得·布雷迪把麻疹带回了家，然后布雷迪太太向布雷迪先生报告，家里的孩子全都出现了症状：皮疹、低热，还有大大的笑脸。笑脸是因为大家都不用去上学了。

　　和我一样，我的同事林恩·雷德伍德也得过麻疹，因为很轻微，她自己都不记得了。她的丈夫、亚特兰大一位出色的急诊医生汤米·雷德伍德博士也得过。他和哥哥一起染上麻疹，他当时还很享受两兄弟一起度过的快乐时光呢。

　　在美国，你的孩子暴露于麻疹之下的可能性非常低。2014 年是十多年来麻疹最厉害的一年，也仅发生不到 700 例，无 1 例死亡；其中一半的病例来自于一个没有接种疫苗的阿米什社区，这个社区的人希望通过感染这种疾病而获得自然免疫。2014 年 12 月，整个俄勒冈州只有 1 例麻疹病例，是莱恩郡的一位成人。也就是说，俄勒冈州儿童对于感染麻疹为没有可量化的风险（也就是零风险的专业说法），俄勒冈州成人感染麻疹的可能性为四百万分之一。

　　虽然这么说，但没有人愿意感染麻疹生病，疫苗有效性比较高，并且考虑到麻疹传染性很强，我建议儿童接种这种疫苗。我建议孩子 3 岁时接种第 1 剂麻疹–腮腺炎–风疹疫苗，然后在孩子 4 岁或以后请医生给孩子检查疫苗的效价，确保疫苗仍在提供免疫保护，我诊所就是这样做的。效价检测是检测血液中对某种疾病的抗体的实际数量。如果有足够效价，也就是仍处于疫苗保护之下。

　　如果之前你因为某些特殊原因推迟了麻疹–腮腺炎–风疹疫苗接种的时间，那么现在是该让孩子接种的时候了。

水痘

　　建议 4~6 岁儿童接种第 2 剂或加强剂水痘疫苗。疫苗方案在 2005 年增加了第 2 剂水痘疫苗，因为很多已经接种过的孩子感染了水痘，虽然症状比较轻（或者说，大部分孩子患水痘的症状都比较轻）。通常认为 1 剂水痘疫苗的有效性为86%，2 剂水痘疫苗的有效性则为 98%。

　　水痘疫苗不仅在降低儿童水痘发病率上非常有效，还意外地产生了我们常说的一个"升压效应"。水痘病毒和引起带状疱疹的病毒一样，所以如果成人在儿童时期曾患过水痘，再次暴露于这种病毒时就能够拥有免疫，不再感染带状疱疹。这就是为什么感染过水痘的儿童能提升周围成人的免疫力，保护他们免于感染带状疱疹。现在美国儿童水痘死亡率已经让位给了逐渐增长的成人死亡率（每年有大约 96 例与带状疱疹相关的死亡），更不用说反复的带状疱疹感染有多折磨人。也许我们值得衡量一下这个问题。我暂时对这个问题也没有答案。

如果你担心水痘的问题，那现在就是接种水痘疫苗的时候。我诊所中很多的家庭选择等到孩子十多岁以后再接种水痘疫苗，因为随着年龄的增长，水痘的症状逐渐变得严重。

我不建议使用麻疹－腮腺炎－风疹－水痘四合一联合疫苗，这种四合一联合疫苗的副作用中致人抽搐的风险和其他副作用的风险更大。

流感疫苗

流感疫苗每年都发生变化，现在的推荐是，从 4 月龄开始，每人每年都接种一次流感疫苗。

9 岁以下儿童如果是第一次接种流感疫苗，方案建议注射 2 剂，之间相隔 1 个月。

我建议，有严重气喘、肾功能异常、心脏问题以及肺部问题的儿童只接种单剂流感疫苗。这些健康问题让孩子在染上流感后死亡风险更大。

其他人呢？大部分健康儿童染上流感后能轻松恢复，不需要接种这种疫苗。

流感疫苗因为每年都在变化，所以无法进行足够的安全性和有效性检验。有些年度，疫苗成分与当年流行的流感病毒吻合度很好，疫苗的有效性就很高，有些年份则比较低。

健康的免疫系统是避免感染的关键

30 年的从医生涯中，我合作的儿科护士里有很多人强烈反对流感疫苗接种，并且自己也不接种。每年我都会对他们说："你做了错误的决定，你会后悔的"，因为儿科护士必定会接触到在当地蔓延的最厉害的流感病毒株。令我意外的是，我不得不承认，这些护士和接种过流感疫苗的人员一样健康。

我知道这只是个案，也许是巧合而已。但我的同行们在他们的行医生涯中都有同样的发现，同样的"巧合"。

没有接种过流感疫苗的护士，整个冬天都在被流感环绕的环境中工作，怎么不生病呢？答案当然是因为他们强健的免疫系统成功地击退了他们面对的传染病。

健康的免疫系统是避免感染的关键。

这也是我们抵抗其他成百上千种没有疫苗防疫的疾病的方法。

保罗医生的建议
4~6 岁儿童

1. 远离电视屏幕。这个年龄的儿童需要进行互动性的活动才能茁壮成长。限制看电视的时间（或者最好干脆家里不要电视机）对孩子大脑和身体的发育非常重要。

2. 阅读。你给孩子读书越多，他越有可能养成爱读书的习惯。

3. 一起（或者分开）锻炼。孩子需要每天尽量活动身体，你也一样。锻炼能改善情绪、精力、免疫系统功能以及睡眠。尽量在每天繁忙的工作中挤出时间和家人一起锻炼。如果你还想要个孩子，这也会让你更有心情。

4. 接种无细胞百白破疫苗的加强剂。 虽然孩子即使染上了百日咳他可能也不会死掉，但是加强剂能帮助弟弟妹妹以及社区里免疫能力弱的人防范百日咳。它还能帮助孩子预防破伤风。

5. 做麻疹－腮腺炎－风疹效价检测。如果你孩子对麻疹的效价较低，请接种第 2 剂麻疹－腮腺炎－风疹疫苗。我们现在已经没有单独的麻疹、腮腺炎、风疹疫苗，要不然我会推荐你单独接种你需要的疫苗。如果你的医生不愿意给你检测，你可以选择换医生，也可以选择接种第 2 剂麻疹－腮腺炎－风疹疫苗。麻疹高度传染，孩子在上学期间需要对它具有免疫能力，这很重要。女孩子到了孕龄的时候需要对风疹有免疫能力。

6. 跳过流感疫苗。流感疫苗的有效性因年而异，甚至也许弊大于利。如果你的孩子属于早产儿、有肺部或者心脏问题，或者有气喘，那我建议接种。如果你想为社区免疫力做贡献，那么在日托中心或者学校的孩子每个冬天都会暴露于流感之下，也可以接种。

7. 继续吃好的，喝过滤水。你给孩子吃的东西会影响他们健康的方方面面。孩子每天摄入的食物就是他的能量来源，这些能量来源中不应该含有过多糖、有毒添加剂或者食物色素。

8. 补充纯鱼油。鱼油含有大量欧米伽 3 脂肪酸，对免疫系统和大脑都有利。学龄儿童可以一天补充 1000mg。

9. 杜绝口香糖和低能量饮料。永远不要给孩子吃任何含有人造甜味剂阿斯巴甜的东西。阿斯巴甜会转变成甲醇，甲醇会转变成甲醛。甲醛不仅直接致毒，还会激活免疫系统本身，可能造成终身自体免疫性紊乱。

父母最常问的五个问题

4~6 岁儿童

关于行为

1. 怎样才能让我的孩子不大声哭闹？

答：儿童和成人一样也会被负面情绪控制：愤怒、失望、妒忌、难过。如果孩子躺在地上哭闹，手脚乱蹬，他其实正在经历强烈的情绪。我们的任务是帮助他懂得这些情绪是正常的，但是这么大声哭闹，尤其是在公众场合，不是一个表达情绪的恰当方式。

如果你在家，自己比较平静，你可以试着在他的失望难过转变为哭闹之前，就分散孩子的注意力。在珍妮弗家里，唱自己即兴编的歌比较有效；而我们家则是我躺在地上模仿他发脾气的样子；转移话题也很有效（"看窗外是什么——一只灰色的小松鼠！"）。小幽默有大效果。

如果孩子在家里追着你哭喊，你可以平静地走进孩子的房间，安静地说："你只要安静下来就可以和爸爸妈妈待在一起。但你要先安静下来。"一旦孩子安静下来，请立即给予孩子反馈，给他一个拥抱，以温暖的话来鼓励："我很高兴你愿意和妈妈在一起。我知道你刚才很难过。"如果孩子回报以更加尖利的哭声，让他再回到自己房间，以同样的方式教育他。如果你能以平静又充满慈爱的方式设定合适的边界，这个年龄段完全可以避免哭闹。

如果是在公共场合，把孩子带到安全的地方，直到他平静下来。

如果你感到很生气，告诉孩子你自己需要休息一下，因为你现在非常生气，无法像成人一样做事。然后各自进入自己的房间，直到你平静下来。用枕头蒙着头大声喊叫也许能帮助你疏解情绪，也可以在地下室击打沙袋。等到你呼吸平复，能够清醒思考的时候，你的孩子可能也平复了。

孩子哭闹时永远不要对他的要求屈服。你的屈服会告诉他，可以用尖叫、哭闹、挥拳踢腿的方法得到自己想要的东西。

如果你的孩子特别焦虑或者有严重的自闭症，他可能需要你抱着他，安慰他，等待暴风雨过去。

关于尿床

2. 布列塔尼现在还尿床。我该怎么办？

答：对父母来说尿床很烦人，但对这个年龄段的孩子来说也很正常。10% 的孩子 7 岁时还尿床，5% 的孩子 10 岁时还可能尿床。

睡得沉、膀胱小的孩子在需要小便的时候无法醒过来，就会尿在床上，并且继续睡。而且早上起床后还会不承认（"那是水，妈妈，我发誓。"）。虽然尿床很正常，但父母们应该知道，食物过敏症，尤其是对奶制品过敏，可能导致尿床。家庭发生变化——有人去世、父母离婚、新的弟弟妹妹出生，会导致尿床，还有在学校受到了欺凌、遇到困难或者骚扰也可能导致尿床。如果你怀疑孩子尿床是因为心理原因，例如孩子突然变得焦虑或者你怀疑孩子受到侵害，请尽快咨询心理咨询师。如果孩子原本已经不尿床了，6 个月后又开始尿，请找医生进行评估。这可能是由膀胱感染、便秘（肠道塞满大便导致无法控制膀胱）或其他罕见身体问题或神经问题引起。

最糟糕的反应是打、骂、羞辱孩子。他并非故意这么做，他对此也感到难堪，也和你一样非常急切地想找到办法不再尿床。即使你不责怪他，孩子也知道你不高兴。没有人愿意在尿湿的被子里醒来。

请试着去掉饮食中的奶制品，晚饭后除了喝几口水之外，别让孩子喝任何饮料。确保孩子睡觉前小便。也可以半夜把孩子叫醒，带他去上厕所。如果孩子可以做到，让他自己把尿湿的床单放到洗衣机里去。

如果孩子七八岁了还尿床，医生可能会建议服用抗利尿素，这是一种激素，抑制晚间尿的分泌。这种药很贵。我很少推荐这种药，不过我认为这种药还是有用的。孩子如果和同学出去露营或者在别人家里过夜，可以服用这种药，要不然太尴尬了。

关于睡眠

3. 我觉得我孩子可能有夜惊症，我该怎么办？

答：夜惊症会造成孩子尖叫、手脚乱动、惊慌错乱，但是不会醒过来，而到了早上，他常常不记得晚上发生了什么。通常认为夜惊症是一种遗传性问题，引起原因不明，也没有特效治疗药，一般孩子长到 12 岁以后就会痊愈。孩子如果出现夜惊，请确保他所处的环境是安全的，保持畅通的呼吸。我诊所有个学龄的孩子就有夜惊症，每天晚上会发生，持续了好几个月。他的父母观察他夜惊症发生的时间，然后提前 15 分钟把他叫醒，希望这样能防止夜惊症的发生。对有些孩子这个方法是有效的，但对这个孩子却无效。后来真正有效的做法是彻底改变孩子的饮食结构（去掉所有含人工色素的食品和加工食品），并且给孩子补充钙和镁。

4. 我女儿晚上做噩梦怎么办？

答：我小时候也经常做噩梦。我晚上做噩梦后会跑到爸爸妈妈那里，然后他们会把我送回自己房间。我记得那时候我躺在床上非常害怕，努力地不睡着，免得又做同样的噩梦。直到现在我还能讲出那些噩梦的细节。

如果孩子晚上跑到你床前把你叫醒，告诉你她做了噩梦，不要责怪她，也不要把她送回自己房间。让她讲讲梦的内容（如果她愿意的话），安慰她梦虽然看起来和现实很像，但实际上只是个梦。让孩子躺在你的身边，直到她重新入睡。一杯热的椰奶、蜂蜜或者安神的茶都有所帮助。

第二天晚上睡觉前，让孩子和你一起做个"噩梦滚蛋"喷雾，在喷雾瓶中加入几滴薰衣草精油。这种愉悦的香氛味道能够阻挡一切怪物和噩梦。告诉她保罗医生说的。每次都有效哦。

关于性别

5. 我儿子要穿粉色的裙子，可以吗？

答："我必须说不行，"一位双胞胎的妈妈说，两手绝望地紧紧握着。"我不能够让萨米穿背心裙。他虽然才5岁，但是如果长大后他还要穿怎么办？"小男孩想穿那种他认为"很女孩"的衣服，小女孩喜欢看起来比较"男孩"的打扮，比如那种忍者的行头或者留短头发，这都很常见。很多孩子在成长过程中想尝试不同的性别角色。他们穿不同性别的衣服就是在体会社会对不同性别的期望，然后自己探索和思考。穿不同的衣服本身就很好玩啊。这可能会让一些父母非常紧张，其实没有理由对此进行评判和指责。也有一些孩子，他们内心的性别与自己天生的外形不相匹配。努力改变孩子或者说服孩子穿粉色裙子是错误的，这只会让孩子感到没人疼爱他，甚至会感到绝望。男孩怎么不能穿粉色裙子？女孩怎么就不能剪短头发？大部分孩子最后都长成自己性别典型的模样。如果孩子对自己天生的性别不认同，你应该是那个永远支持他的人，不去评判，只去爱。

第 *10* 章

少年的健康，你的理智

电影、电视以及各种当代小说作品里都把十多岁的少年刻画成没有责任心、追逐异性、懒惰、自私的形象。如果跳出这些刻板印象，仔细观察孩子这段蓬勃生长、剧烈变化的时期，你会发现他们很多的正面特征，你会发现自己比想象中更喜欢家里的这个小小少年。

电影、电视以及各种当代小说作品里都把十多岁的少年刻画成没有责任心、追逐异性、懒惰、自私的形象。如果跳出这些刻板印象，仔细观察孩子这段蓬勃生长、剧烈变化的时期，你会发现他们很多的正面特征，你会发现自己比想象中更喜欢家里的这个小小少年。家里的这个十多岁的孩子，与其说他们懒，不如说是累，他们正在长身体呀！他们不缺判断力（嗯，也许也缺一点）——他们展现出勇气、求知欲，愿意尝试新的事物。如果你能看到孩子们这个阶段的正能量、激情、创造力、创新精神，他们就会变得更加正能量，更有激情、创造力和创新精神。

大部分家长没有意识到，青春期是一个过程，需要好几年的时间。因为我们食物、水、环境中内分泌干扰素的影响，以及生活方式的影响——比如压力，比如缺乏锻炼，美国的男孩女孩进入青春期的年龄越来越小。现在女孩子在8~13 岁期间进入青春期（平均年龄为 9.5 岁），男孩子在 10 岁左右，与几十年前相比提前了 2 岁。如果你那个曾经文静的孩子现在常常情绪波动，他们身上发生的变化一定程度上解释了为什么。每个孩子都不同程度地受到荷尔蒙变化的影响。

曾有一个年轻人对我倾吐了他的心声。他告诉我当他 11 岁第一次勃起时，他吓坏了，认为自己一定是得了某种发展迅速的阴茎癌。有一位妈妈告诉我，当女儿 10 岁第一次来月经的时候，她以为内裤上干的褐色血迹是大便，认为自己大便失禁了。

我们医生通常在常规体检时和孩子一年见一次面，其实你还应该带孩子来做一次运动体检，孩子大一点进入性活跃期后，还应该来得更频繁一些。好的儿科医生应该是孩子的盟友，陪伴孩子逐渐适应自己全新的、让人困惑的身体，帮助家长顺利处理与家里这个年轻人急剧转变的关系，成功涉过孩子青春期这一滩激流。

十多岁的孩子对体检的过程都熟悉，不过有些孩子比小时候显得更紧张。护士或助理护士先检测身高、体重、血压和体温，询问是否有什么健康问题或者担心。然后轮到我。我先查看眼睛、耳朵、鼻子和喉咙；触摸淋巴结；听诊心脏和肺部；触诊腹部看有没有包块、肝脏和脾脏是否增大。我还检查脊椎看是否存在脊柱侧弯，检查关节，看反应能力是否正常。我询问最近是否受伤，有没有哪里疼痛。我一边在孩子身上拍拍打打，一边介绍我在做什么。孩子回答我的问题时，我也在评估他的情绪和人际交往能力，看是否和我有目光接触。

"你对自己外貌感觉怎么样？"我问一个有些偏胖的男孩，他的名字叫约翰。十多岁的孩子对外貌顾虑很多，担心别人怎么看他。这是我的常规问题之一。

"我喜欢我的外套，还不错。"约翰回答，用手拉了拉衣角。

"你的外貌，不是外套。"我解释。

大家哈哈大笑。

玩笑归玩笑，对于十多岁的孩子来说，最常见的健康问题是体重问题、抑郁、焦虑、注意力不集中、脓毒性咽喉炎、单核细胞增多症、过敏、湿疹、上呼吸道感染、胃肠问题（腹痛、便秘或者拉肚子），人际关系和学习压力等与学校相关问题。

体重问题

你家十岁左右的孩子健康状况良好、甚至有点偏瘦，可他还哀号着说自己"太胖"。孩子，尤其是女孩子，越来越早开始在意自己的体重。我认为医生有责任应对这种"瘦文化"。在这些十多岁的孩子来常规体检时，我都向她们指出，杂志、网络上的模特常常已经瘦到病态，我们喜爱的许多明星其实都承受着厌食症或者贪食症的折磨。

强迫症般地痴迷于瘦是不健康的，同时，在美国，我们还有另外一个越来越严重的问题，那就是超重儿童。最近的统计数据看起来比较糟糕：6~11 岁里18% 的美国儿童以及 12~19 岁里 21% 美国青少年处于肥胖之列。超过 1/3 的儿童超重。虽然对于具体个人来说肥胖的标准应该不同，而且也许有些肥胖的孩子长大后会变瘦，但无论如何，我现在看到的是这些十多岁的孩子不健康。

有个孩子和约翰一样，意识到了自己体重超重。

"你愿意控制体重吗？"我问他。

和我大多数的病人一样，约翰说愿意。他和他的父母都很开心我能坦诚地讨论他的体重问题。

我和他分享我自己的经历，"我从大学开始就一直和体重斗争。"我高中时不胖，体重大约 160 磅（72 千克），是学校曲棍球队的，还参加跨县越野赛。上了大学以后，我完全低估了锻炼的重要性，大部分时间都在学习。那时候我的体重曾经达到过 225 磅（102 千克）。我属于那种比较容易长肉的体质，所以和体重斗争是个长期的艰巨任务。

"你想知道我是怎么减下来的吗？"我问约翰。

他热切地点头。

"我减肥的关键是减掉一切加工食品。我必须远离饼干、糖果、冰淇淋以及甜点。不吃面包和意大利面也对减轻体重有帮助。如果我坚持只吃肉、鱼、蔬菜和水果，我的体重就降下去了。当然还要锻炼，但是即使锻炼，如果不控制饮食结构，体重还是会增加。"

大部分孩子超重的原因是饮食不健康，加上缺乏锻炼。多项研究显示，我们肠道内的细菌类型决定我们的体重增加还是降低。在实验室的研究中，在不改变饮食、不进行锻炼的情况下，科学家们能通过改变老鼠肠道内细菌的构成，让老鼠增重或者减重。

有时候学业或者社会压力会造成体重突增或者突降。我建议那些需要在孩子体重问题上得到更多帮助的家庭，可以找一位业务能力强、同理心强的心理医生进行咨询，也可以找优秀的饮食专家来指导家里青少年的饮食。

压力问题

〜〜〜〜〜〜〜〜〜〜〜〜〜〜〜〜〜〜〜〜〜〜〜〜〜〜〜〜〜〜〜〜〜

有一点压力不是什么坏事。橄榄球赛前，身体里适量的肾上腺素能让孩子精力更充沛，比赛表现更好；考试前的压力能促进思维，让考试表现更好。但压力一旦失控，或者孩子一直处于高度焦虑状态，就会对他对抗感染性疾病的抵抗力造成负面影响。应激激素水平升高会造成慢性炎症，导致一定程度的自体免疫性紊乱，包括多发性硬化症、溃疡性结肠炎、克罗恩病以及类风湿关节炎。或者说，应激激素水平升高是导致这些慢性炎症的主要原因之一。

克伦·欧多尔蒂是阿什兰的一位教育家，从事青少年身体意识课程教育以及互助组组织工作 17 年。她告诉我，大部分父母都没有意识到自己的孩子承受了多大的压力。"孩子承受的压力确实比以前增加了。每个组的 8 个女孩子中，最少有 2 个或 3 个处于严重焦虑或抑郁之中。10 年前情况没有这么严重。"

如果怀疑孩子焦虑或者抑郁，你需要采取积极主动的态度，需要去为他以及为整个家庭寻求帮助。疏解压力的方式有很多种，对这个人有效的方法未必对另一个人有效，请继续尝试不同的方法，直到找到合适自己孩子的。在帮助孩子疏解压力的过程中，我们首先采用非药物干预的方法。每周按摩、每天锻炼、瑜伽、冥想、交谈疗法（与指导者、咨询师、导师、治疗师一对一进行，或者参与到青少年互助组中进行）都是行之有效的非药物干预方法，能够帮助疏解压力，也能帮助孩子学习到终身受益的应激控制技能。现在我们医生一碰到这种情况就马上开药，使用抗抑郁药物和加了鸦片的麻醉药物，这些都具有高成瘾性。有的孩子可能需要药物的帮助才能回到正轨，但是这只能是最后不得已的时候才采用的手段。

疝气

大概从 11 岁的时候开始，男孩子要接受一个令人非常难堪（对他们来说）的疝气检查。医生戴上手套，用手指推压睾丸，同时要求他转过头并咳嗽。咳嗽会在腹部形成一股压力，帮助医生诊断男生的下腹壁是否有疝气。

疝气是一圈肠子经过腹部的一个孔（这个孔是肠道在腹部形成时就留在那里的）进入阴囊。这种情况在孩子出生前很常见，在男孩子成年前，这种情况有时候也不构成什么问题。

对疝气，以前无论孩子年纪多小我们都建议进行手术，认为手术治疗能够避免如肠梗阻等潜在的威胁生命的问题。幸好现在疝气的治疗方法已经发生了改变。如果你的儿子有小的腹股沟疝，最好的办法是等等看，然后采用更有实证依据的方法。如果鼓起的包块比较小，不引起疼痛，其组织能够推回到腹部，通常就不会引起什么问题，也就不需要外科手术修复。外科手术的风险本身就比肠梗阻的风险更大，而且根据报告，手术后10%的人会留下慢性腹股沟疼痛。

父母们不在诊室的时候，医生和孩子们说些什么呢？

从孩子十一二岁开始，他们来做一年一次的常规体检时，我都要在就诊结束前进行一个一对一的谈话——医生和病人。有些父母不愿意离开诊室，当然可以。但是我还是建议你找一个你信任的医生，让医生单独和孩子说说话。正在趋向成熟的男生和女生都可能会有一些问题不愿意当着父母的面讨论，关于性、手淫或者身体的变化。

我永远也不希望发生在迈克尔·罗西比身上的事情发生在我的病人身上。迈克尔是来自英国的一个 16 岁男孩，他发现自己睾丸上长了一个东西，又不好意思告诉父母，过了8个月后他才向他22岁的哥哥提到这个事。而这个时候，疾病已经扩散到了腹部和胸部。迈克尔12天后死于癌症。如果能早一点确诊，这是可以有效治疗的。

我当着父母和孩子的面说："我们可以讨论你想讨论的任何事情，我会回答你一切问题，而且我也不会未经你的允许，把你说的话告诉你的父母。除非你想杀人或者自杀，那我就要尽一切可能保护你的安全，包括告诉你的爸爸妈妈。"

父母们不在诊室时，我们会讨论学校、酒精、毒品、约会、性生活以及青少年脑子里考虑的其他一切问题。

一开始我会问问他们在学校的情况，如果孩子说他讨厌学校，我就会尽量找出原因。

孩子在学校过得艰难有几个原因，最常见的原因包括注意力障碍、注意缺陷多动障碍、一些已经诊断却没有引起重视的学习障碍或者还没有诊断出来的学习障碍。对于很多注意力障碍和注意缺陷多动障碍的孩子来说，学校是他们生活中一个最具挑战的部分。被注意障碍困扰的孩子会感觉非常失败。

"现在很多非常聪明努力的孩子在学校里感到很艰难，"我提醒困惑中的孩子和父母，"实际上，我们中最聪明的一些人就是那些与注意力斗争得最艰难的人。"

对于有这样困难的青少年的父母，他们能做的就是尽力参与孩子的生活，经常与学校的老师和行政人员进行交流，支持自己的孩子。可能有时候还需要采取一些激烈的手段，比如转学、从学校教育改为家庭教育、甚至如果学校令人感到极度难受，还可以休学一年去做一些学徒的工作。如果学校的同学或者老师让孩子很难堪，我认为不需要强迫孩子承受这一切。对于家庭来说，更有益的方法是帮助孩子找到他喜欢的事情。

有注意障碍的青少年最擅长的是执行简单的单步指令。教孩子养成一种"有什么任务马上做"的习惯。如果不马上做，5秒钟之后只要他的注意力被别的东西吸引，任务就被抛到了脑后。我们很多人都无法摆脱这种"过目就忘"的倾向。

一直到现在，我在和家长讨论过程中如果提到什么东西，我就马上起身去拿来，否则我可能会忘记。

家长不在诊室的时候，我们也讨论家里的情况。孩子们也和我分享他们在家里的问题：家里的弟弟妹妹让自己没有独立的空间，父母们太过强势把自己当小孩子看待，等等。如果家里出现了严重的事情，如虐待孩子或者家庭暴力，依照法律，儿科医生有报告的义务，也就是说，法律规定我们必须向上报告。

接下来会谈到卫生问题，在青春期这个问题变得突出起来。我会问"你通常什么时候洗澡？""一天刷几次牙？"家长们不要以为这个年龄的孩子每天洗澡或者不需要催促就会刷牙，很多孩子都没有。有些家长给了孩子一些空间，但还是需要督促他们保持好的口腔卫生。他们需要每顿饭饭后刷牙，或者最少一天两次，每天用一次漱口水或者牙线。如果孩子这个时候不形成好的口腔卫生习惯，满口龋齿就是他的未来。确保孩子进行专业的洗牙，进行常规牙齿检查，如果可以的话一年两次，最少每年进行一次。

随着孩子进入青春期，烟、酒精、毒品也成为一个问题。"你有多少朋友抽烟喝酒或者使用毒品？"对十四五岁的孩子，我会问这个问题。个别孩子不到这个年龄我觉得有需要的话也会问。

如果回答是"没有"，我会觉得比较安心。但是在美国的学校里，烟酒和毒品几乎无处不在，有些孩子是因为朋辈压力，也有些孩子则是自己选择使用来对抗焦虑和抑郁。即使你的孩子没有尝试烟酒（甚至毒品），但很有可能他的朋友们或熟人在经常吸食。虽然教育孩子和父母不是我的工作，但我有责任告诉他们最新的健康卫生信息。每年有 57 万人因烟酒毒品死亡：其中 44 万人死于吸烟相关疾病，8.5 万人死于酒精，2 万人死于非法毒品，还有 2 万人死于处方药物的滥用。人的大脑在 24 岁之前都处于成长阶段，实验表明，在这个阶段，烟酒和毒品，尤其是致幻药物，会对大脑造成无法恢复的损伤。

喝酒的青少年还会有酒驾和酒精中毒的危险，这两者都可能造成致命的后果。青少年缺乏经验，他们不知道对于自己的新陈代谢系统来说，多少酒精是安全的量。2011 年加利福尼亚一个 14 岁的女孩子参加一个无大人监管的睡衣派对，喝了混合了伏特加的苏打水之后死亡。2015 年 7 月，一个 16 岁的男生，他父母声称要教他喝酒，男孩在喝了几杯威士忌后死亡。

我告诉这些年轻人，"我诊所的孩子里面，有的孩子顺利上了大学，有的中途辍学，他们之间最大、最明显的差别就在于有没有抽烟喝酒或者吸食毒品。你每天都需要做出选择。"我两手形成一个 V 字形，我告诉他们，"这就是人生的十字路口，这条路，去往派对抽烟喝酒，人头攒动；那条路，认真学习、努力构建良好人际关系、清醒地享受生活。你愿意选择哪条路？"

在美国开始有性行为的平均年龄为 17 岁，但他们可能在此之前就会涉及亲吻、抚摸、口交等行为。合适的时候我会询问他们使用哪种防护方法，是否有安全的性防护措施。我指导他们使用避孕套，因为这能极大降低性传播疾病的风险。我也向这些青少年解释避孕以避免意外怀孕（和女孩子这方面的谈话我交给诊所的女护士来做）。对于性，我的态度是，等到建立了负责任的长期关系之后再开始有性行为，才是更健康和安全的行为。虽然我这样认为，但是性就在那里，孩子们有人在做，道德教育不是我的工作，如果他们选择有性行为，我只能帮助他们保持安全。

青少年们常常私下里会问问关于避孕和性传播疾病的问题。虽然全国的青少年怀孕率有所降低，但过去 2 年我见过 2 位年轻女生（分别是 15 岁和 16 岁）怀孕。

和青少年谈性

"儿子，我觉得该和你谈谈成长的一些事情了。"我记得 12 岁的时候父亲这样跟我说。我当时坐在床上，他拉了一个椅子坐在旁边，开始了我们关于性的谈话。所有我能记得的只有两个字"难堪"！我们在学校有性教育方面的课程，我很确定，在性方面，我比我爸爸知道的还多，因为他是一个传教士。

虽然当时我感觉非常尴尬（我肯定我父亲也一样），但对于青春期的孩子来说，你能做得最好的事情就是在家庭里创造一种开放的氛围，为女儿和儿子提供充分的信息，前提是在他们想听的时候。孩子们有问题和担心时，你可以提供答案。

不要像我爸爸那样"谈话"，没有预先安排的交谈可能效果更好。一天我们一起去公园散步，看到路边一个用过的安全套，我就借此机会向我的孩子们解释了什么是安全套，并谈论了避孕的重要性（还有垃圾该怎么丢弃）。他们的眼睛骨碌碌直转，但都听得饶有兴趣。当孩子们听到收音机里一条新闻涉及艾滋病，我们那天晚餐谈话的内容就是关于性传播疾病。

不要以为孩子学校的性教育课（以及朋友和电视节目）涵盖了所有你希望他们知道的关于青春期和性的知识。你需要亲自和他们谈谈。有些家长担心和孩子谈论性会让孩子误以为家长允许他们有性行为。其实实际情况相反。研究显示，父母越是和孩子坦诚谈论性问题，孩子更少有过早的性行为。一个有知识有能力的青少年才能做出安全、智慧的选择。

孩子需要表达自我

20 世纪 90 年代的时候，一天，我女儿娜塔莉从学校回来的时候顶着一头小丑样的红头发。她自己的一头自然美丽的黑发不见了。

我不假思索地叫了起来："好难看，你做了什么？"

娜塔莉气得一跺脚跑了。

从那以后我明白了自我表达是青少年经历的一部分，我明白了等到染发的颜色褪了头发就长回来了，我明白了我该把负面的评价放在肚子里不说出来，这对我和娜塔莉的关系以及娜塔莉的自尊都更好（或者在她听不到的地方和我妻子说，和我自己的治疗师说）。作为父母，我们需要宽容青春期的孩子自我表达的需要，理解他们对独特自我的探寻，虽然理解这些有难度。

如果你家的青少年拿自己的头发颜色、长度、服饰、妆容做实验，你最好保留自己的意见。我知道你不愿意一个 12 岁的孩子像个 20 岁的人一样画着浓浓的眼线，涂着猩红的唇膏，但是批评她，让她去把脸洗干净，其效果只会事与愿违，可能会让她对自己感觉糟糕，偷偷地出家门后再继续化妆。如果她征求你的意见，你可以诚实地说出来，但是别没经邀请就发表负面意见。可以在家庭闲聊的某个时候告诉孩子，不论好坏，社会上人们还是会根据别人的外貌评价别人，我们的衣着也会释放出特定的社会信号。

如果你的孩子想做一些更永久性的事情，比如说文身或者在身体上打孔，你需要设立一个界限，你有权力制止他对外形做永久性的改变，直到他 18 岁，或者直到他不再住在家里。美国有 38 个州禁止儿童未经父母同意文身或身体打孔。

现在永久性的文身在年轻人中间很流行，作为医生，我建议不要这么做。有些染料含有铅、汞等重金属。永久性的文身还带来其他健康风险，如通过污染的针头感染艾滋病或者乙型肝炎，对工业级的染料的过敏反应，在皮下形成小结（称为肉芽肿），以及以后如果需要做核磁共振会有问题。做人体艺术时可以选用散沫花染剂，这种染料非永久，更安全。年轻人也可以到文具店买文身

让年轻人表达自我。

笔，这种文身笔的图案几周后就可以洗掉。

学会倾听

孩子青少年时期的时候，保持孩子安全和健康的关键是通过语言交流，但有时候策略也是必需的。你也许已经注意到了，每天你问孩子今天在学校怎么样，得到的答复通常不过是孩子的几声哼哈。除了"还行""一般"外，要想从孩子嘴里得到更多信息，你可以试着问一些更有实质内容的开放性的问题："双胞胎日玛雅和噶比打算穿什么衣服？"或者"科学实验课上，爆米花实验结果怎么样？"或者"你和你的朋友怎么看这次的总统竞选？"孩子说话时请确保你在认真聆听，不要打断孩子的话！而且，尽你最大的努力不要评判。

幽默（只要不取笑）是另外一个获取青少年注意力的方法。一天珍妮弗的孩子把脏的碗盘全都堆在水池里，珍妮弗敲敲孩子关着的房门："你好，你的快递到了！"然后递给女儿一封信，信上写道："我们的背好痒啊，太需要你给我们洗个澡了。快趁着你妈妈发作前帮我们洗干净，要不然我们身上的脏东西干了就洗不掉了。爱你，你的碗盘们。"她那位做家务推三阻四的女儿这次很快就从房间里出来打扫卫生了。不过，像这种碗盘给你写信的方法通常只一两次有效。不管怎么样，试一试。

如果孩子回家时看起来明显很生气，表现出强烈的情绪。你可以说："你看起来不怎么开心，有什么烦恼的事吗？"问完后请留出足够的时间等待孩子的答复。如果孩子说："没什么"，可以邀请他"编个故事来听听。"让孩子编点什么说说可以舒缓他精神上的压力，而且接下来孩子往往会告诉你他真正的烦恼。然后，你只需要倾听。你的目标首先是让孩子感觉到，有困难的时候你在他的身边，然后才是解决问题。

一天我的儿子从学校回家，垂头丧气，沉默寡言，完全不是他平常的样子。一开始他不肯说原因，后来坦白说在校车上被人欺凌了。当我们引导他说出来后我们才知道，这种欺凌已经持续了好几个星期。我们开了一个家庭会议，决定让家里的男孩子一起去敲那个欺凌者的家门，然后介绍自己是谁。我们后来发现，这个欺负我儿子的男孩生长于一个充满责骂的家庭。自从三兄弟拜访了他家之后，这个孩子再也没有骚扰我儿子了。即使当时事情解决得没有这么简单，但我儿子从那天起就明白，出现困难的时候，家人会和他在一起，愿意倾听他，向他伸出援手。

对于十多岁的青少年来说，同伴是非常重要的。大家都有这样的倾向：同伴做什么我们就做什么。通过观察孩子朋友的活动和行为，你可以了解你自己孩子的生活。可以邀请孩子的朋友来家里吃晚饭，或者他们出去玩的时候提出开车送他们去。你和孩子的朋友们待在一起的时间简直就是一座信息的金矿。他的朋友们会比孩子自己更愿意告诉你他的生活里发生了什么！

孩子进入青春期后会疏离父母，我们需要尽我们所能保持对他们的慈爱，保持与他们的沟通。他们需要父母爱护他们，为他们设立清晰合理的界限，参与他们的生活。

愤怒的小鸟

根据我从业的经验来看，对于很多家庭来说，处理青春期孩子的脾气是个很大的挑战。十多岁的孩子，尤其是男孩子，很容易生气。学步幼童哭闹的时候，一个拥抱或者用分散注意力的方法很容易就安抚了。而一个比你高比你壮的少年的怒气则难对付得多。孩子感觉到生气或者孩子表达自己的愤怒这都没问题，只要他不伤害自己，不伤害他人。帮助孩子找到健康的发泄情绪的方法：如劈柴、举重、拳击、长跑。在学校合唱团唱歌、在乐队演奏、在团体操队跳操等社会活动也是青少年释放压力、制造噪声的方法。

如果怒气得不到控制，父母有时候会因此受伤。如果儿子或者女儿对你有暴力行为，你需要寻求帮助。这令人非常难过，也很难说出口，但继续住在一起对你不安全。同时，我也发现，生活方式的改变有助于青少年管理自己的怒气以及其他激烈情绪。充足的睡眠、健康的饮食以及每天充沛的锻炼（对每一位青少年来说都是必需）能有助于管理极端情绪，提升满足感。

如果你的孩子整天都怒气冲冲，那就需要找一位家庭治疗师。孩子极端行为常常是整个家庭问题的反映。如果你努力控制你自己的怒气，你的孩子很有可能也会这样。有一点可能很难接受，但是我想说，你自己或许也需要专家指导。

青少年上网时间太多

一般的美国青少年，除了学习和做事，其他所有醒着的时间几乎全都花在了屏幕前，一般保持在线，平均一天发送 60 条消息。我的天！

青少年们花费大量时间在社交媒体上互动、打电子游戏、看电视、浏览网页，与此同时他们也经历着以下变化。

- 体重增加：根据最近发表在《美国流行病学》上的一项研究，十多岁的男生如果大量时间待在屏幕前，就会体脂大增。

- 睡眠不规律：发表在《英国医学杂志》上挪威的一项研究对大约 10000 名 16~19 岁青少年进行调查，发现放学后在屏幕前超过 2 个小时就与失眠和睡眠不足有相关性。

- 焦虑：花时间在脸书（Facebook）、照片墙（Instagram）、色拉布（SnapChat）会造成社交焦虑，自我价值感降低。密歇根大学的一个研究发现，年轻人刷脸书的次数越多，对自己生活的感觉就越糟糕。

- 抑郁：发表在《普通精神病学文献》上匹兹堡大学和哈佛医学院的一项研究认为，本来健康的青少年，每天看电视的时间额外增加 1 小时，他们变抑郁的可能性就增加 8%。

- 学业表现不佳：根据 2016 年新泽西州一项面对 2300 名高中生的研究，和那些把手机放到一旁、晚上才回复消息的同龄人相比，大部分时间即时回复短信的青少年睡眠更少、更疲劳、学业表现不佳。

有些家庭做得很好，他们设立一个睡眠时间，到了时间家里所有的网络都切断；家里设立一个充电站，电子设备放在孩子的房间之外充电；设立用锻炼时间交换上网时间的规则（孩子锻炼多长时间，最好是室外锻炼，就能使用多长时间的社交和其他媒体）。我明白这一切实施起来有多难，但是无论多么难你都需要限制家里青少年花在屏幕前的时间。

照我做的做，而不是照我说的做

父母的行为一直对孩子有着深远的影响，在孩子青少年时期更是如此。为了保证孩子的安全与健康，我们成人自己的行为也需要安全和健康：吃健康的食物，形成锻炼的习惯，限制在屏幕前的时间，保证有责任的性行为（如果不再和孩子的妈妈或者爸爸在一起生活，不要在家里出现不停换女朋友、男朋友的行为），安全驾驶，骑自行车或滑雪时戴头盔。

如果你自己不抽烟喝酒、不吸食毒品，这并不一定就能保证孩子远离烟酒和毒品，但如果你自己有这些行为，就不可能阻止孩子的这些行为。

家庭成员如果经常一起游戏、运动、看电影，或者一起参加外面的活动（志愿者活动、远足、观看体育赛事），相互之间的联系会更紧密，因此也更健康。这种家庭里的孩子，比起从电视上或同龄人身上学习的孩子来说，更可能拥有充满正能量的价值观。

希望你的孩子长大后健康、自信、有思想吗？我对父母的建议如下。

1. 关注你自己的健康、压力水平以及自信心。

2. 与孩子共度有质量的亲子时光。

青春痘和饮食以及压力有关

珍妮弗的女儿一天跟她说："我真替宝拉感到难过，她以前皮肤很光滑，现在长了满脸的青春痘。"

对于早就开始有自我意识的青少年来说，皮肤问题让他们更加对自己的外貌感觉不满意。其实，粉刺不仅对年轻人是个问题，美国每 7 名成年人中就有 1 人长粉刺。

我们现在开始明白，粉刺是西方文化下的另一个问题。土著的青少年，他们不吃加工食品，白天的生活活跃，大量时间待在室外，并且可能肠道中有更丰富的益生菌，因此，较少有青春痘的问题，更不用说像珍妮弗女儿同学这么严重了。研究者最近发现，皮肤光滑没有长青春痘的年轻人身体中有几种独特的细菌菌株，青春痘泛滥的年轻人身体里则没有。虽然现在我们还不知道，我们身体里面或者身体表面需要什么样的微生物才能拥有健康的皮肤，但对抗青春期粉刺第一道、也是最重要的一道防线是生活方式的改变，从满是垃圾食品、添加剂、加工食品类物质的饮食方式转变为健康的饮食方式，吃新鲜蔬菜、高品质蛋白质和富含益生菌的发酵食物。另外，减少压力，每天进行强度大的运动，不吃含糖和甜味剂的食物也能提升肤质。

我亲眼见到为皮肤不好烦恼的青少年，停止食用糖、油腻的食物以及加工食品后，经过一段时间，皮肤有了明显好转。我自己的经验也印证了最近的一项研究成果。澳大利亚的一项研究对 43 名 15~25 岁长粉刺的年轻人进行随机抽样对照研究，发现，经过 12 周低血糖指数饮食（简单地说就是含有更少的糖）的年轻人比密集碳水化合物饮食（即典型的高糖食物）的年轻人粉刺更少。这就说明，无糖、无谷物的饮食能抑制导致粉刺细菌的繁衍，促进对皮肤有益细菌的生长。这种方法比较麻烦，不像吃一颗药片那么简单，对于吃垃圾食品上瘾的年轻人来说这种方法尤其困难，但它确实是有效的。

你可能已经注意到，在考试期间以及其他压力大的时期内，孩子的皮肤会变差。斯坦福大学的研究者证实，压力会使粉刺加剧。过大的压力会削弱免疫系统，导致炎症，为各种感染创造条件。所以，对于粉刺，另外一个无须诉诸药物的办法是帮助孩子缓解压力。

驾驶员们请注意：我的孩子正在开车

美国各州的法律各不相同，不过青少年通常大致是 15 周岁以后就可以学开车，16 岁以后就可以拿到临时驾驶员执照。（译者注：中国最早需满 18 周岁）有些年轻人非常向往能够开车后的那种独立感和责任感。

年轻人初次参加驾驶员考试（笔试或者实际操作）失败并不是什么罕见的事情，这本身就是一个学习的过程。一旦孩子通过了笔试部分，请你尽量多让孩子在你的陪伴下进行实际驾驶练习，为孩子参加实际操作考试积累经验。

拿到驾驶执照是一件令人激动的重大事件。

而对于父母们来说，这个过程也是充满压力的过程。

我认识一位妈妈，她开车送 16 岁的女儿去参加驾驶员考试，到了考场才意识到她们带去的保险卡过期。于是重新预订了考试时间，然后，女儿考试没过。其实女儿天生细致、擅长开车，但是因为精神过于紧张，错把一条单行道看成了双行道开了进去！

回家的路上女儿一路哭回去："妈妈，都怪你！"

这个故事结局还不错：爸爸请假带女儿去考了第二次，坏运气的妈妈这次不允许一起去。也许女儿说得对，是妈妈的错：她第二次考试通过了！

开车是孩子做的事情中最危险的、威胁生命的事情之一，尤其是对于十几岁的孩子而言。这个年龄段的交通事故数量特别多，青少年驾驶员造成的交通事故比任何年龄段的都多。你必须教育孩子安全驾驶，开车时永远不要打电话或者发短信，永远不要酒驾、醉驾。我知道，说起来容易做起来难。但你要让孩子知道，只要他喝酒或者吸毒，无论是在派对上，还是在朋友家里，你都会追去把他领回家，没有什么解释的余地；如果喝酒了就不能开车，他必须给你或者其他信得过的成人打电话来接他。你可以请孩子的医生、关系亲近的亲戚或者朋友帮你跟孩子说说安全驾驶的重要性。找一两位信得过的成人，如果孩子喝酒后不好意思给你打电话，他们可以代替你去接孩子。对于年轻人来说，来自父母之外的成人的劝告往往比父母的话更听得进去。

再来说说疫苗

对于十多岁的青少年，美国疾病预防控制中心推荐以下疫苗。

11~13 岁

人乳头状瘤病毒疫苗（HPV）: 3 剂

流行性脑脊髓膜炎疫苗（MCV4）: 1 剂

百日咳疫苗（加强剂）

流感疫苗（每年）

13~18 岁

流行性脑脊髓膜炎疫苗加强剂（16 岁时接种）

流感疫苗（每年）

20 世纪 80 年代早期，美国 6~18 岁的孩子只推荐接种 1 种疫苗——破伤风/白喉疫苗加强剂。现在，我们推荐的同时期儿童接种的疫苗是当时的 15 倍多。我们来仔细分析一下这些推荐的疫苗。

人乳头状瘤病毒疫苗（HPV）

医生拿来一个聚乙烯泡沫塑料的杯子，里面装了液氮。他用消毒棉签蘸了液氮搽在年轻人阴茎的伤口上，把棉签在液氮里再蘸一下，又搽另一个伤口。每搽一下，伤口和周围皮肤的颜色就变成白色，然后颜色消融掉。医生每个伤口搽三次，搽的时候，这个年轻人尽量控制自己不要动。

这个年轻人患有生殖器尖锐湿疣，在阴茎和阴囊上长了丘疹。这种病是由人乳头状瘤病毒引起的。刚才说的这个医生是我的同事，他正在用冷冻疗法进行治疗，用液态氮进行冻融循环，造成病毒凝固性坏死。尖锐湿疣的"疣"就是我们说的"病原体。"这种病原体可能会自己消失，但如果放任不管，经常也会传播，导致更多的感染。

自然界存在着150多种人乳头状瘤病毒，其病毒株可能在孩子的手指、脚底以及指间形成疣。有大约30种人乳头状瘤病毒株可以通过性传播，造成阴囊、阴茎、直肠、阴道、外阴等部位的损伤，也会通过口交造成嘴巴痛和喉咙痛。

冷冻疗法很痛，不舒服，我不愿意任何年轻人有这个经历。

据估计，每年有1400万人感染人乳头状瘤病毒。根据美国疾病预防控制中心的数据，几乎每个性活跃期成人都最少感染一次人乳头状瘤病毒。

大部分情况下（90%），人乳头状瘤病毒感染不是很严重。健康的免疫系统能够清除人乳头状瘤病毒，被感染的细胞能够恢复正常，所以大部分感染的人没有意识到自己感染了。一旦身体成功击退人乳头状瘤病毒感染，对这种病毒的抗体就会在你的身体中保存下来，就不会第二次感染同一种病毒株。

如果免疫系统不能清除感染，几周或者几个月后，就会出现疣。这些疣会干扰性生活，引起难受、瘙痒以及尴尬的感觉。虽然通常这些疣能够自行消退，但大部分医生都推荐使用冷冻疗法来治疗消除。

人乳头状瘤病毒感染本身并不危险，一些病毒株会引起一些发展较为缓慢、但很难治疗的癌症。发展过程历时数十年。宫颈抹片的检验方法可以在癌症发展前检测出癌症风险。一些发展迅速、非常凶险的宫颈小细胞癌（称为神经内分泌肿瘤），以及宫颈和子宫肉瘤都不是人乳头状瘤病毒引起的。

使用安全套能有效降低感染人乳头状瘤病毒的风险。

人乳头状瘤病毒疫苗

美国现在获得批准的人乳头状瘤病毒疫苗有 3 种。

- 加德西（默克公司生产）。2006 年获批，标称为供 9~26 岁男性和女性使用。这种疫苗可以预防四种人乳头状瘤病毒株：6、11、16、和 18。病毒株 6 和 11 会造成疣，病毒株 16 和 18 会导致癌症。

- 卉妍康（葛兰素史克公司生产）。从 2009 年开始投入使用，供 9~25 岁女性使用。这种疫苗能够预防两种人乳头状瘤病毒株：16 和 18。

- 加德西 -9（默克公司生产）。2014 年获批，供 9~26 岁男性和女性使用。这种疫苗预防 9 种人乳头状瘤病毒株：6、11、16、18、31、33、45、52 和 58。

推广宣传

一种新的疫苗推向市场后，疫苗生产商就会进行市场推广。通常生产商会组织一些发布会、座谈会，请一些医院或大学里传染疾病方面的专家来为疫苗代言。这些专家的话当然会获得丰厚的回报，参加座谈会的医生们当然也不只是座谈，还会有丰盛的宴席。疫苗生产商通常会做出美观的幻灯片，发言专家所在大学的标志也会在显眼位置展示，这些布置让发布会或者座谈会显得非常权威。

我最早听说人乳头状瘤病毒疫苗是 2006 年，在疫苗生产商提供的一个丰盛的宴会上。整个活动安排在波特兰一个高级的酒店进行。我其实通常很少有时间参加这样的活动，但这一次我很想了解更多关于这种新疫苗的情况，而且，求知学习之外还有美食助兴，何乐而不为呢。我们州最好的医学院、也是我们州唯一的医学院俄勒冈健康与科学大学的一位传染病专家对产品做了展示。一个小时里，一群医生以及其他健康专业人士享受着默克公司支付的美食，同时了解了人乳头状瘤病毒的流行病学研究，以及疫苗中导致子宫颈癌的主要病毒株是如何选定的。我们了解到，疫苗获批前的测试显示，疫苗非常有效，于是研究者测试了 4 年后就停止了后续测试，将其推向市场。

我很欣赏产品演示，以及那天的碳烤菲力牛排配烤番茄。我对加德西印象不错，当时它是市场上唯一的人乳头状瘤病毒疫苗。我很乐观，认为这种疫苗能够有助于显著降低子宫颈癌和生殖器尖锐湿疣的发病率。

2009 年人乳头状瘤病毒疫苗获批在男性身上也可以使用。显然男性不会得子宫颈癌，但他们会得生殖器尖锐湿疣，并且将病毒传播给与之有性接触的女性。

所以，我开始在我的诊室推荐病人接种这种疫苗。

默克公司直接向用户进行的产品推广非常有效，很多病人打电话给我自己要求接种。这对双方来说可谓双赢。

作为一名疫苗友好型医生，我需要诚实地告诉你：选择什么时候、怎样接种疫苗是父母该做的决定，而我不会向我的病人推荐这种疫苗。

警示案例

早在 2008 年，同行评阅的学术期刊上就开始出现对人乳头状瘤病毒疫苗的质疑和担心。《新英格兰医学杂志》发表的一篇标题为"人乳头状瘤病毒疫苗——警惕的原因"期刊社评中，作者夏洛特·豪格博士（一位挪威的研究者）指出，虽然疫苗非常成功地降低了人乳头状瘤病毒株 16 和 18 引起的子宫颈癌前病变的发病率，但没有人能确定疫苗除了预防宫颈病变外，是否还能最终预防子宫颈癌及其导致的死亡。父母们被告知的却是疫苗能预防宫颈癌。没有对接种过疫苗的年轻女性进行足够长时间的跟踪调查，无法确定其是否确实能降低宫颈癌的风险。

从 2008 年开始，加拿大最少有 60 名女童和妇女在接种加德西后出现痉挛、关节活动受限、肌肉疼痛以及其他影响活动的症状。一名叫娜塔莉·肯齐的女孩在接种第一剂之后脚底出现了一个鸡蛋大的包块，还有关节肿大，四肢出现无法控制的抽搐等情况，她处于长期痛苦之中。13 岁的凯特琳·阿姆斯特朗也出现了全身疼痛，从后背到膝盖到臀部。两位女孩的父母当时都是被告知加德西没有明显风险，没有副作用。两位女孩之前都没有这些健康问题，但医生仍坚持认为加德西不会诱发这些罕见症状。

而加拿大最大的一家报纸《多伦多星报》的一组记者则不这么想。他们在2015 年 2 月 5 日的报纸头版发表了对疫苗加德西的调查文章。加拿大医生对此提出异议，仍然坚持认为没有证据证明这些女孩的病例是由加德西造成的，他们认为接种疫苗后出现的致残显然只是一种时间上的巧合。

而日本，它没有删除这些关于疫苗严重副作用的信息，在发现超过 1900 例不良反应（包括行走困难、身体疼痛、关节痛、剧烈头痛、恶心、麻木）、其中100 多例严重不良反应后，在 2013 年停止推荐人乳头状瘤病毒疫苗。日本厚生劳动省（日本负责医疗卫生和社会保障的部门）发现，最少 11 名女孩身上发生的副作用和这种疫苗有"不可抵赖的因果关系"。在日本，对这种疫苗仍处于停止推荐状态。以色列也开始了对加德西安全性的重新评估；犹他州的西南公共卫生部指出这种疫苗风险超过其受益，它削弱了大众对疫苗的信任，对这种疫苗采取不进货，不推荐的态度。

两年前，我试图弄清楚人乳头状瘤病毒疫苗到底有多危险，我搜索了"疫苗不良反应事件报告系统"，这是一个政府网站，每个人都可以去搜索，网址是：vaers.hhs.gov/data/data。美国疾病预防控制中心很快指出疫苗接种后发生的不良反应事件"并不意味着报告的事件就是因为疫苗引起的。"纵然如此，我当时在网站上的发现也足够令人不安：因疫苗死亡的 59 例 6~17 岁儿童死亡事件中，29 例与加德西有关；48 例 18~29 岁成人死亡病例中 17 例与加德西有关。

报告的加德西副作用中就包括自体免疫性紊乱：加德西 -9 为 2.2%，旧加德西为 3.3%。加德西 -9 整个的严重副作用率为 2.3%，这个数字表面上看起来似乎不要紧，但让我们逐一比较后再说。子宫颈癌的发病率通常以每十万人计。每10 万个使用加德西 -9 的人当中就会有 2000 个发生严重不良反应（2000/100000），而在美国，子宫颈癌诊断率为每 10 万人中 7.7 人（7.7/100000）。这意味着什么？使用疫苗，我们造成 2000 例不良反应事件，以此来预防理论上不到 8 例的子宫颈癌。

2013 年，一个来自世界各国的研究者构成的研究团队研究了三名女性在接种人乳头状瘤病毒疫苗后出现继发性闭经的病例。三名女性原本月经正常，接种疫苗后闭经，并且对之后的治疗无反应（即其后的治疗对闭经没有产生效果）。三名女性接种疫苗后都有恶心、睡眠障碍、关节痛以及其他多种认知和心理障碍的经历。其中两名女性被发现有抗体定向对其卵巢和甲状腺进行攻击，表明人乳头状瘤病毒疫苗触发了自体免疫反应持续造成身体损伤。

研究者们在同行审阅的学术期刊《美国生殖免疫学杂志》上总结道："我们这里记录了人乳头状瘤病毒疫苗触发自体免疫反应、致人残疾的事件。人乳头状瘤病毒疫苗接种后，类似的与之相关的自体免疫事件越来越多，人乳头状瘤病毒疫苗长期的临床效益仍有不确定性，这是一个公共卫生健康问题，对此需要进行更多的探究。"

根据默克公司的说明——所有的医生和护士也会这样说，任何接种人乳头状瘤病毒疫苗的人，都需要在之后的 15 分钟内密切观察，"因为疫苗可能导致昏厥（因血压下降导致的暂时性的失去意识），有时候会摔跤受伤，建议接种后观察 15 分钟。昏厥，有时候与强直性阵挛（强直性阵挛是一种影响整个大脑的痉挛）和其他类似痉挛的行为相关。接种加德西后有人报告出现了昏厥的情况。"

流行性脑脊髓膜炎

你可能在报纸上或者网上看到过，一个孩子或者青少年因为脑膜炎球菌感染突然死亡或者失去了手脚。这种病虽然不多见，但非常严重。在重症监护病房照顾感染了流行性脑脊髓膜炎，在生死线上挣扎的孩子是非常可怕的事情。

流行性脑脊髓膜炎由脑膜炎双球菌引起。和由病毒或真菌感染引起的其他脑膜炎一样，细菌性脑膜炎是一种脑脊膜炎症，脑脊膜是覆盖在大脑和脊柱表面的膜。病人通常会发生出血性皮疹，并且发展非常迅速。其他症状还有发烧、头痛、颈强直、对光敏感、恶心、呕吐、极度困倦以及意识模糊。

脑膜炎双球菌感染会导致脑膜炎（脑部的炎症）、脑膜炎双球菌脓毒症（血液感染）以及肺炎。

这种细菌感染有时候会发生在大学校园，因为校园里大家住得比较集中。这种细菌很容易通过接吻以及其他的呼吸道和喉咙分泌物交换传播。

2015 年俄勒冈大学暴发了脑膜炎，导致 7 例脑膜炎确诊病例和 1 例死亡病例。流行性脑脊髓膜炎能够击溃儿童的免疫系统，很快造成死亡或者长期问题（如智力迟钝）。如果孩子得了脑膜炎大脑感染，即使使用了抗生素治疗，死亡的可能性仍高达 10%~15%，死于脑膜炎血液感染（脓毒症）的可能性为 40%。

虽然俄勒冈每年只有十多个孩子感染（俄勒冈有 400 万居民），但美国每年发生 1400~2800 例。住学校宿舍的学生感染流行性脑脊髓膜炎的风险较大。寝室中一旦有一个人感染，其他人受到感染的可能性就增加 500~800 倍。因此，如果你曾暴露于流行性脑脊髓膜炎之下，即使你现在没有出现不适，也需要进行治疗。

暴露于流行性脑脊髓膜炎下的人都需要治疗

- 与感染者同居一室，尤其是 2 岁以下儿童
- 在感染者患病前 7 天，与感染者有过接触的托儿所或者学前教育人员
- 在感染者患病前 7 天，与感染者有过接吻，共用牙刷，或交换过体液的人
- 在 8 小时或以上的飞行中，与感染者邻座的人

幸好，脑膜炎球菌感染是可以治疗的，如果发现得早，流行性脑脊髓膜炎对抗生素的反应很好。如果你怀疑孩子有脑膜炎，或者他自己说头痛厉害，或者行为上对外界反应迟钝或显得意识模糊，请立即带她去看医生或者去最近的急诊。有些孩子因细菌性脑膜炎死亡，其原因是一些儿科医生的疏忽，他们在其他问题上迅速介入，常常是不必要的问题上，而在这种情况下，却常常将一个母亲的忧虑看作是"歇斯底里"，错误地把一个生病的孩子送回家。这种事情

永远都不应该发生。

任何有脑膜炎症状的儿童，或者有出血性皮疹（红色或者紫色皮肤斑点）、紫癜（紫色皮疹）的人，我建议立即进行全血细胞计数检查。如果孩子发生脑膜炎球菌感染，全血细胞计数的典型表现为白细胞偏低，并且未成熟白细胞的比例偏高，这是严重感染的表现。你可能听到医生说什么"嗜中性""左移"。左移是医学上的一个词，用来描述出现大量未成熟白细胞。这通常意味着，身体在和严重的感染进行斗争，骨髓中制造出白细胞，这些白细胞还没完全成熟就被释放到血液中。如果怀疑患有脑膜炎，最好就开始进行静脉注射抗生素。

早期的抗生素治疗能够显著降低这种病的死亡率。如果治疗不及时，就会出现严重感染或者死亡。流行性脑脊髓膜炎的死亡率是 10%~15%。

流行性脑脊髓膜炎疫苗（MCV4）

造成大部分严重流行性脑脊髓膜炎的病毒株有 6 种：血清群 A、B、C、Y、X 和 W。血清群 A 在美国之外更常见，特别是在我长大的撒哈拉以南非洲地区。美国从 2005 年开始有 2 种适用于 11 岁及以上儿童的疫苗：那克查（Menactra，赛诺菲巴斯德公司生产）和漫维欧结合疫苗（Menveo，葛兰素史克公司生产）。

两个品牌的疫苗都涵盖血清群 A、C、Y 和 W-135。通常认为，美国 11 岁以上儿童所患严重流行性脑脊髓膜炎中 75% 的疾病都是由这些血清群（除了 A）导致的。两种品牌疫苗都不含汞和铝，含有少量甲醛。我推荐我诊所的儿童从 11 岁时开始接种流行性脑脊髓膜炎疫苗。

2015 年前我们一直没有包含血清群 B 的疫苗，这是造成 5 岁以下儿童脑膜炎的最主要血清群。生产血清群 B 的有效疫苗特别困难。

现在有两种疫苗可以预防血清群 B 导致的脑膜炎：Bexsero（葛兰素史克公司生产）和 Trumenba（辉瑞公司生产）。

Bexsero 需要注射 2 剂，中间相隔 1 个月。B 型血清不是较大儿童脑膜炎的主要病因，而且现在 B 型血清与其他类型血清疫苗合并接种后，其安全性尚未确定，我不推荐这种疫苗。

Trumenba 需要注射 3 剂，接种第 1 剂后 2 个月接种第 2 剂，第 3 剂要在第 1 剂之后的 6 个月接种。除非孩子生活的环境脑膜炎处于活跃暴发状态，并且确定是由 B 型血清导致，否则的话，就没有理由注射这种疫苗。美国疾病预防控制中心咨询委员会 2015 年关于免疫实践的会议上决定，不推荐大范围常规接种 Bexsero 或者 Trumenba。我很高兴美国疾病预防控制中心在这个事件上采取这样谨慎的态度。

补种疫苗

如果孩子之前没有接种乙型肝炎疫苗系列，那么十多岁的时候是接种的好时候。"安在时"这个品牌的乙型肝炎疫苗每剂含有 250 微克铝。"Recombivax 重组乙型肝炎疫苗"这个品牌则每剂含 500 微克铝。两个品牌都是需要注射 3 剂。第 1 剂注射后最少 4 周后再注射第 2 剂，第 2 剂后最少 8 周再注射第 3 剂，也就是注射第 1 剂最少 12 周后再注射第 3 剂。

如果你的孩子从没得过风疹，也没有接种过风疹疫苗，我建议接种，尤其是女孩。怀孕期间感染风疹会对胎儿造成健康问题，所以，到了育龄期的女性接种风疹疫苗是聪明的选择。对于女孩来说要预防风疹最好当然是接种单独的风疹疫苗，但是可惜的是，目前市场上没有单独的风疹疫苗，这就意味着，需要接种麻疹－腮腺炎－风疹疫苗。这种疫苗含有三种活病毒，我在本书其他章节谈到过，这对我们的免疫系统是一个挑战。注射麻疹－腮腺炎－风疹疫苗时，请一定不要在接种疫苗后服用任何含有对乙酰氨基酚的药物。

如果孩子没有接种过甲型肝炎疫苗，现在也可以考虑接种。甲型肝炎疫苗含有 250 微克铝，所以不要与其他含铝疫苗同时接种。这是一种 2 剂疫苗，在接种第 1 剂后最少 6 个月再接种第 2 剂。

如果孩子还没有接种水痘疫苗，这时候也可以考虑接种了。水痘在成人身上比在儿童身上发病更严重。请参考第 7 章关于水痘的信息。

可以一次给孩子接种多个疫苗吗?

我读书时接收到的知识是人体可以承受同时接种多种疫苗,有些专家也认为给孩子同时注射几千种疫苗都是完全可以的。这样的想法太荒唐,我们不能当真。确实,我们人体每天都受到成千上万抗原的攻击,但是疫苗不仅是一种抗原,还是一种人类调配的混合物,包含了一定数量的有毒化学物质。如果一次注射多种有毒化学物质,身体的自然防御机制和解毒能力就有可能被击溃。

所以,如果你打算给孩子补种疫苗,每次只接种一种,并且严密观察其随后的反应和长期的副作用,同时要保持对孩子整体健康状况的关注和警惕。如果你发现孩子接种后出现异常症状、生病或者疲劳,应该停止这个系列的疫苗。我们接种疫苗的目的原本是为了强健孩子的免疫系统,万万不可因此反而造成伤害。

下一章我们会列举一些促进免疫系统的其他方法,你完全可以选择这些方法来维护孩子健康。

家人一起吃饭能够保持家庭成员间的密切联系。

保罗医生的建议

青少年

1. 家人一起吃饭。养成家庭成员经常一起吃饭的习惯能够给孩子好的影响，包括提高平均学习成绩，提升自尊心，降低对某些事物成瘾的可能，减少抑郁和少女早孕的可能。研究显示，餐桌上的交谈比阅读更能提升词汇量。家人经常一起吃饭能减少儿童和青少年的肥胖和饮食功能失调的问题。家庭烹饪的菜肴（即使是简单的一锅炖）、家人一起吃饭、健康饮食结构，这些都是我们需要传递给孩子的重要的健康理念。

2. 明智地选择食材，适当补充营养素。对大部分孩子来说，每天补充 5000 国际单位的维生素 D_3 是有益的。含有 B_{12}、叶酸、1000~2000mg 的欧米伽 3 纯鱼油、500~1000mg 毫克的维生素 C 的多种维生素会让人感觉到更健康，更愉悦。绿叶蔬菜能提供叶酸，红肉是 B_{12} 的天然来源，如果孩子每天都吃这些，并且孩子没有亚甲基四氢叶酸还原酶缺陷（见第 2 章），那么这些成分，你从食物中就能充分获取。青少年如果不经常吃鱼或者亚麻籽，那就需要补充鱼油或亚麻籽补充品来获取足够的欧米伽 3 脂肪酸，这对免疫系统和大脑功能非常重要。人类是较少的几种不能自己制造维生素 C 的哺乳动物之一。如果饮食中柑橘类水果和维生素 C 丰富的蔬菜（包括红辣椒、红灯笼椒、羽衣甘蓝、西蓝花）不多，那么就需要额外补充维生素 C，这对整个大脑和身体的健康非常关键。

3. 每天锻炼身体。积极参加各种有组织的竞赛和体育活动的青少年自信心水平更高，身体状态更好，不容易肥胖，整体来说健康方面的问题更少。青少年应当每天锻炼 1 小时以上。有一条规则你可以参考，那就是让孩子锻炼的时长等于待在屏幕前的时长。

4. 限制看电视、玩电子游戏以及使用社交媒体的时间。不仅对于青少年，对于家庭的每一个成员，长时间待在屏幕前都可能导致抑郁。你可以在家里设立一个充电站，这样孩子就不会晚上或者早上在房间里玩这些电子设备；可以晚上切断家里的网络，让看电视成为一个家庭活动，而不是个人活动。

5. 结交积极阳光的同伴。孩子总是愿意朋友做什么，自己也做什么。鼓励孩子和拥有相同价值观的人交朋友。

6. 创造一种开明的家庭氛围。可以和孩子谈一些比较复杂的话题，如性、抑郁以及自我伤害等。让孩子明白，父母会永远乐于倾听，随时准备帮助他们解决问题。

7. 寻求支持。如果孩子在和抑郁、焦虑、心理健康问题或者学业问题进行斗争，帮他们寻求专业的帮助。

8. 对百日咳和 A+C+Y+W 流脑（不包括 B）疫苗说"是"。无细胞百白破疫苗的加强剂能帮助孩子预防百日咳，减少将其传染给他人的风险。脑膜炎虽然是一种可治愈的疾病，但也有可能发展得很严重。十多岁的时候接种，孩子能够获得对一些最常见的细菌性脑膜炎的免疫能力，以防将来细菌性脑膜炎在学校暴发。

9. 对人乳头瘤病毒疫苗说不。这是美国给年轻人接种的疫苗中反应最大、效果最差的。日本已经停止推荐人乳头瘤病毒疫苗的接种，对这种疫苗副作用的担心一直存在。我不推荐过早接种。

父母最常问的九个问题

青少年

负面情绪

1. 我的孩子一直在与抑郁和焦虑斗争。我能做什么？

答：焦虑与抑郁是因为神经递质的不平衡造成的。承受焦虑与抑郁的孩子承受着精神上极大的痛苦，与绝望的感觉苦苦斗争。抑郁常常与睡眠问题、食欲差、悲伤等紧密相连。如果你发现孩子的行为发生了什么改变，比如不再喜欢以前中意的活动，开始孤立于朋友和家人之外，他可能是抑郁了。

抑郁症是可以治疗的，自然疗法和药物治疗能够挽救生命，并且也许并不需要终身服药。研究表明，每天服用 EPA/DHA 比例为大约 3 : 1 的鱼油（1500~2000mg），连续服用 6 个月，和服用抗抑郁剂对抑郁症恢复的效果一样。每天服用 5000 国际单位的维生素 D_3 也有助于提振情绪，尤其是在冬季。

锻炼会释放出天然的脑啡肽，有助于提振孩子的情绪，减少绝望的感觉。请尽你所能来确保孩子经常锻炼，可以让他加入运动队；和家人一起跑步；报名参加武术班；尝试划船；如果他走路或者骑自行车上学，设计一个奖励方案来鼓励他。

尝试一些有挑战性的事情能够帮助孩子从平常的习惯思维中跳出来，起码在高强度锻炼的这段时间内孩子能够脱离日常的思维和行为方式，从惯性的思维和行为中脱离出来。

谈话疗法也可能会很有价值。青少年正在经历身体中荷尔蒙的变化，在开始尝试与身体里的性欲相处，在努力应对社会环境，也希望在学业上达到自己和父母的期望。如果有人能倾听他们的担忧、焦虑、和不快，将会是极大的帮助。如果你做不到请私人治疗师，那么可以去找一些政府资助的青少年心理健康咨询机构或者免费的青少年互助团体。

如果营养补品、锻炼、谈话疗法都不奏效，下一步可以尝试选择性血清素再吸收抑制剂（SSRI）。这类药物能够提高大脑中神经递质血清素水平。血清素水平偏低常与抑郁症相关。服药过程中需要一段时间才能确定最合适的药物和最恰当的剂量，你需要和医生密切合作，找到最适合孩子的药物和剂量。以我个人的经验，艾司西酞普兰（依地普仑）副作用最小，效果最好。最常用的选择性血清素再吸收抑制剂（SSRI）是氟西汀（可能药品的商品名大家更熟悉：百忧解），这种药物的半衰期有好几周，所以在身体中起效得一个多月。其副作用也得一个月才能从身体中消除。我不向青少年推荐这种药。

2. 我担心我儿子有自杀倾向，我需要和他谈谈这个问题吗？

答：需要，请尽量开诚布公地和他谈。"你最近似乎不太开心，是不是有什么事情，能告诉我吗？"如果他耸耸肩说："没什么。"或者干脆不回答，你可以建议他编个故事来听听，然后给他足够的时间来思考和回答，他说话的时候你注意认真倾听。有时候你直接问他自己的情况时，这个年龄段的孩子可能会保持沉默，所以你可以远远地从谈论别人开始："上个星期，我朋友曼蒂的儿子跟她说想自杀。我感到好难过。他自己一定感觉非常艰难才会有这样的念头。"或者你可以说："我跟你说过没有，爸爸的表弟乔治十五岁时曾想自杀。"我有个让青少年开口讲话的办法：开车出门。在车里面，两人肩并肩坐着，似乎就容易开口谈一些往常比较难以开口的话题。

你可以，也应该问问孩子是否有自杀倾向。你的询问不会增加他自杀的可能性，而是相反。你开口后才有可能问出他难以承受的痛苦感受和难过的心情，才有可能走出第一步向别人寻求帮助。如果孩子肯定地告诉你，是的，有自杀的念头，请继续询问他是否有自杀的具体计划。如果回答"是"，你必须马上寻求帮助，联系咨询师或医生，约定见面的时间，如果你感觉问题紧急，不能等到明天，你甚至可以马上去急救室。这种情况下不要让孩子单独待着，他需要一个团队一起来支撑他度过这个阶段，你要让孩子知道，无论如何，你都会在他身边。

关于睡眠

3. 我孩子怎么睡眠这么困难？

答：从我诊所里孩子的情况来看，十多岁青少年中睡眠问题越来越常见。我们的孩子和他们学步时一样，需要连续、有规律的睡眠。但是同时，大部分青少年身体内自然的生物节律却正在发生改变，致使他们深夜也不想睡，早上感到无精打采。虽然他们身体的自然倾向是晚睡晚起，但是他们需要早起上学、早起参加课外活动或者和家庭的生活规律同步。这就可能导致失眠、疲劳以及因为睡眠不足而易怒。青少年时期也是一个情绪和身体处于巨大变化之中的时期，这也会造成睡眠不连贯。

根据我的行医经验，造成青少年失眠的头号罪魁是咖啡因摄入过多。如果你的孩子摄入任何形式的咖啡因（常规咖啡、低咖啡因咖啡、茶、能量饮料、咖啡苏打饮料、巧克力、咖啡冰淇淋、甚至是含有咖啡因的口香糖），请确保只在上午摄入。

确保孩子在睡觉前不玩电子游戏、不用社交媒体、不看激烈的电视节目。长时间待在发光屏幕前会抑制褪黑素水平，让人觉得不累。来自波士顿布里格姆与妇科医院的研究者发现，睡觉前用电子阅读器看书，不仅让人更难入睡，而且还影响第二天的清醒程度。建议你把这个研究或者这本书跟孩子分享，让他知道为什么晚上看书要看纸质书，而不要用电子阅读器看书。晚上睡前 1 小时把家里的网络切断也会有助于睡眠。

褪黑素能有助于重设体内睡眠生物钟，你可以在睡前 2 小时给孩子吃 0.5~1mg 褪黑素。如果一两周后这个剂量的褪黑素没有效果，可以尝试吃 2mg，然后 3mg。孩子睡眠有困难的那段时间，每天睡前 1 小时摄入褪黑素 10mg 都是安全的，每天摄入剂量不要高于这个值。

如果是心理原因导致孩子睡眠不安，请确保孩子知道，父母任何时候都愿意倾听他的困扰，即使是半夜。睡不着的话，半夜吃点小点心、喝一杯加蜂蜜的牛奶（珍妮弗妈妈的秘密武器）或者喝一杯帮助睡眠的花草茶，这些方法都有效。也可以让孩子写日记，即使是半夜。把那些不知如何是好的烦恼写下来能让孩子的情绪有一个出口。

4. 十多岁的青少年需要多长的睡眠时间？

答：每个年轻人都不同，不过大部分人一晚需要的时间介于 9~10 个小时之间。有些人需要更多。你可能会发现自己的孩子每晚睡 11 个小时、甚至 12 个小时后，精力更旺盛、情绪更愉悦。

5. 我儿子总是显得很疲劳，怎样才能让他精力更旺盛？

答：疲劳是因为精力不足，表明身体需要更多的营养或者更多的休息，或者是需要从感染、荷尔蒙或神经递质紊乱中恢复。

过度疲劳也可能是抑郁的信号。医生能够给孩子做抑郁和焦虑程度的评估，一旦抑郁或者焦虑的问题得到处理，疲劳也会得到缓解。

如果孩子不是抑郁，睡眠也足够，你能做的最重要的一件事情就是调整饮食结构。只吃天然食物，包括大量蔬菜水果，鱼和高品质的肉，坚果和植物的籽。尝试停止摄入奶制品和麸质，因为食物过敏也会造成疲劳。

有些营养品能有助于消除疲劳。身体中缺乏某些营养物质时，我们会觉得疲劳、易怒。让孩子每天摄入 5000 国际单位的维生素 D、1000~2000mg 鱼油、复合维生素 B 或含有 B_{12} 和叶酸的多种维生素，每天摄入 2~3 次、每次摄入 1000mg 维生素 C。

如果尝试了这些之后孩子的精力还没有改善，那么可以考虑疲劳是不是因为单核细胞增多症引起。单核细胞增多症由埃－巴二氏病毒（EBV）引起，医生可以通过一个简单的血检测量免疫球蛋白 G 和免疫球蛋白 M 水平来确诊。再做一个全血细胞计数（血常规），这个检验能够筛查出贫血，经期女性如果饮食中铁缺乏会出现贫血。我还建议做一个红细胞沉降率（ESR）检测（全面代谢生化检验）和一个甲状腺检验。通过这项检验来排除其他可能造成疲劳的医学疾病。

关于行为问题

6. 怎样让孩子停止那些混蛋的行为？

答：和小婴儿一样，有的孩子照看起来容易，有些孩子则更有挑战性，让人抓狂。大部分 13~19 岁的孩子（有些孩子会更早一点）会用各种方法来表达自己的独特和独立，用自己独有的方式来划定自己的边界。但同时他们还远远没有长大，他们需要成人照顾和扶助，需要家庭时间，需要约束，也需要爱。虽然表面上看起来，这个时候的孩子总是在把你推开、责备你、说你让他难堪、说你毁了他的生活，但实际上，大部分的青少年愿意和父母有更多的相处时间。

对于父母来说，我们需要让孩子意识到，我们总是在他们身边，能够经常给予他们好的建议。他们需要知道，我们不会放弃他们，不会眼睁睁地看着他们毁掉自己的生活。

和这些荷尔蒙分泌过剩的青少年相处特别困难。如果你家的孩子让你抓狂，深吸一口气，回想一下当初抱在怀里的那个小婴儿有多么可爱，而眼前的这个孩子其实是个熟悉的陌生人，他从那个小婴儿成长而来，可是已经是个全新的人了。他们需要严格的管教，同时也需要我们无条件的爱。

如果我们希望孩子对我们友好尊重，我们首先得向他们示范什么是友好尊重，有时候这真不是件容易的事。当孩子做得好的时候，抓住机会经常提示和表扬他："你朋友为作业崩溃的时候，你对他那么善意友好，我觉得做得很好""你最近学习很认真，""累了就放松一下，看看电视，懂得放松自己很好"。用自然的方式随时表达出你对孩子的关心和善意，在他们做作业的时候送去一杯果汁，给他们买喜欢的CD，他们想去逛街的时候给他们当司机，这些小小的体贴行为加起来就能大大增加家庭的幸福感。

特别困难的时期如果你需要帮助，你可以进行专业咨询，如果前一个咨询师没效果，那就再换一个。一位咨询师的一句话曾经改变了我的态度，他说："如果一个人行为不友好，那么他一定是受了伤害。"这句话可以说改变了我的一切！我不再觉得自己是被亲爱的人攻击，相反，我能理解到他们是处于痛苦之中，然后我能够设身处地体会他们的感受，充满关爱地对待他们。

7. 我的孩子都喜欢吃垃圾食品，我该怎么办？

答：我太理解这一点了，我的孩子十多岁的时候也非常渴望吃快餐（我不吃）和加工的垃圾食品（我很少吃，也从不带回家）。

我儿子打开满是蔬菜、农产品的冰箱，抱怨说："什么吃的都没有。"其实他说的意思是："没有玉米热狗、没有墨西哥玉米卷饼、没有牛肉小卷饼、没有比萨。"是的，也没有饼干、薯条、糖果、能量棒以及其他袋装盒装的零食。在他看来，一大筐的水果都称不上"吃的"。

总有一天你的孩子要上大学，离开家，那时候他们能自己决定吃什么。现在你能做的就是尽力为他们将来的健康饮食做出示范和榜样：你自己吃健康食物，跟他们讲食物的营养问题，趁他们还在家的时候给他们吃健康天然的食物。别在垃圾食品前让步，不允许他们用你的钱买垃圾食品。最终他们会好好吃东西，最终他们会感谢你在养育时负责任的态度，也许，等到他们30岁的时候。

8. 你会检测孩子是否吸毒吗？

答：如果你怀疑孩子抽烟、喝酒、吸毒，那么你可能怀疑得没错。带孩子去尿检之前，你需要考虑清楚，结果如果证实了你的猜测，你该怎么办？如果结果是阴性，但是你知道孩子确实有这样的行为，你又该怎么办？我鼓励进行尿检筛查的唯一一种情况是，孩子自己表达了愿意进行尿检的意愿，或者孩子自己要求进行尿检以赢回信任。

屏幕时间

9. 青少年应该花多长时间在电子产品上？

答：如果你问了这个问题，答案是：可能要少于他现在花在上面的时间。父母们往往没有意识到，现在的电子游戏有多么令人成瘾，有多么暴力，有多么让孩子们欲罢不能。美国有一款非常流行的游戏，游戏中的虚拟形象可以花钱找妓女，然后杀死她并且拿走你花在她身上的钱。流行的电视节目和电影，即使是那些定位于年轻观众的节目和电影，常常推崇拜金主义，把粗鲁、霸凌、种族歧视等正常化。美国电影中大部分的女性角色都特别性感。吉娜·戴维斯研究所关于媒体的性别方面的研究发现，女性比男性更少有发言权，在多人场合，女性的发言只占全部发言的 17%；女性常常被塑造成满足性欲的对象；而非裔美国人则模式化地被塑造成罪犯。这些刻板印象会影响孩子对自己和他人的认知。你可能不同意我的看法，但是我可以肯定地说，大部分电视节目和电子游戏中，粗鲁和暴力行为被认为是可以接受的，残酷和偏见是社会准则。降低媒体对孩子的影响的方法是，坦诚地告诉孩子，你不喜欢这些，并且限制和监管孩子看电视、玩电子游戏和上网。

第 *11* 章

保护孩子免疫系统的最好方法：
保罗医生的简明备忘录

他是最好的医生，他明白大部分药物之无用。

—— 本杰明·富兰克林，《穷人理查德年鉴》，1733

故事是一样的，只是名字不同：瓦莱里娅 4 岁的儿子亨特得了严重的水痘，持续了好几周。亨特身上到处是水痘：脸上、身上、甚至是屁股上。亨特很烦躁，手挠个不停，身上烧得发烫。瓦莱里娅很后悔当初听了丈夫的话没给孩子接种水痘疫苗。她想，如果再生一个孩子的话，一定要给孩子接种水痘疫苗。

瓦莱里娅的邻居瑞秋，也拒绝给孩子接种水痘疫苗，她希望自己的 4 岁女儿丽莉能自然传染上水痘。瑞秋自己 16 岁的时候得过水痘，症状比较轻，她丈夫也一样。所以瑞秋尽量想办法让女儿处于水痘环境中，听说丽莉所在幼儿园一对双胞胎已经被医生确诊得了水痘，瑞秋就把丽莉带到她们家，关上门窗，让丽莉和双胞胎在一个房间里一起玩耍、一起读书。为了保证丽莉充分暴露于水痘病毒，瑞秋让丽莉和双胞胎一起吃同一根棒棒糖。丽莉不愿意，于是瑞秋就让三个孩子都吮吸自己的棒棒糖，然后把糖放到一杯水里面浸一下，然后又吮吸。最后，又让丽莉把那杯水喝了。

但是，丽莉一直都没有染上水痘。

为什么亨特染上了水痘而丽莉却不呢？

为什么两个孩子得了同样的病，却一个比另一个严重得多呢？

为什么我的朋友陶莱死于麻疹，而他的妹妹的症状轻微得她自己都全无记忆？

免疫学家们一直都寻求这样问题的答案，他们和医生、研究人员以及家长们一起，也一直都在寻求保护孩子安全和健康的最佳途径。

一部分答案很明显：一个养成了良好卫生习惯、勤洗手的孩子更不容易染上传染性疾病。如果两个孩子同样从包含破伤风病毒的土壤上跑过，穿鞋的那个孩子染上破伤风的可能性就低一些。使用安全套的年轻人与进行无保护性交的年轻人相比，染上性传播疾病的风险更小。如果疫苗有效的话，接种了疫苗的孩子感染这种疾病的风险会大大降低。

苏珊·汉弗莱斯博士是弗吉尼亚州的肾病科医生，有20年的临床经验，她指出过一个有趣的现象。仔细观察我们后来开发出疫苗的很多疾病，包括麻疹和脊髓灰质炎，对其进行的流行病学分析显示，在这些疾病疫苗投入使用前，这些疾病的发病率其实已经处于下降的趋势。但医学界将发病率降低的首要因素归功于疫苗。而相反的，对于那些没有开发出有效疫苗的疾病，我们将其消除或发病率降低归功于其他因素，如好的卫生习惯、好的卫生设施、社区自然染病免疫等。19世纪曾肆虐美国的一些疾病，如夺去上百人生命的霍乱、造成数千人死亡的猩红热，在美国都已经消失，其原因并不是有疫苗出现。

我相信，有些疫苗曾高效地帮助消除了某些疾病。同时，当涉及一些"疫苗可预防"的疾病时，太多的医学同行们忽视了卫生设施、卫生习惯以及社区自然染病免疫等在致命疾病消除中的重要性，而是一味地强调疫苗的功劳。

毫无疑问，疫苗在现代医药中发挥着重要作用，但在免疫问题上，疫苗只是答案中的一部分。

有一点美国大部分医生尚未足够认识，那就是，维持孩子健康的不是药物，也不是疫苗。保持免疫系统的平衡是健康的真正关键所在。

真正保证孩子健康的是健康的免疫系统

我们的免疫系统是一个由组织、器官和细胞构成的网络，网络中的所有成员一起工作，保护身体免于感染、修护伤口、清除不明成分（比如插入皮肤的尖刺，如果不用镊子夹出来，身体会将其折断和吸收，或者是通过细胞生长将其挤出皮肤表面）。它保持着低监控水平，不间断地运行，迅速移除异物，清理死亡的或者受损的细胞。在清除感染方面，它的效率确实非常高。

免疫系统可能陷入两个问题：它可能会变得不够活跃，对真正的威胁不能做出反应；或者它会变得过于活跃，对良性的威胁发起攻击。过于活跃的免疫系统就像变糊涂了一样，会对自体组织进行攻击，导致许多急、慢性健康问题。我们免疫系统的搜索－攻击机制受到过度刺激的情况包括：当我们的肠道有益菌消耗殆尽，而我们又需要身体同时抵抗多种疾病的时候；或者我们过于干净（于是免疫系统没有什么可以对抗的）的时候；或者是我们同时接种多种疫苗的时候，其自体免疫紊乱所造成的间接损伤——现在正在美国儿童中肆虐。

如果我们做了那些我们不应该做的事情，我们的免疫系统很容易崩溃。如果你从前面开始读这本书读到这里，你就知道，这些不该做的事情有很多，列出来有长长的一串。避免内分泌干扰物、传统的含有致毒成分的清洁产品、含铝的疫苗、家具和建筑材料中排放的化学物质、添加人造甜味剂的饮料、包装食品等。

还有很多，很多，很多。

是不是很想冲进7-11买一瓶颜色鲜亮的思冰乐，还加上一个士力架？

虽然我们已经足够谨慎小心了，可是，孩子做的事情、吃的东西、暴露的环境，有太多的东西我们无法控制，尤其是他们还小的时候。奶奶特意给孩子带来了一提苏打饮料，学校同学的家长在情人节的时候好意带来了洒了糖霜、点缀了红色心形糖果的杯子蛋糕，你喜欢的保姆她不知道塑料容器不能放到微波炉里使用。还有，孩子需要买拖鞋，可是似乎存款不充裕，还要好多地方需要花钱，于是你就买了双便宜的，只是事后才发现，你带回家的这双鞋排放物超标，气味让人难受。

与传统的行为进行对抗很不容易，作为爸爸妈妈，总是说"不"不是件愉快的事情（不要喝苏打饮料，不要吃快餐，不要吃糖果）。

但是，不要失望，不要放弃。我坚信，我们现在正处于激烈的文化转变之中，钟摆正摆回到健康饮食、加强锻炼、洁净生活这一边来。我知道还没有完全到。我也知道，能否找到和你价值观、生活习惯、理想相似的父母要取决于你生活的地方。

但是，保持孩子健康的过程并不一定就是一件苦差事。随着孩子健康的免疫系统逐渐筑起，你会逐渐抛掉对疾病的担心，拥抱乐趣。

乐趣？

是的，乐趣。

免疫系统的内部运行机制复杂而神奇，科学家和医生们已经懂得了很多，但是还有很多有待我们去探索。

在探索免疫问题的时候，我们常常会被带偏，钻进巨噬细胞、白细胞计数、TH1 细胞、免疫记忆、抗体等一长串专业概念中无法抽身，但是我现在不会了。我曾经问一位优秀的免疫疾病专家，关于人体免疫系统，她最希望民众了解的头等问题是什么，她回答："都在人们的肠道里。"这就把我又带到了刚才说的那个词："乐趣"。还有什么比吃一些有趣的、不同的、对你来说新的东西更有乐趣呢？还有，买新东西也很有乐趣啊（比如买不锈钢的餐具，这样就不用把孩子的食物盛放在塑料制品里），自己做实验动手调制家用无毒洗涤剂、牙粉也很有乐趣啊。

如果这本书的其他章节你没有读，那么下面这一张长长的独一无二的备忘录中提到了保护孩子健康安全的大部分要点。

母乳喂养令孩子终身受益。

怎样保护孩子和你自己的免疫系统
——以一种自然的方式

保罗医生的
备忘录

1. 母乳喂养。母乳中含有一整个宇宙的有益菌、抗体、蛋白质和营养物质，是宝宝健康人生最好的起点。一旦掌握了方法，母乳喂养其实也是最简单易行、最没有压力的方法，怀抱宝宝的时光也将是你人生中最温馨的记忆之一。母乳喂养的时间越长，你向宝宝的健康银行中存入的信用就越多。很多妈妈一开始都不能确定自己能不能坚持母乳喂养 6 个月，最后喂养到了孩子 2 岁或者 3 岁，她们会告诉你，母乳喂养有多神奇：它能安抚吵闹的孩子，催眠焦虑的学龄前孩子，轻松地让独生宝宝接受新生的弟弟妹妹。至于到底母乳喂养多长时间，这由你和孩子共同决定。开始时不用想太多，一步一步来，你会发现，好像就是眨眼的时间，孩子就吃着母乳长大了，能走了，会说了。母乳喂养期间，孩子能从你那里获取活的抗体，这就意味着，母乳喂养对婴幼儿的免疫系统有直接的益处，这种健康助益将会陪伴孩子一生。

2. 享受搂抱孩子的亲密时光。每次你抱着孩子、把孩子拥在胸前、吻他的时候，你都在为他构建深厚长久的幸福感和依恋感。你不仅仅是在吻他的小屁屁，你是在告诉他，他有多可爱，你有多爱他。当你以爱回应他的哭叫，你在向他展示，他的需求他身边的人会毫无迟疑地关切，这将为孩子童年的健康打下基础。二战期间进行的观察研究以及 20 世纪 50 年代著名的哈里·哈洛实验显示，婴儿时期在孤独的环境中成长、缺乏关爱的孩子，后来都出现了严重的心理困扰、身体发育不良、甚至早年夭折。迈阿密医学院的研究者发现，与独自待在恒温箱中的早产儿相比，每天接受 3 次按摩，每次 15 分钟的早产儿增重多 47%，而且增重更快，出院时间提前 6 天，甚至 8 个月后的体检中，他们的身体和心理状况都更好。人类的孩子需要关爱才能茁壮成长。实际上，任何年龄的人都需要积极地身体接触来生成生长激素（这是为什么对处于青少年阶段的孩子和你的伴侣都需要深情关爱）。这些生长激素帮助孩子长出强壮的骨骼和强健的免疫系统。你花时间和孩子交流互动，任何年龄段的孩子，其实是在向他发出信号，告诉他你关心他，爱他，希望和他共度时光。被爱滋润的孩子才能茁壮生长。

3. 多多开怀大笑。咯咯地笑、哈哈地笑对免疫系统都有帮助，小婴儿的免疫系统，大孩子的免疫系统，爱人的免疫系统！研究表明，笑能够刺激内啡肽（内分泌激素，有镇痛作用）的分泌，降低压力荷尔蒙水平。分娩时，笑能帮助产妇放松子宫颈；当孩子把一整块肥皂冲到下水道里去的时候（我当然知道，这种事情发生的当下一点儿都不可笑，可是事后想起来就会特别好笑了），笑也能降低涌向你眼球的血压；孩子驾照考试没通过，笑也能缓解紧张情绪，让你轻松地说出：都是我的错。

4. 享受放松。就只是坐着，什么也别做。也许你从小到大受到的教育都是要勤快做事，但是，偶尔抽空松口气有助于免疫系统维持最佳状况，降低精神压力水平，延长寿命。如果你潜心聆听，你会明白，其实新生儿在教育我们关注当下，关注现在。在引导性冥想课上静静聆听、到树林里散散步、做做瑜伽。让幼小的孩子也感受一段平静的时光，不要对孩子进行不必要的刺激。孩子需要做做白日梦，成人也一样。如果你平常总是急匆匆地从这里奔到那里，那么是时候慢下来了。压力过大是免疫功能失调的主要原因之一。你有没有注意到，常常在完成了一个压力很大的任务或者踩着截止时间完成任务后，你会生一场病？心理压力会造成身体炎症，导致免疫系统变弱。如果别人问你在做什么，你的回答是"什么也没做"，那就做对了！当我们平静安宁地倾听自己的身体，满足自己的需求（并且教孩子也这样做），我们就能提升身体自身抵抗疾病的能力。

5. 动起来。除了压力，静坐不动的生活方式也是美国儿童和成人免疫功能失调的主要原因之一。是的，我刚刚说需要坐下来什么也不做，但是我们也需要动起来，动起来，动起来。不要被多大运动量、什么时候运动、是否"适合"运动等问题困住你的手脚，只管运动就好了，采用任何你能采用的运动方式，在任何你能运动的时间，在任何你能运动的地点。目的是让你和孩子白天大部分的时间都处于积极活跃状态，而孩子上学后，学校却在暗中极力削弱这一项。让孩子充分地踢腿蹬脚，充分地锻炼他的四肢：醒着的时候，让他脸朝下趴在地板上，或者让他在你的膝盖上上下蹦跳，或者鼓励他伸手去够玩具。你自己能走楼梯的时候就不坐电梯，工作、开会的时候能站着就不坐着（珍妮弗有一个跑步机办公桌），平时抽时间出门远足，或者每天带着孩子在小区里转一两圈。孩子上学或者出去玩的时候让他走路、骑自行车或者骑滑板车去。平常多和孩子追逐嬉戏、蹦蹦跳跳、打打球、带孩子去公园。尽力让家里的每一个人都动动身体。当然，参加一些有组织的运动或者舞蹈课程也是非常好的。不过不是每个人都能支付得起各种课程，其实即使你并不富有，你也仍然可以打扫卫生时、收拾杂物时把收音机的声音开大，随着音乐唱歌起舞。

6. 给孩子补充水分。我整本书里都一再说，饮用清洁的水很重要。在不少地方，自来水管里的水含有杀虫剂、除草剂、药物残留、重金属及其他各种致毒物质的污染物。要有健康的免疫系统，身体就不能囤积太多化学物质，这就是为什么我强调需要饮用过滤后的水。学习自己制作健康饮料是非常有趣的事情。在水果冰沙中加入一把新鲜菠菜或者羽衣甘蓝；也可以试试昆布茶（以茶叶浸出液通过微生物混合发酵制成的饮料）和开菲尔（另一种儿童喜欢的益生菌饮料）。可以买新鲜的椰子，直接插根吸管进去喝里面的椰子水（很美味）。如果你住在乡下，可以向邻居借一个苹果榨汁器，从苹果树上摘苹果榨汁。如果孩子感染导致呕吐、腹泻，这是免疫系统在努力工作来解除身体的感染。这时候尤其需要让孩子补水，脱水比感染本身更令人担忧。通过汗水和尿液清除有毒物质也是我们身体抵御炎症的一个方式。

7. 吃新奇有趣的（天然）食物。我们前面建议大家不要吃喝诱发炎症的假食物（含糖饮料、人造甜味剂食品、反式脂肪、氢化植物油、加工食品以及糖果），你可以把这个建议更推进一步，去尝试一些对你自己来说新的、有趣的、能提升健康和免疫系统的食品。不妨把健康饮食变成家人的一个游戏，比如每周尝试一种以前没有试过的食物，在家里做盲测，让孩子辨别不同品种苹果的味道，自己做乳酸菌发酵的泡菜，自己做原味酸奶，参观农场，去果园采摘，尝试健康全食物，如枸杞子、奇亚籽、蒲公英、赤豆、发酵大蒜、水牛肉、鹿肉、蜗牛、日本油菜。让孩子知道，健康饮食不是限制他们这不能吃、那不能吃，而是进行一场奇妙美味的真正美食之旅。

8. 在现实生活中与人沟通交流。在社会关系方面与人隔绝会导致成人和儿童不愉快、抑郁以及发育迟缓。越来越多的研究发现，花在网络在线的时间，尤其是社交媒体上的时间过多会让人对自己感觉糟糕。这就意味着，你需要努力让自己和孩子远离网络、远离屏幕，在现实生活中多与人沟通交流。怀孕时、生产后、学习母乳喂养时、养育孩子出现困惑时、不知道孩子该送到哪所学校时，这些时候你都需要现实生活中实实在在的帮助。进化后的人类是需要在社会群体中共同生活的，最健康长寿的国家是那些家人一起生活的国家，比如日本。你无法选择家庭，但是你可以选择朋友。加入一些俱乐部，或者参加一些志愿者活动，让自己与别人接触。让自己身边有一群热心助人、善良而且有趣的人。也请你尽力地为他人做点什么（有研究显示，我们在帮助别人时比接受别人帮助时感到更快乐）。出席朋友的生日派对，加入一些读书俱乐部或其他社团。网络是一个找人聊天的好地方，但把手机放在家里，出门享受与人为伴的生活更加有趣。

9. 和孩子一起读书。孩子还是婴儿的时候，可以把孩子抱在胸前与你肌肤相亲，然后自己读书，读出声来；孩子几个月大的时候就可以和他一起看硬纸板书（这个时候他可能喜欢用小手拍书上的图像，喜欢翻书，喜欢咬书角），一旦孩子显示出兴趣，你就可以开始给他读绘本故事。亲子阅读是激发孩子大脑的一种非常积极有效的方式。和看电视不同，阅读（或者听书）能够有效提高孩子的专注力、记忆力以及想象力。

10. 蹲在地上玩，别怕脏。现在大部分美国人都很难想象 19 世纪的城市生活有多肮脏。当时，英格兰城市里的水污染特别严重，无法饮用，导致连孩子都喝啤酒。纽约市贫民区的廉租公寓里，十四五个家庭共用一个厕所是常有的事，厕所里便池上结着厚厚的尿垢。巴尔的摩市的马厩里蚊虫乱飞，空气污浊发臭。那种程度的污浊是不健康的，是疾病传播的主要原因。但同时我们要知道，让孩子在泥土上玩

要是有益健康的。现在我们明白，通过土壤进入人体的细菌、病毒以及寄生虫是免疫系统良好运行发展所必需的。伦敦大学学院临床微生物学中心教授格雷厄姆·鲁克博士在《每日健康新闻》中指出，泥土中的生物、未经处理的水、粪便等"从人类之始就与人类共存……进化过程中，人类必需容忍这些东西，它们会激发人类免疫系统的耐受力。它们就像是身体里的警察，防止我们的身体过于好战。大体上来说，现在我们的免疫系统总是攻击不该攻击的东西。"一项研究显示，儿童时期接触动物的脸以及土壤中的微生物，长大后身体里的炎症（身体里的炎症会造成慢性疾病，如心脏病）更少。

　　这对你的家庭意味着什么？它意味着要让孩子到泥土里打滚，让他们用石头和棍子去建城堡，在外面赤脚走路。还可以考虑养一只宠物——让孩子接触狗、猫、兔子、鸡以及其他动物能够降低孩子以后过敏的可能性。鼓励孩子在地上玩泥巴，这能够帮助孩子拥有更健康的生活。

　　11. 注意安全，但不要草木皆兵。很多公司都想向你推销各种婴儿安全产品，你需要吗？也许并不需要。你也许想在楼梯口装一个门，防止孩子滚下楼梯，也许想在插座上安装安全保护。但是，家不应该弄得像个堡垒。小孩子就是在试错中学习、进步的。在炉子上烫了一次，他就学会了让手指离火远一点。而同时，你需要保证汽车驾驶安全，要在车上安装儿童安全座椅，并且保证严格按照说明书的要求安装；孩子骑自行车、滑板车、摩托车、独轮车以及其他任何快速行驶的有轮子的交通工具时都要戴头盔。保证安全需要我们的常识和正确的判断。保证安全的同时，我们又要容许孩子一定程度的冒险：德国和日本的孩子三四岁时就可以用剪刀剪东西；任何年龄段的孩子，应该允许他们爬树，爬到任何他们自己觉得可以承受的高度（定下规则，上下都要靠自己，其余的由他们去吧）。《养育无边界：世界各地父母带给我们的惊喜》一书的作者克里斯汀·格罗斯·洛赫提出了一个应对孩子冒险的好方法。要让孩子安全，就要帮助他们培养判断力，让他们知道什么能做，什么不能做。我们如果围在孩子身边不停地说"小心"，其实是在帮倒忙。我们能给予孩子的最好的保护是——让孩子在冒险之前已经为之做好准备。

12. 选择疫苗要基于真正的科学知识、家庭的需求以及常识，不要被广告促销、恐吓、谎话等蒙蔽。你知道，我是疫苗的拥趸，我赞成接种疫苗，疫苗是人类医学史上了不起的发明，它能够让人在不生病的情况下诱使身体的免疫系统对疾病产生抗体，这种方法已经被证实是有效可行的。但是什么方法都不能一刀切，疫苗也是一样。我的"疫苗友好方案"建议孕期不要接种疫苗、将含铝疫苗分散接种、一次只接种一种疫苗，这些方法在我的诊所取得了很好的效果，有效地帮助孩子预防了各种传染性疾病，同时也保护了他们免受自闭症和自体免疫疾病的侵扰。在疫苗方面，怎样做对孩子最好，只有身为父母的你具有决定权，别人都不应该为你做决定。在做出这样重大的决定前，请你务必深入研究，明了风险，然后做出最适合孩子的决定。推迟疫苗接种，你将来随时还有机会补上。一旦做了决定，你要确保自己是明智的父母，做出的是明智的选择。

13. 保证充足睡眠。无论成人还是孩子，没有充足睡眠都容易导致传染性疾病。我鼓励父母们保证孩子能获得所需的睡眠。为什么说"孩子所需的睡眠"而不说一个确定的时间？这是因为每个个体都不同，每个婴儿所需的睡眠时间也各不相同。珍妮弗的一个孩子，白天能一连睡 3 个小时，晚上还照样能睡 12 个小时，仅仅中间吃奶的时候醒几分钟，但另一个孩子晚上只需要睡 9 个小时，蹒跚学步的时候，别的孩子都还需要白天睡 2 个小时，她白天就完全不需要睡觉了。你的孩子需要的睡眠可能比你以为的要多。请创建一个良好的睡眠环境。晚上睡觉前建立一个轻柔舒适的睡前流程和环境，夏天可以在窗户上安装遮光的窗帘，孩子房间不要放任何电子设备，包括电子阅读器、电视机等，你自己也要有充分睡眠，给孩子做一个好榜样。

14. 信任孩子。虽然孩子不是总能够用语言和我们交流，但是我们的孩子总有方式能告诉我们真相，到底哪种方法对健康有益，哪种没有。如果你遵循医生的推荐，但是孩子总是出现这样那样的健康问题，其实这是孩子在用身体证明，医生错了。

15. 信任你自己。你是父母，如果你觉得孩子有什么不对劲，请不懈努力找出原因。你最大的信任应该放在自己身上，而不是医生，也不是任一本书。正如本杰明·史巴克博士说的：信任你自己。你懂得的比你想象的要多。

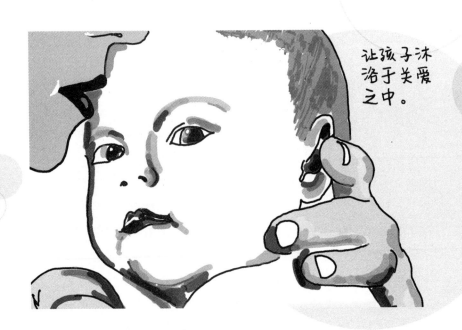

让孩子沐浴于关爱之中。

第 *12* 章

前路如何?

如果你希望挖掘孩子健康的最大可能性，就需要采取一个积极主动的态度。

作为父母，你的能量超乎自己的想象！

2016 年 1 月 21 日《洛杉矶时报》以大字标题的形式宣告，婴儿生下来肠道或者其他器官位于体外的"怪异的先天缺陷"发病率处于上升的趋势。美国疾病预防控制中心报告中指出，现在我们的紧要任务是找出导致这种情况（医学上称为腹裂）的环境因素。其致病原因可能包括：母亲的饮食结构，孕期服用的药物，或者是孩子在子宫内时暴露的有毒环境。

腹裂的情况比较罕见，但是各种环境导致的健康问题，包括自闭症、注意力缺陷多动障碍、自体免疫疾病、情绪障碍等，在美国儿童中的发病率持续上升。由不洁卫生环境、缺乏洁净饮用水、营养不良、过度拥挤等造成的传染性疾病已经不再对我们造成困扰，这是好消息。可是，就如我们在本书中反复讲到的，与以前相比，越来越多的儿童出现脑部问题，还受到食物过敏、湿疹、糖尿病、小儿癌症、焦虑症、抑郁症、肥胖、高血压等许多问题的侵扰。

青少年的情况也同样不容乐观。2013 年美国国家研究委员会和美国医学研究所发布了一个令人忧心的报告，报告中指出美国青少年与以前相比更不健康，与其他工业国家相比也更不健康，与他们的父母相比也更不健康。报告写道："专家组对这一发现的严重程度感到震惊。多年来，美国人的平均死亡年龄低于几乎所有的高收入国家的人。"

这些数据表明，我们的免疫系统没有正常工作。一定是哪里出了问题。

这令人困惑，也令人心急如焚。

现在，婴幼儿受到毒害，医生们在他们推荐的医疗服务上隐瞒其风险和受益的真相，因为个人的偏见以及大的医疗文化等原因，你也被一些错误的医疗信息所误导，对于这些问题，你有权力感到愤怒。

不过在这样黑暗的乌云压顶之时，幸好我们还有一线亮光，那就是，一旦你张开双眼看清了诸多不堪，就可以将家庭健康的决定权拿回自己手中。

如果医生告诉你现在再做改变太晚，不要放弃。

如果医生告诉你孩子没有希望了，不要放弃。

如果医生告诉你家庭生活方式的改善于事无补，不要放弃。

有些孩子损伤已经产生，但这时候了解到了正确的信息，亡羊补牢，为时未晚。

采纳本书提出的建议，切实实施本书的建议，你能对家庭的健康产生巨大的积极影响。

如果你希望挖掘孩子健康的最大可能性，就需要采取一个积极主动的态度。

作为父母，你的能量超乎自己的想象。一位孩子的父母鼓励我参加一个题为"抗击自闭症，就在现在"的会议，在那里，我大开眼界。父母们给我带来书籍、同行评阅的科学期刊、杂志文章、报纸剪报等，所有这些我都一一阅读。

这些家长们对我的思想和我行医的方式造成了深远的影响。我从医学院毕业时，觉得自己什么都懂。而现在我愿意倾听，愿意学习，愿意和各个家庭一起去探索我们需要的答案。一些家长会和我分享对自己孩子有帮助的其他治疗方法，比如有些方法是自然疗法医生推荐的（自然疗法医生和传统医学医生一样接受了医学教育，另外还学习了替代疗法，包括营养医学、草药学、针灸、推拿等）。

主流的医生往往对替代健康疗法不屑一顾，这是西医的悲剧。医生不应该思想封闭、头脑保守，任何能够有助于儿童痊愈的治疗方法，即使与他所受的医学教育相异，都值得去探索和研究。

幸好现在有越来越多的医生关注整体医疗、功能医疗、自然疗法，愿意后退一步，帮助病人找出健康问题的根源。这些领域内的开拓者因为常常强调健康饮食、避开致毒因素的理念而被讽刺。我们因为愿意了解精油、顺势疗法、针灸、营养介入等方面的知识而被一些医学同行们取笑。他们以自己当前的药物治疗和外科手术介入治疗为傲，无视这些方法对病人造成的实际伤害。对于往别的方向眺望的医生，以及他们的病人——他们深感威胁。幸好，不管别的医生怎么想，病人有为自己做选择的权力。问题的症结和关键是家人的健康，而不是医生的方法。

好的医生明白，"人类是即将发生的基因灾难，药物才是救世主"这样的观念根本就是无稽之谈。

真实的情况是：我们是基因奇迹，人类生而具有自愈的能力，需要的只是恰当的养育方式，合适的营养，以及得到适当的保护，免受压力、有毒成分以及疾病的侵扰。

你已经走在朝往更加健康的路上。

谢谢你愿意我们来载你一程。

致 谢

"我正开车去塞勒姆（美国俄勒冈州首府），"迈克尔·福莱姆森突然给珍妮弗打电话，熟悉的沙哑的声音，简单直接的说话方式，"你愿意到参议院卫生委员会听证会出庭作证吗？"

2015年2月18日，俄勒冈州议员开会讨论第442条参议院法案。这条法案提议，没有根据美国疾病预防控制中心疫苗方案完全接种的儿童将被禁止进入学校。即便是乙型肝炎这样不传染疾病的疫苗或者水痘疫苗，漏打了，也都将不能上学。法案建议取消因宗教或者信仰原因的疫苗豁免，直接将医疗决策权从家长和医生的手中剥夺，将其掌握在州政府立法者的手中。

我们一直是亲疫苗派，我们小时候就接种了全部推荐的疫苗，不过是根据不同的疫苗推荐方案（因为我俩的年龄差异）。作为医疗行业的从业者，珍妮弗比其他成人接种了更多疫苗，因为从事国际发展和人权方面的工作，珍妮弗作为成人，接种了好几轮疫苗。我们都选择了给孩子接种疫苗。但是，我们都强烈反对这一法案，认为这是错误的做法。民众自己应该拥有自己的医疗决策权，而且疫苗和其他医学干预一样，不应该用以交换儿童上学的权力。我们知道，在一个有390万人口的州，只有一位成人因为感染麻疹而病倒。俄勒冈州因为疫苗接种率很高，俄勒冈州居民的健康状况较好，那位染上麻疹的成人很快康复，没有将疾病传染给任何其他人。我们对疫苗的有效性很有信心，所以我们也明白，未接种疫苗的儿童将疾病传染给已经接种的儿童仅仅是一个理论上的担忧，实际发生的可能性极小。

迈克尔·福莱姆森的儿子因疫苗受伤，如果他没有给珍妮弗打电话，如果保罗没有抽出半天时间开车去塞勒姆出庭作证反对442法案，珍妮弗和保罗就不可能相遇，也就不可能有我们现在的这本书。迈克尔是我们首先要感谢的人，还有J.B.汉德利。汉德利是我们认识的最足智多谋、最仗义执言的人之一。他的孩子也因疫苗受伤。他抓住保罗的手臂，把自己排队的位置让给了保罗，让保罗出庭作证的声音被民众听到。对其他所有的父母、医务人员以及反对这条法案为俄勒冈州医疗自由聚到一起的各界人士，我们深表感谢。

我要特别感谢聪颖专注的丽贝卡·特威德，还有罗伯特·史尼、艾娃·亚当、伊冯·艾琳、琳·巴顿、查理·鲍尔、约书亚·伯蒂格、斯科特·伯尔辛格尔、洛莉·伯尔辛格尔、宝拉·布莱恩特－特雷莱斯、史黛西·凯西、克雷格·克拉克、安吉拉·德克、桑德拉·甘尼、索尼娅·格雷贝尔、安娜·乌普曼斯、凯尔·乌普曼斯、詹尼斯·亨特·强生、丹尼·拉嘉、露比·李、宝拉·莱纳姆、萨拉·罗佐夫、伦敦·伦诺克斯、葛雷格·马切塞、亚当·马克斯、莱斯利·本克尼尔·马克斯、佩奇·莫尔斯、丽莎·凯瑟琳·尼古拉斯、戴夫·诺瑞、杰西·帕默、谢娜·珀金森、考特尼·佩里、劳拉·罗、玛雅·罗－鲍尔、罗阿娜·罗斯伍德、莉奇·罗伊斯、大卫·索耶、利兹·施密特、莎拉·苏尔塔尼、阿什兰的基督教科学家社区、克里斯蒂·达梅斯、埃里克·格拉登、莎拉·雅克布斯、小罗伯特·肯尼迪、佐伊·奥吐尔，以及成千上万的为医疗自由而战的斗士们和朋友们。我们还要感谢俄勒冈州立法院在这个问题上持不同意见的两方，谢谢你们耐心倾听公众的听证（即使他们对观点可能并不赞同）：蒂姆·诺普、杰夫·克鲁斯、伊丽莎白·斯坦纳·海沃德博士、注册护士劳丽·莫纳·安德森、奇普·希尔兹、阿伦·贝兹医生、彼得·布克莱，以及其他许多人。

当天的听证会中最引人注目的一个部分是，一位儿科医生，口齿流利、充满活力，而且显然是敬业投入，他将两三厘米厚的一沓科学数据分发给每一位议员，他就是保罗·汤姆森医生。他向参议院卫生委员会介绍了自己诊所的做法：在对儿童接种的过程中，诊所采用了有充分医学依据的替代做法。其效果非常出色。

此后保罗和珍妮弗开始合作，专注于指导孕妇、爸爸妈妈以及医疗从业人员，帮助她们了解如何在帮助孩子预防传染性疾病的同时避免免疫损伤、慢性病、大脑损伤等当前在美国儿童间流行的疾病。我们多次会面讨论。听证会几个月后，我们决定写这本书。

我们的出版代理人，聪明、善良、出色的斯蒂芬妮·泰德，谈判的高手、行业的传奇，她向我们指明，路障指向的往往是更美的风景，谢谢你！巴兰坦公司的编辑玛尼·科克伦，她聪明能干、反应迅速，还有她的助理贝奇·威尔逊；高级制作编辑劳伦·诺威克领导着一群世界上最优秀的文字编辑；内页设计师戴安娜·霍滨；维多利亚·阿伦为我们设计了精美的封面。我们尤其感谢南希·玛格丽思，她已经退休，但是因为信任我们的项目，她再次出山为本书配插图。特别感谢梅丽莎·基安塔，她不知疲倦、一丝不苟地为我们进行细节核对，还有莎拉·韦格纳瑞，也帮助我们进行了细节核对。书中任何错漏都是我们作者的问题。感谢我们的助手坦妮莎·图腾和妮可·谬纶；感谢畅销书作者阿丽莎·鲍曼，她不停地支持我们，拥护我们，从本书第一稿开始就是书的编辑；感谢林恩·雷德伍德护士（还有她的丈夫汤米·雷德伍德博士，他给予我们帮助，却选择站在幕后），她是我们的同事兼朋友，为自由和抗击癌症勇敢战斗；感谢我们的朋友克雷斯蒂·格罗斯-洛博士；感谢畅销书作者、我们的朋友霍普·爱德曼，他的建议是我们的无价之宝;《完整美国》的作者乔治安妮·恰宾；米歇尔·华伦斯-施莱伯，我们的朋友，最好的幼儿园老师。还要感谢我们在加利福尼亚的同事、朋友和邻居，他们继续为医疗自由而进行政治上的斗争。还有无数的加利福尼亚人，我们想大声喊出对你们的感谢。你们自己知道我说的就是你。

我们最深的感谢要献给医务工作者、大学研究人员以及独立科学家们，他们正式或非正式地为这本书提出了宝贵的建议，他们是：自然医学医生艾瑞卡·泽尔芳德；医学博士凯利·布罗根；医学博士埃德里安娜·卡麦克；医学博士曼努尔·卡萨诺瓦；医学博士斯图尔特·菲茨拜因；骨疗医生伊顿·福隆伯格；医学博士狄波拉·戈登；博士艾坦·基梅尔；医学博士麦克·克雷珀；医学博士霍华德·莫宁斯塔；医学博士伊丽莎白·芒普；博士辛西娅·内维森；自然医学医生邦尼·奈卓；整体医学医生珍妮·欧姆；博士威廉·帕克；医学博士阿维娃·罗姆；博士吉尔·莱尔-鲍德；医学博士辛迪·施耐德；医学博士玛雅·谢特瑞特-克莱恩；医学博士格利高里·史密斯；医学博士约翰·崔纳；医学博士大卫·特拉韦尔；医学博士史蒂芬·威尔斯；独立研究员彼得·古德，还有已故的杰夫·布拉兹特里特博士，他优秀的文献综述和对问题深入的理解对我们都是天赐的礼物。

整体医疗所的同事们，他们随时待命接听电话，甚至在珍妮弗需要问一个问题的答案时，把保罗从检查室里拖出来。他们为了提示保罗在录视频时要微笑，不惜做出夸张的打扮，他们给予保罗诊所一万一千多名小朋友最安全、最细致、最有依据的照顾。他们给孩子们打疫苗时轻柔不痛、鼓励孩子摄入最营养的食物、教育孩子听爸爸妈妈的话，帮助家庭规避致毒物质。特别感谢同保罗一起创建整体医疗诊所的同事们：注册护士麦达·托马斯；阿雅·克罗克；注册护士简·戈尔登；实习护士雪莱·古德斯沃德；注册护士贝奇·格拉夫；朱莉·格拉汉姆；实习护士莱夫·海尔顿；马洛里·强生；凯西·连；克里斯蒂·麦多；塔拉梅尔兹娃·穆特普法；史蒂芬妮·奥斯博恩；琼·施普林格；

温蒂·维尔；注册护士邵迪恩·伍迪。 无尽的感激要献给曾经和现在在诊所工作过的同事们，感谢他们为病人所做的贡献：医学博士南希·强生（感谢她慷慨地献出她宝贵的时间阅读本书中的一章）；医学博士大卫·贝尔；医学博士詹姆斯·雷德贝特；视光学医生理查德·马丁；视光学医生玛丽·奥尔森；医学博士卡罗尔·斯奎尔斯；医学博士丽贝卡·斯提潘尼亚克；家庭护理师史蒂芬妮·卡德曼；实习护士钱迪妮·坎木拉尼；儿科护理师安吉拉·派罗恩；注册护士莎拉·阿特金斯；注册护士阿丽莎·奥瑞斯；注册护士劳伦·巴顿；注册护士吉丽莎·陈；注册护士温蒂·卢卡特；注册护士吉娜·马奇；注册护士茱莉亚·瓦舍；佐治亚·安德森；克莱尔·巴托洛；克里斯滕·德拉西穆特，苏珊娜·德里克；史蒂芬妮·艾格瓦图；阿什丽·菲罗；阿雅·法拉利；辛西娅·冯；安吉拉·弗拉泽尔；丽莎·戈尔登；阿什丽·古尔德；霍利·格兰奎斯特；艾米·古玲斯；阿梅·黑罗尼姆斯－雷；汉娜·亨里克森；李·郝斯科维奇；巴迪亚·雅布尔；佐伊·雅丹；珍妮弗·朱伊特；凯瑟琳·基夫；玛莎·金斯伯里；梅雷迪斯·林格伦－戴维斯；阿丽莎·里特尔；安妮特·穆雷；凯瑟琳·奥布莱恩；安德里亚·普拉特；杰西·普拉特；和凯蒂·斯朵夫里斯。

感谢所有好心的人们付出的无偿劳动（志愿者和员工们），他们包括：萨利·伯纳德，伊丽莎白·基尔帕特里克，丽莎·韦德莱特，史蒂芬·凯特，斯科特·莱斯特，海蒂·罗杰斯，玛利亚·德维尔，杰基·隆巴杜，埃里克·乌拉姆，穆琳·麦克唐纳。还要感谢"挑战写作""装订师"以及"博客联盟"所有的成员们。

我们要对"抗击自闭症，就在现在"的先驱们致以崇高的敬意！这一行动打开了保罗对于许多科学研究的视野，这方面的大量研究讨论了重金属、肠道功能紊乱、生化因素、有毒物质、免疫问题以及自闭症等问题，尤其是伯纳德·尼姆兰德，他创立了自闭症研究院，将大众从"冰箱妈妈时代"（这个时候人们将自闭症的责任怪罪于父母）引导到科学与研究的时代。我们还要感谢詹姆斯·亚当斯博士；肯尼斯·波克博士；斯蒂芬妮·凯夫博士；约翰·格林博士；玛莎·赫伯特博士；吉尔·詹姆斯博士；杰瑞·卡特兹内尔博士；詹姆斯·努布兰德博士；保罗·沙托克；安珠·乌斯曼博士；以及其他很多人。这些先驱们领先时代几十年，致力于找出自闭症的根源和治疗方法，反对那种放弃孩子、仅仅处理症状的态度。

感谢乔恩·潘邦博士和悉尼·贝克博士，感谢他们在自闭症生化和生物医学方面深入的知识和理解。感谢理查德·德斯博士，感谢他在赛汞撒毒性方面领先的研究，包括他的代表作《人类注意力的分子根源：多巴胺–叶酸的联系》。感谢已故的杰奎琳·麦坎得利斯博士，感谢她的重要贡献，以及她的著作《大脑饥饿的儿童：自闭症谱系障碍医学治疗指引》；感谢已故的罗伯特·曼德尔森博士，在"整体"这个词都还没出现之前，他就在践行整体医学疗法；感谢《当科学沉睡》的作者伍德罗·蒙提博士，感谢他私人给我的鼓励和指导；感谢《伤害的证据：疫苗中的汞和自闭症》一书的作者大卫·科比；感谢罗伯特·希尔斯博士，为医疗自由、父母权力以及可持续社区而努力的斗士，《关于疫苗的书：为孩子做出正确的选择》一书的作者，他是持证的儿科医生中第一人，不仅对美国疾病预防控制中心疫苗方案提出质疑，并且提供了安全、理性、有证据支持的替代方案。

这本书的写作过程中，我们各自的家庭都提供了巨大的帮助。珍妮弗的孩子赫斯珀洛斯、雅典娜、依坦妮、利昂，反应灵敏地批评他们的妈妈，为谈话贡献他们的思想，否定不好的标题，建议应该纳入的内容。感谢珍妮弗的父亲托马斯·N.·马古利斯；她的妹妹，非凡的凯瑟琳·斯塔克曼·马古利斯；她的哥哥多利昂·萨甘、杰里米·萨甘和扎克利·马古利斯–奥努玛；婆婆玛丽·马古利斯–奥努玛和罗宾·科尔尼奇；公公吉姆·普罗皮斯；父辈的女性亲戚格拉肖·格拉斯豪和莎伦·克雷特曼；父辈的男性亲戚杰弗里·凯瑟尔，迈克尔·马古利斯，雪莱·格拉斯豪和丹尼·克雷特曼；才华出众的教育咨询师和作家劳丽·奥尔森，我们很幸运地能称她为我们的"乐乐姑姑"；侄辈们：阿提卡斯·马古利斯–奥努玛，托尼欧·萨甘，莎拉·萨甘，米兰达·马古利斯–奥努玛，玛德琳·马古利斯–奥努玛，雅各布·凯塞尔，汉娜·马古利斯–奥努玛，乔西·奥尔森，杰斯，福里达和亚荣·贝。珍妮弗对故去的母亲、微生物学家林恩·马古利斯的恩情永难报答。保罗的父母，诺曼·托马斯和维尼·托马斯，多年来为他建立新的儿科诊所、开博客、创建一个欣欣向荣的 YouTube 频道以及完成这本书的写作等各项事业提供了慷慨的支持。他们以自己的实际行动切实地教导他帮助别人、教导他为无声的人出头发声、教导他在现状错误的时候进行质疑。

我们要大声感谢珍妮弗的姑姑朱迪·马古利斯，她支持我们，支持在家分娩，也是孩子们最好的代理奶奶。感谢苏珊·兰斯顿，她会玩各种游戏，也会花钱，她会玩跳房子，也会扮忍者，是一个最好的玩伴（除了有整整三周，她和那群特别敢冒险的驴友们在科罗拉多河上玩漂流）。还有珍妮弗的篮球球友，虽然你不常出场，你保持了珍妮弗诚挚的本性，你自己知道我说的是谁。

珍妮弗的丈夫詹姆斯，是本书写作中不可或缺的一员，他帮助进行编辑工作，长时间带孩子，承担起家里车夫的工作，让珍妮弗能多一点时间写作。感谢他将他的机智、数学天赋和科学知识贡献给了我们，感谢他为珍妮弗亲手制作的低咖啡因拿铁。谢谢你，詹姆斯。

保罗众多的朋友们多年来对他无私奉献，不求回报。谢谢你唐娜·厄本，谢谢你长达几十年的友谊、支持和英明的指点；帕蒂·万·安特沃普，感谢你总是在最需要你的时候出现，帮助做事，帮助整理，将保罗解放出来，将精力投入到写作、研究、博客、YouTube 等事业上去。感谢你们，保罗所有的朋友们，你们如此善良、慷慨、无私支持和帮助。你知道我说的是你。

特别感谢诺亚·托马斯，几年前他想到了 YouTube 这个创意，他说："爸爸，你有太多的东西可以跟世界分享"，并且在 YouTube 上一手创建了 paulthomasmd 这个频道。保罗在 YouTube 上的 10 万关注者，尤其是那些每次他没有戴手套就要大声喊他的关注者们，值得在这里提到，你们提出批评，你们在这里交流，我们爱你。

保罗的妻子麦达，自始至终都是本书忠实的拥护者和支持者，她牺牲了自己的时间，每一件事情上，她都和保罗并肩站在一起。谢谢你们，保罗的十个孩子：鲁法诺，谢谢你暑期的研究；娜塔莉，谢谢你在我们不在的时候照顾弟弟妹妹们；塔克，卢克和诺亚，谢谢你热情地欢迎家庭新成员的加入，即使这样意味着你们自己要有所牺牲；阿雅，谢谢你在我们不在的时候承担起了家长这样一个艰巨的任务；奇多，谢谢你在社交媒体方面提供的帮助。还有塔雷、姆巴、赞妮，感谢你们让我们的家充满笑声和欢乐，即使在你们怀念生身父母的时候。

感谢你们，我们所有的孩子们，感谢你们为保持家庭现在的样子而做的一切。

保罗·汤姆森博士

珍妮弗·马古利斯博士

附录 A

推荐阅读书目

每个打算要孩子的父母只需在怀孕前阅读这三本书，我们相信美国儿童的整体健康状况将会迅速出现极大提升。这些书首次出版的时间虽然不长，但其展现的生活智慧、提供的切实可行的建议以及它们赋予父母们的能量跨越时空。我建议你按照下面排列的顺序阅读。

Mendelsohn, Robert, M.D. How to Raise a Healthy Child ⋯ In Spite of Your Doctor. New York: Ballantine Books, 1987.

Wiessinger, Diane, Diana West, and Teresa Pitman. The Womanly Art of Breastfeeding. New York: Ballantine, 1958.

《婴幼儿辅食圣经》，露丝·亚龙著，广西科学技术出版社，2014

附录 B

美国疾病预防控制中心疫苗方案 1983 版，2016 版

美国疾病预防控制中心疫苗方案
（1983 版）

百白破疫苗（老版，2 月龄）

脊髓灰质炎疫苗（2 月龄）

百白破疫苗（老版，4 月龄）

减活脊髓灰质炎疫苗（4 月龄）

百白破疫苗（老版，6 月龄）

麻疹 – 腮腺炎 – 风疹疫苗（15 月龄）

百白破疫苗（老版，18 月龄）

减活脊髓灰质炎疫苗（18 月龄）

百白破疫苗（老版，4~6 岁）

脊髓灰质炎疫苗（4~6 岁）

破伤风 – 白喉疫苗（14~16 岁）

美国疾病预防控制中心疫苗方案
（2016 版）

流感疫苗（孕期）

无细胞百白破疫苗（孕期）

乙型肝炎疫苗（出生）

乙型肝炎疫苗（2 月龄）

轮状病毒疫苗（2 月龄）

无细胞百白破疫苗（2 月龄）

流感嗜血杆菌疫苗（2 月龄）

肺炎链球菌疫苗（2 月龄）

灭活脊髓灰质炎疫苗（2 月龄）

轮状病毒疫苗（4 月龄）

无细胞百白破疫苗（4 月龄）

b 型流感嗜血杆菌疫苗（4 月龄）

肺炎链球菌疫苗（4 月龄）

灭活脊髓灰质炎疫苗（4 月龄）

美国疾病预防控制中心疫苗方案
（1983 版）

美国疾病预防控制中心疫苗方案
（2016 版）

乙型肝炎疫苗（6 月龄）

轮状病毒疫苗（6 月龄）

无细胞百白破疫苗（6 月龄）

b 型流感嗜血杆菌疫苗（6 月龄）

肺炎链球菌疫苗（6 月龄）

灭活脊髓灰质炎疫苗（6 月龄）

流感疫苗（6 月龄）

流感疫苗（7 月龄）

b 型流感嗜血杆菌疫苗（12 月龄）

肺炎链球菌疫苗（12 月龄）

流感疫苗（12 月龄）

甲型肝炎疫苗（12 月龄）

麻疹 - 腮腺炎 - 风疹疫苗（12~15 月龄）

水痘疫苗（12~15 月龄）

无细胞百白破疫苗（15~18 月龄）

甲型肝炎疫苗（18 月龄）

流感疫苗（2 岁）

流感疫苗（3 岁）

流感疫苗（4 岁）

无细胞百白破疫苗（4~6 岁）

灭活脊髓灰质炎疫苗（4~6 岁）

麻疹 - 腮腺炎 - 风疹疫苗（4~6 岁）

水痘疫苗（4~6 岁）

流感疫苗（5 岁）

流感疫苗（6 岁）

美国疾病预防控制中心疫苗方案
（1983 版）

美国疾病预防控制中心疫苗方案
（2016 版）

流感疫苗（7 岁）

流感疫苗（8 岁）

流感疫苗（9 岁）

流感疫苗（10 岁）

流感疫苗（11 岁）

百日咳疫苗（11~12 岁）

人乳头瘤病毒疫苗（11~12 岁）

4 价脑膜炎球菌联合疫苗（11~12 岁）

人乳头瘤病毒疫苗（11~12 岁）

流感疫苗（12 岁）

人乳头瘤病毒疫苗（12.5 岁）

流感疫苗（13 岁）

百日咳疫苗（13~18 岁）

人乳头瘤病毒疫苗（13~18 岁）

流感疫苗（14 岁）

流感疫苗（15 岁）

流感疫苗（16 岁）

4 价脑膜炎球菌联合疫苗（16 岁）

流感疫苗（17 岁）

流感疫苗（18 岁）

附录 C

中国免疫规划疫苗儿童免疫程序表（2016 年版）

疫苗种类 名称	缩写	接种年（月）龄														
		出生时	1月	2月	3月	4月	5月	6月	8月	9月	18月	2岁	3岁	4岁	5岁	6岁
乙肝疫苗	HepB	1	2					3								
卡介苗	BCG	1														
脊灰灭活疫苗	IPV			1												
脊灰减毒活疫苗	OPV				1	2								3		
百白破疫苗	DTaP				1	2	3				4					
白破疫苗	DT															1
麻风疫苗	MR								1							
麻腮风疫苗	MMR										1					
乙脑减毒活疫苗	JE-L								1			2				
或乙脑灭活疫苗[1]	JE-I								1、2			3				4
A 群流脑多糖疫苗	MPSV-A							1		2						
A 群 C 群流脑多糖疫苗	MPSV-AC												1			2
甲肝减毒活疫苗	HepA-L										1					
或甲肝灭活疫苗[2]	HepA-I										1	2				

注：1. 选择乙脑减毒活疫苗接种时，采用两剂次接种程序。选择乙脑灭活疫苗接种时，采用四剂次接种程序：乙脑灭活疫苗第 1、2 剂间隔 7~10 天。

2. 选择甲肝减毒活疫苗接种时，采用一剂次接种程序。选择甲肝灭活疫苗接种时，采用两剂次接种程序。